ワインと修道院

Monks and Wine

ワインと修道院

デズモンド・スアード［著］
朝倉文市・横山竹己［訳］

八坂書房

Desmond Seward
MONKS AND WINE

First published in 1979
by Mitchell Beazley,
an imprint of Octopus Publishing Group Ltd.,
2-4 Heron Quays, Docklands, London E14 4JP, UK

Japanese translation rights arranged with
Octopus Publishing Group Ltd.
through Japan UNI Agency, Inc., Tokyo

緒言

ヒュー・ジョンソン

文学的テーマとしてのワインの栄誉――それ以外の栄誉については述べるまでもなかろう――は、多面的な領域にわたっていることである。厚かましくも、かつてワインについて書いた拙著の第一章から引用してみよう。「私にとってワインの魅力は、他の多くの分野が関わっていることである。地理学や地誌がなければ、それは理解できないし、歴史がなければ生彩がなくなる。また旅行がなければ真実味を欠いてしまう。そこには植物学、化学、農学、大工仕事、経済学、さらにその他の名前さえ判らないような数々の学問が含まれている。それはワインというきっかけがなければ決して踏み込むことがない知識の小径や専門的知識の脇道へと、私たちを誘ってくれる。そして何より有難いのは、ワインのおかげで、腕の立つ一徹な職人ともしばしば打ち解けた話ができ、またいたるところで気のおけない愉快な出迎えに恵まれることである」。

そうした人々の中で、修道士たちは、あらゆる点からみてパイオニア的存在と考えなければならない。修道士たちに被った恩恵の大きさを考えるとき、彼らのことを語った本がこれまでになかったのは不思議なことである。デズモンド・スアード氏が資料を収集していると話してくれたとき、私は直ちに興味を示した。氏は、私のまったく知らない、しかもワインの歴史の中できわめて重要な役割を果たしてきた話題に関して、存分に蘊蓄を傾けてくれた。これまでどんな修道院のセラーを訪ねたことがあるかを尋ねられているうちに私は、自分が研究しているワインの中心的問題のひとつがここにあることを理解し、ぜひとも本にまとめてくれるよう説得にかかったのだった。

この本の一番の魅力はおそらく、修道会に対する説明がじつにわかりやすいことである。どのようにして修道会が発足し、どのように発展していったのか、財産や土地に対してはどのような態度をとったのか、またどうしてワインがどの修道会にも必要だったのか、そして、どのようにしてそれぞれの修道会がワインに出会ったのか——などを明解に説き明かしてくれる。またこの本に出てくる人物は、自ら進んで苦行している修道士——吹きっさらしの回廊をゆったりと歩き、鼻や指が寒さで青ざめている修道士——から、九世紀のアンジェの大修道院長のように、おかしな色の鼻をした修道士にまで及んでいる。その修道院長は、ヘレン・ウォデルの見事な訳詩が紹介するところによると、……いつでも、年から年中ワインを飲んでいた。
ワイン漬けになって、激しい風に揺さぶられる木の如く、
体が揺れているのを見ない
昼や夜は一度たりともなかった。

スアード氏は、修道士たちの途中の労苦や成功に対してだけでなく、彼らがしばしばワインの誘惑に屈したことについても、公正な態度で取り上げている。そして、私の好きな言葉で言えば、「ヨーロッパ文学の名うての大酒飲み」、即ち、ラブレーの英雄たちを含む酔っぱらいの修道士にも一章を当てている。

修道院の大きな勝利は――ワインの存続を支えてくれたことは別として――シャンパンをつくったことである。オーヴィレール大修道院の盲目のベネディクト会士ドン・ペリニョンは、今世紀の技術革命以前のワインの歴史において、おそらく最も偉大な革新者であった。この優れた人物――すべての記事は、彼が真のキリスト教徒であったことを示している――は、コルク栓を、ワインづくりとその熟成法の一環としてはじめて利用しただけでなく、はじめて黒ブドウから白ワインをつくり、はじめて種々のブドウを土壌や立地条件に適合させ、はじめてブドウの収穫を熟し具合に応じて方法論的に行った。また彼は、ブレンドの技術を最初に確立した人でもあった。

こうした業績はすべて、シャンパーニュ地方をはるかに超えて、旧世界・新世界

を問わず、優れたワインのつくり方や熟成の仕方に影響を与えた。そしてカリフォルニアのワイン産業の起源も、宣教に訪れた修道士たちに負うところが大きい。スアード氏は、白髪頭のスペイン人神父たちが、明らかに文化交流とでも呼べるようなものの一環として、ファンダンゴ*をカリフォルニアの体のやや小さなインディアンに教えている注目すべき姿を描いている。不幸にして、カリフォルニアの修道院は抑圧されたが、それは彼らのつくるミッションワインが良質だったからではなく、どこであれワインづくりに修道院が及ぼした影響が、知的で進歩的なものだったからである。

今日では、カリフォルニアのワイン醸造の最前線の一翼を、ラ・サール会の修道士たちが再び担っている。いわゆる教育修道会のひとつだが、不思議なことに彼らは、忍耐強くて献身的な研究という点では、ドン・ペリニョンの単なる末裔以上の存在である。彼らはペリニョンと同様に、時流に反して、ブレンドの重要さを信じているし、また人間の感覚による優れた調整が自然の個々の産物をさらに向上させ得ることをよく知っている。

ブドウの栽培が行われている重要な地域の中に、教会が大きな影響を及ぼしてこなかった場所がいくつかあり、ボルドーはその筆頭である。ボルドーのワインづくりは、そもそものはじめから営利を目的にしたものだった。また他の地域――特にドイツ――では、教会がワインづくりを主導したことが、人々の記憶や遺跡にしか

＊カスタネットをもって男女が踊る軽快な三拍子のスペイン南部アンダルシアのダンス。

残っていないこともある。しかしトリーアの町での修道院や慈善団体の営みは、なんというすばらしい遺跡を残してくれたことか！　町の周囲は今日なお、世界でも有数の第一級のブドウ畑の密集地帯である。一方オーストリアでは、いくつかの修道院が、この国で最高のワインをつくるべく、伝統と最新技術の組合せを模索している。

このような調子で、スアード氏に触発されて、筆者もこれまで何度か「修道院ワインツアー」を試みているが、失望したことは一度もない。

謝辞

ようやく本書の執筆にとりかかる決心がついたのは、名著の誉れ高い『地図で見る世界のワイン』の著者ヒュー・ジョンソン氏が本書の概要に目を通し、背中を押してくださったおかげである。氏は後に、タイプ原稿の一部を読み、ありがたいことに「緒言」まで寄せてくださった。心より御礼を申し上げたい。

リアズビー・シットウェル氏にも感謝しなければならない。氏はタイプ原稿を読み、多くの建設的な助言を与えてくださった。また英国のワインづくりとその歴史について最初にご教示いただいたのも氏であった（氏が所有するレニショーのブドウ畑は、ヨーロッパで最北の畑だという）。

また以下の各修道会の修道士の方々から、修道会とワインに関する情報をご提供いただいた。ご高誼に厚く御礼申し上げる次第である。

ベネディクト会：アンプルフォース修道院のアルベリック・スタックプール師、

リグジェ修道院のマルセル・ピエロー師、それにムーリ＝グリエス（ボルツァーノ）の共同体
カルトゥジア会：二人の修道士（修道会の規則に従い匿名とさせていただく）
マルタ騎士修道会：オーストリア支部長フラ・フリードリヒ・キンスキー・フォン・ヴィヒニッツ・ウント・テッタウ、ブレンチリー子爵モンクトン少将、ルドルフ・フォン・コッツェ氏、K・E・アイベンシュッツ博士、それにピーター・ドラモンド＝マリー・オブ・マストリック氏
イエズス会：フィリップ・カラマン神父、トマス・D・テリー神父（カリフォルニア、ロス・ガトスのノヴィシエイト・ワインズ）、リチャード・チザム神父（ローマ、イエズス会修練院）、ブラザー・ジョン・メイ（南オーストラリア、セヴンヒル）
ラ・サール会：ブラザー・ティモシー（カリフォルニア、ナパ・ヴァレー）

さらに、次の方々にも感謝を。ポーリントン子爵夫人エリザベス、サー・ジョン・ピルチャー、ジョナサン・ライリー＝スミス教授、ピーター・アール大佐、ジュリアン・コットレル氏、ハリー・ウォー氏、フランソワ・ルコワン夫人、クリストファー・マニング氏、それにジェフリー・ゴッドバート氏。これらの方々には貴重な情報や助言を賜り、また入手困難な書物をお借りした。

また最後になったが、いつもながら、ブリティッシュ・ライブラリーとロンド

ン・ライブラリーのお世話になった。また、図書室の閲覧をお許しくださったワイン・アンド・フード協会にも謝意を表しておきたい。

著者

ワインと修道院

目次

○本書は、Desmond Seward, *Monks and Wine*, Mitchell Beazley Publishers Ltd., 1979 の日本語版である。翻訳にあたって、適宜仏訳本 *Les Moines et Vin*, Pygmalion, 1982 も参照した。

○本文下段の註、ならびに本文中〔　〕内の註は、いずれも訳者によるものである。

ワインを飲むこと、それは神を讃えること。

——フェネロン

ワインと同じほど赤い顔をした大修道院長たちがまどろむ
ブドウ畑に囲まれた幸せな修道院へ……

——ポープ

アルフレッド・ニューマン・ギルビーに

序

本書は、廃墟と化したものであれ、修道士たちが今も住んでいるものであれ、修道院めぐりを楽しんでいる人たちや、修道院の近くでワインを飲んだりするのが好きな人たちに向けて書かれた。フランス、ドイツ、オーストリア、スペイン、ポルトガル、イタリア、さらには新世界各地の修道院を、いつも飲んでいるワインやリキュールとの関係を知らずに通過してしまうのは、何とも嘆かわしく、またもったいないことである。

はなはだ不当なことではあるが、文学は大酒飲みの修道士で満ちている。ピーコックの「酒瓶をあける修道士」マイケル*や『インゴルズビー伝奇集』*の大酒飲みの修道院長がいる。聖なる徳利の神託を求めてパンタグリュエルに同行したジャン修道士は、彼の大修道院長に「価値ある人物は良質のワインを嫌ったことは決してなかった。これは修道院の格言です」と言った。またアルフォンス・ドーデの不滅の酔っぱらい、修道参事会士のゴーシェ*がいる。彼の薬酒《エリキシル》は、法悦状態の修道士が描

*修道士マイケル
トマス・ラヴ・ピーコックの小説『召使いマリアン』(一八二二)の登場人物。

*『インゴルズビー伝奇集』
英国の聖職者リチャード・ハリス・バラム(一七八八—一八四五)がトマス・インゴルズビーの筆名の下に、中世の伝説や民間信仰に取材したユーモア溢れる詩文の集成。

*ゴーシェ
ドーデ『風車小屋だより』中の一編「ゴーシェ神父の薬酒」に登場するプレモントレ会士。前二項ともども本書第十三章を参照。

■ファウンテンズ（イギリス）
シトー会修道院の遺構

かれたラベルの瓶に入れて売られていた。

しかし、修道士とワインの間には、真のきわめて重要な関係がある。西洋文明に対する修道制の最も大きな貢献の一つは、ワインづくりと蒸留酒づくりである。無神論者のノーマン・ダグラスは、紀行文『セイレンの国』（*Siren Land*）の中で、「世の男性の中で修道士の酒をあざける者はだれもいない」と書いた。この、いまだほとんど手つかずの文化史の領域は、修道制やワインのことをそれほど真剣に勉強しなくても、楽しく探索することができる。

大修道院——とくに廃墟となった大修道院——は、常に不思議な魅力をもっている。ジョン・イーヴリンやウィリアム・ベックフォード、オーガスタス・ヘアやローズ・マコーリーなどの好事家たちは、大修道院に対して物憂い喜びを感じていた。大修道院は畏怖の念や神秘感、物悲しいノスタルジアをかきたてる。「かつて鳥たちが美しい声で囀りし、むき出しの廃墟の聖歌隊席*」。ハンプシャーのネットリー大修道院の遺跡を見るや、ホレス・ウォルポールは「おお、赤ら顔の大修道院長たちは、何という場所にまどろみの場を選んだことか*」と叫んだ。ゴシック小説やロマン主義の詩は、今にも崩れそうな、幽霊の出没する修道院で溢れている——「尖塔が森の木々ごしに覗いている」。しかしこの魅力は廃墟と化した大修道院に限ったことではない。そこにかつて住んでいた大昔の修道士たちと同様の修道服を身に纏った、黒衣のベネディクト会士たち、黒衣と白衣のシトー会士たち、それに白衣のカルトゥジア会士たちに対面するとき、我々は、現代の修道院にいながら、中世

＊シェイクスピア『ソネット集』第七三番の一節。
＊一七頁の献辞を参照。

に戻ることができる。グレゴリオ聖歌の、時の流れを超越した、鐘塔の音のような律動を聴いていると、永遠というものを感ぜずにはいられない。

たいていの人にとって、ワインは紛れもなく楽しいものである。最も初期の時代からワインは詩人に讃えられてきたが、現代においても、さまざまな研究がなされ、また著作も書かれている。ジョージ・セインツベリー、アンドレ・シモン、モートン・シャンド、ウィリアム・ヤンガー、パトリック・フォーブズ、それにヒュー・ジョンソンなどの楽しい研究があり、『ブドウあるいは神々の血』や『人とワイン』といった刺激的な表題の著作も書かれている。まさしくヒュー・ジョンソンの言うように、「ワインは世界で最も楽しい主題」なのである。

またワインにはどこか神聖なところがある――「ぶどう酒は人の心を喜ばせ……」*。ノアは最初にブドウ畑にブドウの木を植えた。そして旧約聖書において多くの預言者はワインに言及しており、イザヤも「イスラエルの家は万軍の主のぶどう畑*」と言っている。新約聖書において、ワインは最も美しい奇跡の一つの主題である。一方、キリスト自身は、たとえ話の中で、ブドウ栽培のイメージを度々使っている。実際、キリストは自分自身を「まことのブドウの木」とさえ言っている。そして、あるとき、「わたしの父の国であなたがたと共に新たに飲むその日まで、今後ぶどうの実から作ったものを飲むことは決してあるまい*」と言った。彼はまた神の国をわたしたちが働かなければならないブドウ畑と言っている。ワインは、もちろん、キリスト教会の最も神聖な聖餐の二つの要素のうちの一つである。

＊「詩編」一〇四：一五

＊「イザヤ書」五：七

＊「マタイによる福音書」二六：二九

ローマ・カトリック教徒は、日常的にワインを飲むときでも、この神秘的な特質を特に意識しているように思える。ヒレーア・ベロック*は次のように言う。

しかし、ワインを飲んで生きているカトリックの人たちは、
ワインにとっぷりと浸かり、率直で、元気だ。
どこへ旅してもそれは同じ、
われら主をほめたたえん《ベネディカムス・ドミノ》。

英国国教会の高教会派のジョージ・セインツベリー*は、「平均寿命をはるかに越えた年齢に達した人で、健康の面でもたいていの人に勝るとも劣っていないし、また知性の面でもほとんどすべての禁酒主義者を恥じ入らせるほど健全な人が適度にワインを飲んでいる例は、誰でも知っている――あるいは、知っていてしかるべきであろう」と、熱意を込めて主張した。

実際、パストゥールは、「ワインは飲み物のうちで最も健全で衛生的なものだ」と信じていた。またつい最近、ヒュー・ジョンソンは、ワインの薬効を強調し、糖尿病、貧血、心臓病に特に有効だと指摘している。

彼自身隠修士であったが、同時にいたって実際的な人物でもあった聖ベネディクトゥスは、彼の修道士たちに毎日ワインを飲むことを認めた。とは言え、『聖ベネディクトゥスの戒律』は、修道士たちに一日半パイント（約四分の一リットル）のワイ

*ヒレーア・ベロック（一八七〇―一九五三）　フランス生まれ。英国のカトリックの詩人、随筆家、歴史家。異教時代から宗教改革期までを扱った『英国史』全四巻は、カトリックの立場からフランスと英国の歴史を見直したもの。その他旅行記として『ローマへの道』などがある。

*ジョージ・セインツベリー（一八四五―一九九三）　英国の文学史家、文芸評論家。ワイン通としても高名で、『セインツベリー教授のワイン道楽』が邦訳紹介されている。

ンしか認めていなかったことをつけ加えておかなければならない。一方、現代のイギリスでは、修道士たちはワインをほとんど嗜まない。

修道士とはどういう人なのだろうか。西欧では、神を求めて、清貧・貞潔・服従の誓願を立て、世俗を離れ、隠修士として一人で、あるいは共同体の中で生活するキリスト教徒であるに過ぎない。何世紀もの間、西欧修道制のモデルはベネディクトゥスの『戒律』であったが、中世後期や反宗教改革の時代になると、新しいタイプの修道会が出現してきた。即ち、修道参事会、騎士修道会、托鉢修道会、律修聖職者会、それにイエズス会などである。そして今日でさえも、西欧修道制は発展しつづけている。そうした中で本書は「修道士」(monk)という言葉を、最も広い意味で使っている。

修道会のワインづくりと蒸留酒づくりに対する貢献が、正しく評価されることはほとんどない。蛮族の侵入がローマ帝国を破壊したとき、ブドウ栽培やワインづくりを救ったのは、修道士たちであった。また暗黒時代を通して、ブドウの質を徐々に、忍耐をもって改良するだけの安全性と資力を確保し得たのは彼らだけであった。ほぼ千三百年の間、ほとんどすべての最大最良のブドウ畑は、修道院が所有し、運営していた。ルイ十四世(在位一六四三―一七一五)にブルゴーニュワインを提供したロマネ=サン=ヴィヴァンの畑は、ベネディクト会の大修道院のものであった。一方、ブルゴーニュ地方最大のブドウ畑クロ・ド・ヴージョは、シトー会が所有していた。十四世紀にこの畑にめぐらされた石垣《クロ》は、今なお生きている。ドイツでは、修道士たちはホックとモーゼルをつくっていた。ライン河畔のヨハニスベルクはベネディクト会修道院がつくったものであり、シュタインベルクは、ハッテンハイムのシトー会がつくったものである。またオーストリアのブドウ畑のほとんどは、修道院を起源としている。そして、修道士のワインが優れていたところでは、異端が生じなかったといわれる。イタリアでもスペインでも、修道士たちは苦心の末に成果を生み出した。スイスやハンガリーの堂々たる大修道院は、それぞれカルヴァンや共産主義者によって解体されたが、かつてはブドウを栽培していた。イングランドの修道士たちでさえ、宗教改革まではワインをつくっていた。

ヨーロッパではあまり知られていないカリフォルニアの優れたワインも、そのはじまりはフランシスコ会の伝道所《ミッション》のブドウ畑であった。その伝統は、今日も立派にナパ・ヴァレーのラ・サール会によって受け継がれている。また、西オーストラリアではスペイン人のベネディクト会士たちが、百年以上もの間ワインをつくりつづけてきたし、東アフリカで最も成功したブドウ畑は、ドイツの聖霊修道会がつくったものである。

修道士の最も偉大な技術的勝利は、コルク栓の導入によって発泡性ワインのシャンパンを完成させたことであった。ドン・ペリニョンが一七〇〇年頃その秘法を発見するまで、(多くのワインをつくっていた修道士たちを含め)シャンパーニュ地方の人たちは、非発泡性のワインを飲み、すばらしい二次発酵の活用法を知らなかった。コルク栓のおかげで、後に世界中のワイン醸造家たちは瓶の中で適切にワインを熟成させることが可能となった。ベネディクト会士たちはまた、あの伝説的なシャトー・シャロン*をつくり出したらしく、一方酒精強化ワインのシェリーを最初につくったのは、どうやらカルトゥジア会士だったようである。

どの時代であれ、ブドウの栽培が可能な地域にあるときは、修道院は近くにブドウ畑を所有し、栽培を行っていたと確信してもよいだろう――もっとも、最良のクロ*が、その修道院のものあったとは限らないが。修道士たちはその土地の農業のやり方に従い、その土地の人たちと同じ農作物をつくっていたと考えるのが順当であろう。ブドウ畑の名前をみると、そこが修道士たちの、あるいは修道女たちの所有物であったことが分かる場合も多い。ラ＝ロッシュ＝オー＝モワンヌ、クロ・デ・ペレ、ボンヌ＝マール（メレ）などがフランスの例だが、修道会がほとんどすべての偉大なワインを最初につくったドイツには、特にこうした例が多い。グラーハー・メンヒ、メンヒスゲヴァン、エルトヴィラー・メンヒハナハ、アプツベルク、アイテルスバッハ・カルトホイザーホーフベルク、ノンホーレ、ノンネンベルク、フェルスター・ジェズイーテンガルテンなどである。またドイツやオーストリアには「クロスター」（ドイツ語で「修道院」の意）という名を冠した畑が数え切れないほどあり、ほとんどはかつて修道士たちが所有していたものである（残念ながら、この歴史的なドイツ語名は、五ヘクタール＝一二・三五エーカー以上の用地の登録しか認めなかった一九七一年の連邦共和国のワイン法以降消えてしまった）。修道院の名前はまた、スペインやイタリア、スイス、それにハンガリーのワインにも見出すことができる。ただし一方では、

*シャトー・シャロン　フランス、ジュラ地方に産するヴァン・ジョーヌ（黄色ワイン）の最高峰。第三章を参照。

*「クロ」（clos）　もともとは石垣の意味であるが、転じて石垣で囲った畑を意味するようになった。フランス、ブルゴーニュ地方に多い。

過去における修道士の存在が、必ずしもはっきり地名に現れるとは限らない。何百もの良質のワインについて、〔地名からそれとうかがうことはできないものの〕ある時期に修道院と関係があったことが知られている。

　蒸留の技法が十二世紀にヨーロッパで発見されたとき、最初に蒸留酒《アクア・ウィタエ》をつくったのも修道士であった。修道士たちは数えきれないほどの蒸留酒をつくってきたが、それぞれの蒸留酒には注意深く守られている秘密の処方がある。最も有名な蒸留酒は、言うまでもなく、シャルトルーズ（シャルトリューズ）＊である。そのレシピは、アンリ四世の恋人の弟、砲兵隊長のデストレによって修道士たちに与えられた。修道士たちは、今でもグランド・シャルトルーズの近くでリキュールをつくっており、秘密を守っている。ベネディクティン＊は今では、修道士ではなく俗人がつくっているが、その処方は、もともとはフェカン大修道院に伝わったものである。フランス革命によって修道院が破壊された後、ほぼ七十年後に再びそれがつくられるまで、修道士の一人の家族がその処方を受け継いできた。しかしそれ以外にも、驚くほど数多くの蒸留酒が修道士によってつくられてきた。スコッチ・ウィスキーの歴史上知られている最初の製造者もまた、托鉢修道士である。

　ほとんどの修道院は、フランス革命とナポレオン戦争後の修道院解体期に、ブドウ畑と醸造所・蒸留所を失った。それにもかかわらず、今日もなお、多くの修道院がブドウ栽培を続けている。フランス、オーストリア、イタリア、それにスペインには、自分たちが消費するためまたは収入源として、ワインを生産している修道院

＊シャルトルーズ（シャルトリューズ）
グランド・シャルトルーズ修道院ゆかりの薬草系リキュール。第六章、第十二章を参照。

＊ベネディクティン
ノルマンティ地方フェカンのベネディクト会修道院で十六世紀につくりはじめられた、ブランデーベースのリキュール。第十二章参照。

がある。こうした修道院では、収穫期に修道服を身につけてブドウ摘みをしている人々の姿が見られるかもしれない。また、南北アメリカ、ニュージーランド、オーストラリア、それにイスラエルやレバノンにも、新たな修道院のブドウ畑がある。少なくとも、八十の異なる――そして優れた――ワインが、今も修道会によってつくられている。

　残念ながら、この大きさの本ではすべてを網羅することはできないし、また修道士たちがつくってきたものとして知られているすべてのワインやリキュールに触れることもできない。扱う分野が広大なので、どこかで一線を引かねばならないし、取捨選択も必要である。そこで筆者は次の二点を基準にすることにした。ひとつはワインの質であり、もうひとつは修道院の美しさである。修道院建築は世界で最も美しい、最も心を高揚させてくれるものの一つである。フランス、スペイン、南ドイツには、ロマネスクのベネディクト会修道院がたくさんあるし、初期シトー会のピューリタン的な優美さをもつ修道院もある。また、フランスにはフランボワイアン・ゴシックの中世後期の修道院もあるし、ブルゴーニュあるいはルネサンスのカルトゥジア会修道院もある。さらに、バイエルン、オーストリア、チェコ、スロヴァキア、ハンガリーには、力強いバロック様式あるいはロココ様式の、ベネディクト会やプレモントレ会の修道院がある。そしてカリフォルニアには、魅力的なフランシスコ会の伝道所《ミッション》がある。現存している最も美しい修道院の多くは、古くからのブドウ畑を今ももっている。そして、ブドウ畑のはずれには、多くのロマンティッ

◀ブドウ畑に佇む
旧ドミニコ会修道院の
外壁の一部
サン＝テミリオン（フランス）

クな廃墟を見ることもできる。

　本書は、修道院の歴史に重点を置いて——つまり、ほぼ機械的に修道会ごとに章を立てて——テーマにアプローチしている。このような方法をとることによって、ワインをつくった人々の精神のいくらかを伝えることができるだろうし、また修道士たちの戒律をほんのわずかでも知ること、また彼らの厳粛な食堂に自らのつくったヴィンテージが出てくることがいかに稀であるかを知ることは、彼らの修道院とワインに対する理解を、一層深めることにもなるであろう。

　ワインやリキュールに縁のある修道院を訪ねるのは、とても楽しい。ブドウの花が咲いている春などはとくにそうである。「花の香り」の芳しさについて書いたサー・フランシス・ベーコン（一五六一—一六二六）は、「ブドウの花」を、バラ、

スミレ、ヤマイバラに次ぐ存在だとしている。またあるトラピスト会修道士はかつて筆者に、シトー大修道院——すべてのシトー会修道院の母院——の喜びのひとつは、クロ・ド・ヴージョの花が咲き乱れ、その香気が春のそよ風にのってあたりに漂っていることだと教えてくれた。秋もまたこのような修道院めぐりをするには、楽しい季節である。剪定されたブドウの木の芳しいたき火を楽しむことができる。どちらかといえば、静かで穏やかな生活を好む人、とくに中世にノスタルジアを感じる人は、修道院の世界の静謐な魅力に引きつけられるであろう。修道士たちの住まいを目の当たりにすると、信者もそうでない者も、好古家もディレッタントも、巡礼者も観光客も、皆が感激する。『沈黙を守る時』(*A Time to Keep Silence*)で、パトリック・リー・ファーモーは、偶然に修道院に触れた通りすがりの観光客ですら、「修道院が建立された目的の一つである癒しと、何ともいえぬ陶然とした魅力の多くを得ることができる」と書いている。修道制は今なお生きている。しかし、第二次ヴァチカン公会議(一九六二—六五)以降、急激に変化してもいる。一四〇〇年前から着用されている絵のように美しい修道服は、あるいは永遠に消えることになるかもしれない。すでに一部は、ジーンズやダンガリーに代わりつつある。かつて聖歌隊席で「美しい声で囀っていた」鳥たちに関していえば、ラテン語はほとんど用いられず、グレゴリオ聖歌はますます聞かれなくなっている。

ワインツアーの人気は右肩上がりで、特定の地域のワインといったテーマのときや、とくに歴史的建造物とセットになったものは評判がよいようである。その点、修道院とワインという視点は、際だって多様で充実したテーマを数多く提供することができるだろう。世俗を逃れた人として、修道士たちが訪問客を手放しで歓迎しているわけではないことは言い添えておかねばならないが、一方で彼らが、客を迎えるのをたいへん楽しみにしているように見えることもしばしばである——なにしろウィーンの森のハイリゲンクロイツ修道院には、レストランまであるくらいなのである。

第一章　修道士の到来

ワインなしで生きることは毎日死ぬことである。
——アンリ・ルニャール

その日には、見事なぶどう畑について喜び歌え。
主であるわたしはその番人。常に水を注ぎ
害する者のないよう、夜も昼もそれを見守る。
——「イザヤ書」（二七：二―三）

古代エジプト人の二つの最も大きな業績は、ピラミッドを建造したこととキリスト教修道制を考え出したことである。福音書の教えにしたがって、あの一風変わった人たちは、自分の財産をあの世へもっていくことができないとようやく確信したとき、砂漠に出てゆき、祈りと自己放棄の生活を送ることによって、死すべき運命に対抗する極端な形の保証制度を考え出した。

最初の修道士は、コプト教徒の聖アントニオス*であった。彼は、二七一年頃、それまで住んでいた墓地を立ち去り、ナイル川の東岸と紅海の間に広がる小高い荒野に移って行った。他の人たちも彼に従った。三〇〇年までには、彼は隠修士たちの小さな共同体の指導者となっていた。後からやってきた男女の多くは、共同生活あるいは「共住」生活をいっそう好んだ。そして四世紀半ばの、新しい修道制の中心となっていた砂漠の谷ワーディ・エル＝ナトルンには、千人もの人たちを抱える集団がいくつもあった。最初に修道院戒律を著したのは、パコミオス*であった。彼はこれら数多くの共同体を結集し、修道院集落をつくった。そこにはひとりの修道院長の下に二千人の修道士や修道女たちがいることが多かった。オクシュリンコスには三万人の修道者がおり、その半数以上は修道女であった。こうした修道院集落は、自分たちが生産したもので生活の糧を得ていた。彼らは、自分たちがつくった産物をアレクサンドリアで売るためにナイル川から送り出した。おそらく彼らは、当時すでにエジプトで栽培されていたブドウも育てていたことだろう。

多くの砂漠の師父たちは驚くべき苦行を行った。アレクサンドリアのマカリオス*は、沼地で裸になったまま六か月もの間、座して過ごし、スズメバチほどの大きな蚊に刺され、象皮病にかかったようにみえるほどであった。しかし彼は、同じ被造物に哀れみをもたないような人間ではなかった。あるとき、彼は目の見えないハイエナの視力を回復してやった。マカリオス以上に苦行に励んだ人物は、修道院長パフヌティオス*であった。

＊アントニオス（二五一頃―三五六）エジプトの隠修士。メンフィス近くに生まれる。両親の死後、財産を貧者に与え、修道生活を志す。アタナシオスの『聖アントニオス伝』は、帝国全体に伝わり、修道生活の理念を広めるのに寄与した。

＊パコミオス（二九〇頃―三四六）共住修道院の創始者。出身地テーバイド一帯に七つの男子修道院と二つの女子修道院を創設。そのため、修道院戒律をコプト語で記す。

＊マカリオス（三〇〇頃―三九〇頃）エジプトの隠修士。四十歳頃、セリアの砂漠で聖アントニオスと似た修道生活を送る。治癒の能力と悪魔祓いの賜物を与えられていたと言われる。

彼は、運河を渡りたいと思ったとき、タクシーでも呼ぶかのようにそこを通っていたワニに大声で呼びかけ、その背中に乗せるように命令したのであった。当時の逸話集である『砂漠の師父の言葉』には、砂漠の修道士たちの中にはワインを飲んでいた者もいたと伝えられているし、「新しいワインの初もの」という言葉も使われている。そればかりか、多くの者はワインを差し控えたとも書かれている。あの偉大なマカリオスは、ワインを差し出され、それをいつも受け取っては自分に罰を

＊パフヌティオス（三六〇頃没）
エジプトの修道士。上テーベの主教。アントニオスの弟子のひとり。ローマ皇帝ガイウス・ガレリ・マクシミヌスによって迫害され、左膝を切断され、右目をえぐり取られた。

■聖パウロスを訪問する聖アントニオス
（グリューネヴァルト
『イーゼンハイム祭壇画』部分）
十六世紀
ウンターリンデン美術館

加えていた。ワインを一杯飲むごとに、その日一日は水を飲もうとしなかった。だが、隠修士の中には、訪問客を心から歓待するためにワインの壺をもっていた者もいた。

アレクサンドリアの司教、聖アタナシオス（二九六頃―三七三）――「アタナシオス信条」にその名を残し、また聖アントニオスの友人として彼の伝記を書いた――は、三三五年から三三七年までドイツのトリーアに追放されていた間に、その地に西欧で最初の修道院を建立したらしい。聖アウグスティヌス*は（『告白録』の中で）、三八〇年から三九〇年頃のミラノについて書き、「市の城壁の外に、善き兄弟たちがたくさんおり」、しかも聖アンブロシウス*指導下の修道院があったと言っている。アウグスティヌスは現在のアルジェリアのヒッポに彼自身の修道生活を確立していた。彼は、三九七年から亡くなる四二九年までそこの司教であった。彼は「節度を欠いた飲酒は情欲をかきたてる」と考えたが、修道士たちに毎日食事といっしょに適度な量のワインを許した。また飲食すべてを最後の晩餐に結びつけたように、共有財産に神聖な象徴的意味を付与した。

すぐれた人物として認められ、またブドウを栽培したことで知られている最初の西欧の修道士は、トゥールの聖マルティヌス（三一六頃―三九七）であった。彼は三一六年頃、異教徒のローマ軍団兵の息子として属領パンノニア（現在のハンガリー）に生まれ、みずからも軍人となった。そして画家たちが好んで描いた事件が起きたのは、彼がアミアンに駐屯していたときのことであった。あるひどく寒い日、一人の

＊アウグスティヌス（三五四―四二九）　北アフリカのアガステ生まれのラテン教父。マニ教を信奉したが懐疑的となり、新プラトン派を研究した後、ミラノにおいて司教聖アンブロシウスの感化によりキリスト教に改宗。後年、修道生活にも意を用い、そのための戒律を残している。

＊アンブロシウス（三三四―三九七）四大教会博士の一人。トリーアの地方総督の家に生まれる。三七四年、受洗していないもかかわらずミラノの司教に選ばれ、カトリックの信仰、典礼、司牧活動に大きな実績を残した。

■乞食にマントを分け与える
聖マルティネス
シモーネ・マルティーニ画
十四世紀
アッシジ、
サン・フランチェスコ聖堂

乞食がこの若い百人隊長に施しを求めた。彼は自分の赤い外套を二つに引き裂き、半分を乞食に与えた。するとその夜、なくなった半分の外套を身にまとったキリストがマルティヌスの夢に現われた。翌日、彼は軍隊を去り、洗礼を受けると、母親を改心させるためにパンノニアにはじめて帰郷した。そしてその後、リグリア海岸の沖に浮かぶレランス島に渡り、そこで隠修士となった。最終的に、彼はガリアに戻る決意をした。

三六〇年頃には、マルティヌスはポワティエ郊外のリグジェで隠修士として生活し、まもなくそこの小さな共同体を統治することになった（リグジェには今も修道院があり、マルティヌスが建立した大修道院の基石が見られるであろう。また一九六〇年代末までベネディクト会士たちが上質の赤ワインを生産していた）。三七二年、トゥールの人たちは、マルティヌスを武装護衛隊の監視の下に自分たちの町に連れてきて、いやがる彼を力ずくで彼らの司教にした。彼は司教の任務を良心的に遂行し、ときにロワール河畔のマルムティエに創設した新たな隠修士の修道院にこっそり出かけては、妥協を見出していた。

マルティヌスの伝記を書いたスルピキウス・セウェルス*は、マルティヌスが常に砂漠の理想をもち続け、また彼の薄汚ない外見、よれよれの衣服、ぼさぼさの髪の毛が同じ司教であったガリア系ローマ人の貴族たちをぞっとさせたと言っている。それでも、二十六年間の司教在任中にマルティヌスは、ガリア全土の異教の神殿や偶像を破壊し、代わりに教会を立て、それまで顧みられなかった異教の地をキリス

*スルピキウス・セウェルス（三六〇頃—四二〇／四二五）　古代末期のラテン年代記作者。三八九年頃キリスト教に改宗。三九四年頃、パウリヌスの影響とマルティヌスの勧めで修道生活に入り、南ガリアに身を落ち着けて著述を行った。

ト教化することに見事に成功した。彼が三九七年に死んだとき、彼の葬儀には二千人の修道士たちが参列した。そして彼は聖人として崇められ、赤い外套はトゥールに保存されて、フランスで最も神聖な遺物となった。中世初期のカペー王朝の名は、ユーグ・カペー（在位九八七—九九六）がこの外套《カパ》を所有していたことに由来している。かつて威容を誇ったトゥールの聖マルティヌスの大修道院は、今日ではほとんど残っていない。しかし、十三世紀の美しいトゥール・デュ・トレゾール（宝の鐘塔）や、半分はフランス・フランボワイアン様式で、半分はイタリア・ルネサンス様式の、とても印象的だが一風変わった回廊は、修道院の昔日の栄光のいくぶんかを今に伝えている。隣接している十三世紀のサン・ジュリアン大修道院では、昔のブドウ圧搾機が、回廊の最もふさわしい場所に置かれている。

陽気なトゥーレーヌ地方の人たちは、今日でもマルティヌスの祝祭を一月の終わりに（ローマの教会暦での実際の祝祭日は十一月十一日である）、飲めやうたえの大騒ぎをしながら祝い続けている。彼らは「酩酊」を「聖マルティヌスの病気」と称し、「酒を飲む」のを「マルティネ（martiner）」と言う。またつい最近まで、トゥーレーヌでは「樽の栓を抜く」ことを「マルティネ・ル・ヴァン（martiner le vin）」と言った。マルティヌスの礼拝堂では多くの奇跡が起こった。フランク人の編年史家トゥールのグレゴリウス（五三八—九四）は、修道女がからのワインの壺をマルティヌスの墓石のわきに置き、一滴の聖水がその中に注がれると、そのたびに壺はワインで再び一杯になったと伝えている。居酒屋の主人の守護聖人でもあるマルティヌスがブドウ栽培に関心をもっていたことは、十分証明されている。一〇九六年、教皇ウルバヌス二世（在位一〇八八―九九）は――第一次十字軍を召集したばかりの頃（彼はアイのシャンパーニュの愛好者で、それが世界で一番美味しいワインだと言った）――マルムティエのブドウ畑で、マルティヌスが植えた尊いブドウの木が、その末裔たちに囲まれてたいそう繁栄しているのを目にしたという。またトゥーレーヌの森の野生のブドウを栽培できるようにし、野生のシュナン種から暗紫色のブドウのシュナン・ノワール種をつくったのは聖マルティヌスだと信じられている。そしてこのシュナン・ノワール種がシュナン・ブラン種（あるいはピノ・ド・ラ・ロワール種）となった。このブドウは、今日トゥーレーヌやアンジュー地方産の白ワインをつくるのに最も広く使われているもので、ときに「パト＝ド＝リエヴル（ノウサギの脚）」とも呼ばれる。マルムティエ近くの斜面の、ヴーヴレの町の最初のブドウ畑にブドウの木を植えたとの伝承もあり、この地のワインはとりわけマルティヌスに由来することが強調される。また最後に付け加えると、この大修道院長は、ブドウの木を燃やし、植え替えるといった秋の作業に精を出す人々のために贈り物をくれることがある。それは陽光であり、イングランドでさえ、奇跡的に暖かい小春日和は、今でもときに、「マーチンマス＝タイド（マルティヌス祭の好季節）」と呼ばれている。

実際のところ、ある伝説によれば、聖人のロバが剪定をやり始めたと信じられているほど、聖マルティヌスのブドウ栽培の功績は大きかった。ブドウ畑で綱につながれていたロバは動き回れる範囲のものをすべて食べたが、膝から下に実っていた

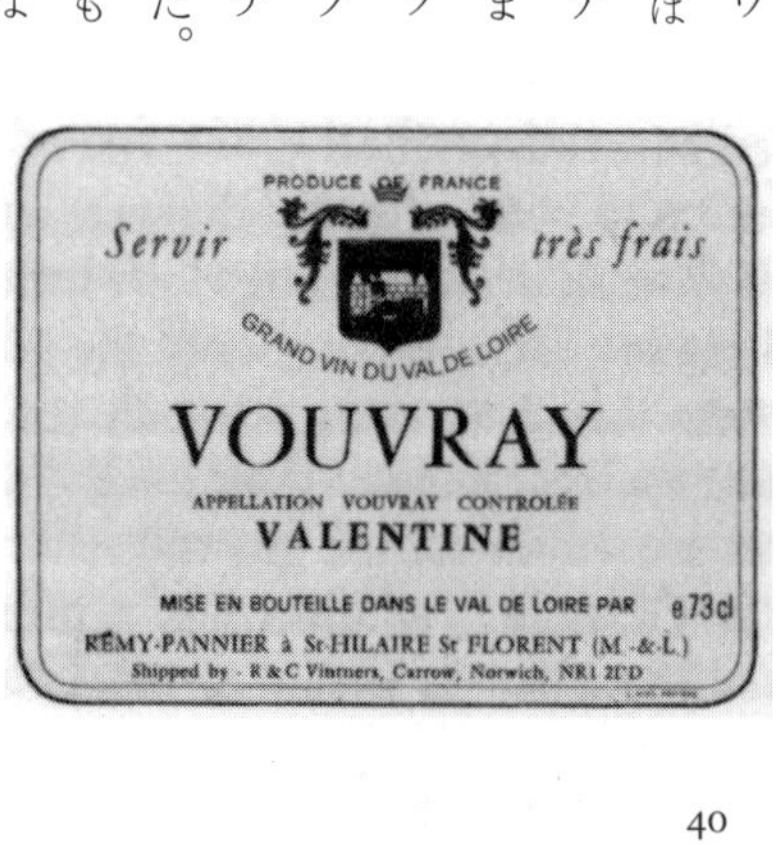

ブドウだけは食べなかった。ロバの主人の修道士たちはがっかりしたが、何と、大変驚いたことに、残ったブドウからは、彼らの生涯で最良のワインをつくることができたのだった。こうして今日まで、トゥーレーヌのブドウが地上高く実ることはないのである。

聖マルティヌスはまたドイツでもその名を記憶されており、モーゼル河畔でブドウ栽培に携わる人々に人気のある守護聖人でもある。彼は何度かトリーアを訪ね、いくつか愛すべき奇跡を行ったと言われている。ロワール地方と同じく陽気に祝祭が催され、この日に人々はできたてのワインをはじめて味わった。それはまた、かつて農民たちがブドウかワインの十分の一税を修道士たちに支払う日でもあった。

聖マルティヌスの修道院で、修道士たちがどんな戒律に従っていたかは知られていない。しかし、それは本質的に隠修士の戒律であったにちがいないし、おそらく砂漠の師父の戒律にとてもよく似ていたであろう。ベネディクト会やシトー会の戒律よりも、今日のカマルドリ会やカルトゥジア会の戒律と多くの共通点をもっていたであろう。西欧の初期の修道士たちはいくつかの戒律に従っていた。アイルランドの聖コルンバヌス*――彼は何回か水をワインに変えた――の戒律は、鞭打ちや断食をふくむ烈しい悔い改めの苦行が特徴であった。にもかかわらず、極端な東方の慣行の中には西方を引きつけないものもあった。柱頭修行者たらんとした助祭のヴァルフロイが、五八五年、アルデンヌに彼の住む柱を立てたとき、その地の司教はただちに彼を柱頭から降ろさせ、それを破壊した。六世紀前半に匿名のイタリア人

＊コルンバヌス（五四三―六一五）アイルランド出身の聖人。フランスのリュクスイユおよびイタリアのボッビオの大修道院長。修道院の建設やアイルランドの伝統的修道規則の制定などにより、西欧の修道生活に大きな業績を残した。

修道院長によって編纂された『師の戒律』(*Regula Magistri*)は、比較的バランスのとれた生活の仕方を提供した。これは後に聖ベネディクトゥスによって簡素化され、改編された。

「西欧の修道士の父」と言われるヌルシアのベネディクトゥス(四八〇頃―五四七)は、西欧修道制の真の創設者にしてその真髄でもあり、文化の面でもヨーロッパの歴史において最も重要な人物の一人である。奇妙なことに、彼は明らかに異教ローマの伝統的な徳の多くを、とくに古代の哲学者たちが大いに推奨した「冷静沈着」の徳をもっていた。彼は地主の名門の家に生まれ、確かに、ローマでの勉学をふくめ、すぐれた古典の教育を受けた。かなり若い頃に、隠修士になる召命を感受し、スビアコにあるネロ皇帝(在位五四―六八)の宮殿跡付近の洞窟で三年を過ごした。彼は模範的な隠修士であった。その結果、無謀にも幾人かの近隣の修道士たちが修道院長として彼を招いた。ところが彼の規律は彼らが予想した以上に厳しかった。そのため、修道士の一人が彼のワインに毒を入れた。しかし、修道院のしきたりに従って、祝別するためにワインの杯が彼のところに運ばれ、彼が十字を切ると、杯はたちまち粉々に砕けてしまった。

結局、ベネディクトゥスは、モンテ・カッシーノに、より従順な修道士の家族をつくることに成功した(とりわけイタリアのベネディクト会士たちは、山中に修道院を建てることを好んだ)。ベネディクト修道院は当初、十二人から十

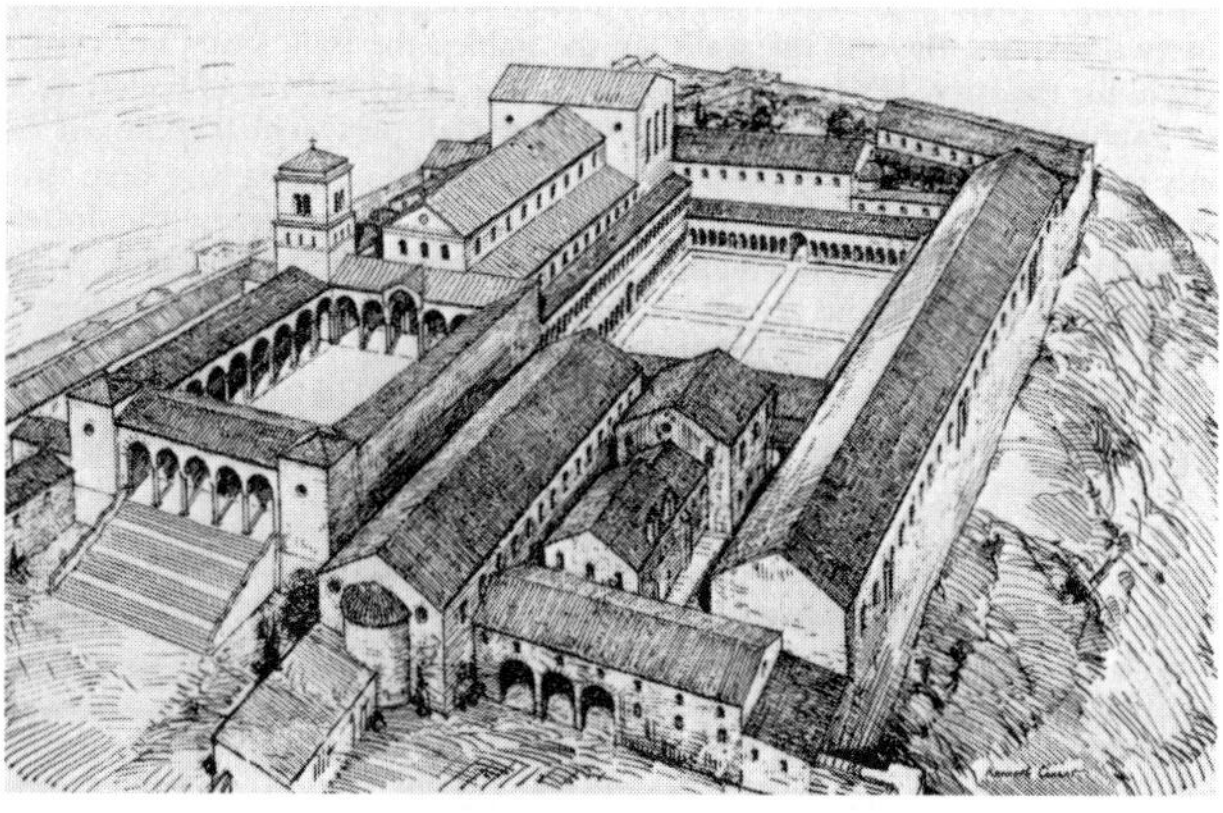

五人の修道士たち——その中で司祭はほんのわずかであった——から成り、礼拝堂、食堂、共同寝室、それに読書室をふくむ質素な一階立ての建物の中で生活した。これらの修道士たちが同時代の修道士たちと異なっていたのは、修道院長が与えた戒律のためであった。

その戒律は、真に独創的なものではなかった。聖ベネディクトゥスは、まとまりのない、冗長な『師の戒律』をもとに、既存の修道生活の理念を総合し、調和をはかり、およそ一万二千語の短い戒律にまとめた。『聖ベネディクトゥスの戒律』（以下『戒律』とする）は実際的で、中庸で、人間的なものであった。修道士たちは、毎日百五十編の「詩編」全部を歌う代わりに、一週間でそれをやるようになった。また修道士たちには十分な食べ物や衣服が与えられ、それ相当の睡眠時間も許された。彼らの生活のリズムは、祈り、読書、手の労働という三つの日課に区分されていた。修道士の日課の中で、祈りの後の最も重要な日課である農作業が強調されていた。それゆえ、修道士たちがブドウを栽培したのは必然であった。当時も、現在のように、地中海沿岸の農業は、小麦、オリーヴ油、それにワインという神聖視された三種類の産物に基づいていた。『戒律』の精神は第四十章「飲み物の分量について」に最もよく表れている。

> 人にはそれぞれ神から特別な賜物が与えられており、それは人により異なるものです。そこで、他人の（食べ物や）飲み物についてその分量を規定すること

▶中世初期（八世紀頃）のモンテ・カッシーノ修道院（コナントによる復原図）

に、いささかの危惧がないわけではありません。しかし、弱い者の弱点を考慮に入れ、葡萄酒は一人一日一ヘミナ（約四分の一リットル）で十分と信じます。一方、神から禁酒に耐える力を授けられている者は、よい報いを自分が特別に受けることを知るべきです。もしも土地の状況、労働あるいは夏の炎暑などのために、より多くの分量が必要とされる場合には、長上はこの点に関して自ら裁量する権限を有します。ただし、修道士はいかなる場合でも、飲み過ぎあるいは酔うことのないように注意すべきです。酒は決して修道士の口にすべきものではないと記されていますが、現代の修道士にこれを納得させることは不可能ですから、わたしたちとしては少なくとも、度を過ぎず、より控え目に飲むということで同意したいものです。「酒は賢者をも堕落させる」とあります。（古田暁訳、以下同）

これら最初のベネディクト会士たちは、どんなワインを飲んでいたのだろうか。おそらく地元産の赤や白のワインだろう（修道士たちが赤ワインしか飲まないと考えるのは誤りである）。それは質よりも量で有名なカンパーニア地方の現代のヴィンテージと似ていたにちがいない――モンテ・カッシーノ近くでは良質のワインは産出されない。祝日には修道士たちは、おそらく修道院長と同様に、ウンブリア地方から運ばれて来た美味しい白のオルヴィエートを飲んだであろう。

◀戒律を執筆する聖ベネディクトゥス
十二世紀の写本
シュトゥットガルト
ヴュルテンベルク州立図書館

S. Benedictus

きびしく節制につとめてはいたが、それでも聖ベネディクトゥスは時折ワインの杯を手にとった。彼はワインの贈り物を受けとるのを厭わなかった。とある地元のお偉方が、フラスコと呼ばれる「木製の瓶（おそらく小さな樽）二本に入れたワイン」を彼のところへ届けてくれた。この二本を運んできた助修士*（彼の名前は、信じられないことに、エクスヒララトゥス――「気分がうきうきした」の意――であった）は、そのうちの一本を自分のために隠しておいた。ベネディクトゥスは、寄贈者に感謝するようエクスヒララトゥスに言った後、もう一本の瓶には気をつけよと警告した。助修士がその瓶を開けてみると、蛇が這い出してきたという。

もちろん修道生活には、男性だけでなく女性も引きつけられた。七世紀までには、モンテ・カッシーノの修道士たちによく似た生活をしていたベネディクト会の修道女たちがいた。ベネディクトゥスの妹で、「聖なる処女」の聖スコラスティカ（四八〇―五四七）は、西欧の修道女全体の守護者となっている。そしてこれらの女性たちもまた、ブドウ栽培に重要な貢献をなした。

ベネディクトゥスは、西ローマ帝国最後の皇帝ロムルス・アウグストゥルス（在位四七五―四七六）の廃位四年後の四八〇年に生まれた。その後しばらくの間、蛮族の征服者たちはローマの官吏たちを通して支配したが、聖人の生涯を通して、残っていたローマの秩序と文明は加速度的に瓦解していった。ゲルマン民族の侵略者たちは、農園主を追い出し、その邸宅に移り住み、広大な農園を支配下に収めた。彼らは武人の領主という新たな支配階級となり、奴隷労働者を保護し、かわりに彼ら

*助修士
聖職者ではないが、修道院で修道士と同じ修道生活をしながら一般労働に従事する修道士のこと。

の生産物——基本的に食糧とワイン——の大量の分け前を獲得した。こうした無遠慮な冥加金取立てが、結局のところ、封建制の経済的基盤となっていったのである。一方、東ゴート族の支配が絶頂期にあったときでさえ、イタリアは、首領たちと後からやってきた他の蛮族との間の争いが各地で起こり、激しく揺さぶられていた。皮肉なことに半島は、最終的には、ベネディクトゥスの晩年にあたる六世紀前半に、東ローマ帝国による再度の征服により崩壊した。その結果、残っていたローマの文明や技術は完全に失われた。イタリアの人口は激減し、交易や交通手段などが破壊された。永遠の都でさえ一時期完全にうち捨てられたのである。

故デイヴィッド・ノウルズ師は次のように言っている。

すべてが、大なり小なり、可能な限り小さな自給の単位に解体する傾向にあった。このような単位、このような最小単位こそ聖ベネディクトゥスの『戒律』の修道院であった。経済の面でも、霊性の面でも、機能の面でも、それは自給であった。……この種の修道院、とくに小麦、ブドウ、オリーヴといった三種類の産物が一箇所の囲い地、ほとんど一箇所の禁域の中で栽培されていた地中海沿岸の修道院に脆いところがあるとすれば、それは共同体全体を撲滅しようとする入念な計画によって動かされる武力に対してだけである。帝国であれ、管区あるいは司教区であれ、ほかのすべてのより高度な組織が崩壊したとしても、この修道院家族は生き残るであろう。

第二章

「暗黒時代」の修道士とワイン

抑制して飲むワインは第二の生である。
――隠修士トリスタン

彼らは荒らされた町を建て直して住み、
ぶどう畑を作って、ぶどう酒を飲み……
――「アモス書」(九：一四)

修道士が、ローマ帝国崩壊の時期と、それに続く「暗黒時代」のブドウ栽培を救ったという主張は、一八六〇年代にモンタランベール伯爵*が『西欧の修道士たち』(*Les Moines de L'Occident*)において、はじめて唱えたものである。歴史家というよりカトリックの護教論者であった伯爵は証拠をほとんどあげなかったが、彼の主張は広く受け入れられた。しかし最近、ウィリアム・ヤンガーはその著『神々と人とワイン』(*Gods, Men, and Wine*)で、この主張に異を唱えた。「ブドウ栽培は暗黒時代を通

＊モンタランベール伯爵(一八一〇―七〇)　フランスの政治家、作家。自由主義カトリシズムの指導者。

して個人の事業によってなされてきたものだ」というのがヤンガーの見解である。ブドウ栽培の秘法はほこりっぽい修道院の図書室に保管されていたのではなく、ブドウ畑のブドウ栽培人たちによって守られてきたと彼は主張する。しかしこの主張も、詳細な調査に耐えられるものではない。多くの場合、ブドウ畑にいた人といえば修道士であったし、仮にそこにいなかったとしても、彼らは最も有能なブドウ栽培人を雇うことに注意を払った。ヤンガーがあげている確実な証拠の一つは、比較的遅い時期に、短期間、イングランドのブドウ畑が修道士ではなく、俗人の管理に委ねられていたというものであるが、そもそもイングランドをブドウ栽培国の典型としてあげることに無理があろう。

モンタランベールの主張を是とするにせよ非とするにせよ、今に残る「暗黒時代」の証拠は、十分なものとはいえない。しかしながら、後で見るように、状況証拠は彼にかなり有利である——経済的単位としての修道院の規模や効率性という点から見ると、とくにそうである。さらに、フランスのブドウ栽培に関する唯一の学術的かつ歴史的な研究の著者であるロジェ・ディオン教授*も、モンタランベールを支持しているように見える。「フランスの旧体制の最後の最後まで、すでに完成の域に達していた修道院のブドウ栽培に対しては、賛辞に次ぐ賛辞が寄せられ続けた」と、教授は、栽培にたずさわる当時の人々の感動的な賛辞の数々を紹介しつつ語っている。一七六二年になっても、ラン〔パリ北東部の城塞都市〕のブドウの木の評判はすばらしく、「その大部分は、適切な手入れができるカトリック教会の人たちのもの

*ロジェ・ディオン（一八九六—一九九八）　一九四八年から六八年までコレジュ・ド・フランス教授として歴史地理学の講座を担当。大著『フランスワイン文化史全書』をはじめ、ワインに関する著作でも高名。

だ」との報告がなされている。

モンタランベールを後押しする最も有力な議論は、修道士が全盛で、相当の労働力をもっていた時期には名のあるワインがつくられていたが、彼らがいなくなると、それらのワインはすっかり影をひそめてしまうというものである。十三世紀のフランスで最も需要のあったヴィンテージの中には、スヴィニーやシャトー＝シノンといった、大修道院がつくったものがあったが、今では完全に忘れ去られている。サン＝プルサンが再び注目を集めているとしても、それはフランスの王たちが饗宴で供し、中世のパリ人たちが高く評価したワインではない。

西欧が壊滅的な状況にあった間、ほとんどの蛮族は修道院に手を出さなかった。修道士を奇跡を起こす者とか魔術師と見なして恐れたからである。東ゴート族の首領トティラ（五五二没）が聖ベネディクトゥスを訪れたときの話はこのことをよく示している。トティラは、修道院長の力をためすために、リッゴという小姓に自分の衣を着せ、先に遣わした。するとベネディクトゥスはその小姓に「お前の着ているものを脱ぎなさい。お前のものではないのだから」と言った。トティラは身を震わせて聖人の足下にひれふし、聖人は彼に警告した。「あなたは以前にも多くの悪行をなし、これからも多くの悪行をなすであろう。これからはそれを避けなさい。言っておくが、ローマに侵攻した後、九年間は治めるであろうが、十年目には死ぬであろう」。痛快なことに、ベネディクトゥスのこの予言は正確に現実のものとなった。このようにベネディクトゥスが名を馳せていたために、修道士たちはある程

■偽のトティラを見破る
聖ベネディクトゥス
スピネッロ・アレティーノ画
十四世紀
フィレンツェ、
サン・ミニアート・アル・モンテ聖堂

度まで身の安全を確保することができた。彼らは、おそらく当時、平穏を期待できた唯一の耕作人であった。そしてこの身の安全という要素は、ブドウ栽培を行う上でも、かけがえのない重要なものであった。

六世紀から七世紀にかけて、ますます多くの男性——やや遅れて女性もまた——が、修道生活の長所に引きつけられた。神の探究、努力によって得ることのできる幸福と平穏、堅苦しいが虚飾のない礼儀正しさ、自制と優しさ、均衡とリズムといった、この自発的共産主義のもつ利点に魅せられたのである。新たな修道院がイタリア、スペイン、ガリア、南ドイツ、イギリス、アイルランドなど西欧のいたるところに設立された。そして六一〇年、聖コルンバヌスがナントからアイルランドの兄弟たちにワインを送ったことが知られている。修道士たちはいくつかの異なる戒律に従っていたが、六世紀が終わるまでには、ほとんどの修道士はベネディクトゥスの『戒律』に従うようになっていた。このような修道制の拡大がブドウ栽培に与えた影響は、次の事実からも判断されるであろう。六四三年までに、アペニン山中のボッビオ大修道院（六一五年に亡くなった聖コルンバヌスによって創設された）は、二十八の農園と百五十人の修道士を擁し、一年間に、アンフォラと呼ばれる、取っ手つきの壺八百本分のワインを生産していた。

世俗のブドウ栽培人たちの力が加わることで、修道士の労働力が大いに増強されたのもほぼ確実である。西ローマ帝国の最初の世紀に、都市からの一般民の流出がはじまると、田舎の礼拝堂や教会は、荘園と同じように、さまざまな産業や手工芸したのである。

が集約する中心地となった。職人たちは入植者たちに加わり、修道院の周辺に定住

聖アウグスティヌスの『神の国』を読んでいた修道士たちはおそらく、自分たちは世界を再建しているのだと信じていたことだろう。都市の崩壊と文化的生活の終わりは、多くの人々に、バビロニアによるエルサレムの征服や捕囚となったイスラエル人の悲惨さばかりでなく、神のゆるしとイスラエルの再建を物語っている旧約聖書の記述を思い出させたであろう。そして彼らはまた旧約聖書から、小麦とオリーヴ油とワインが神の恵みの間違いのないしるしであることを知っていた。「アモス書」にある次のような預言は、彼らにとってはまさにうってつけのように思われたにちがいない。「イスラエルの民は荒らされた町を立て直して住み、ぶどう畑を作って、ぶどう酒を飲み……」（九：一四）。

しかしながら、やがてイタリアでも修道院が、うち続く社会崩壊に苦しみ始めた。六世紀の後半に野蛮なゲルマン民族の侵略者であるランゴバルド族（「長い髭をはやした人たち」の意）がアルプスを越えて襲ってきた。アーリア系の異教徒である彼らは、その存在が「神の罰」と見なされた。彼らはまもなく、半島を再征服したばかりのビザンツ帝国から半島をもぎ取り、それを小さな領地に分割した。そして互いに絶えず拮抗し合っていた。イタリアのこの新たな支配者たちは修道院に敬意を示すことなく、五八九年にはモンテ・カッシーノ修道院を略奪した。ランゴバルド族がカトリックに改宗したのは、何年も後になってからのことである。

混乱と流血は、かつての西ローマ帝国の他の地域でも凄まじかった。ガリアではフランク族、ブルグント族、西ゴート族が荒廃をもたらし、彼らの争いで破壊され続けた。スペインではカトリック教徒とアーリア系の西ゴート族との宗教的対立が、同様に破壊をもたらした。八世紀になると、アラビア人がスペインと北アフリカを征服した。その結果、地中海貿易が破壊されたが、同時に、西ヨーロッパの内陸貿易の最後の痕跡も、陸路と水路が使用できなくなったために消えてしまった。

しかし、修道士と修道院のほとんどは生き残った——モンテ・カッシーノ修道院は七一七年に再建された。修道院はどこでも、たとえ土壌や気候の障害があっても、可能な限り、ブドウを栽培した。アイルランドでもブドウが栽培されていたとベーダ*は伝えている。修道士は、北方へ拡散していったときに、ヘントやランブールに、後にはポーランドやポメラニアにまでブドウの木をもっていった。

徐々にではあるが、農業は回復した。何十年も何百年も放置されていた耕作地は、着実に灌木が取り払われ、開墾された。八世紀までには新たな土地が必要となり、このために森林が伐採された。修道院がまったく無人の山林に次々と建立された。修道士たちは自分たちの力でそこを開墾しなければならなかった。ニューマン枢機卿*の言葉で言えば、「沈黙の人たちの土を掘り、開墾し、建物を立てている姿が田舎で、あるいは森で見られた」のでる。

修道士たちは、森を開墾してはブドウの木を植えた。ブドウ栽培に精を出した先駆的な修道士たちについては、いくつかの伝説が今に伝わっている。六七〇年頃、

＊ベーダ（六七三頃—七三五頃）修道士、司祭、聖書注解者、歴史家。英国のノーサンブリアに生まれる。この地方は七世紀前半以前にすでにアイルランド人によってキリスト教化され、最善の学問が伝えられていた。著書に、『殉教者伝』、『大修道院長の歴史』、『世界史』、それに最も重要な『イギリス教会史』がある。

＊ニューマン枢機卿（一八〇一—一九〇）英国のローマ・カトリック枢機卿、神学者。オックスフォード運動の主唱者。

ロワール河口附近に修道院を建立した聖エルムランは、アンドレ島全体にブドウの木を植えたと言われる。また六世紀の偉大な大修道院長、聖カリレフ（または聖カレー）は、ル・マンの南東およそ三〇マイルのところにあるアニーユ河畔の小さな村アニーユに共同体を建設した。当時、そこは広大で奥深い森であった。そこで彼はブドウの実をたわわにつけた「神秘的な光に輝いた小さな一本のブドウの木」を発見した。それにより、修道院長は、狩りをしていたキルデベルト王に出くわしたとき、王とすべての廷臣たちをもてなすことができた。

交易と交通手段が破壊されたため、人々は地元のワインに頼った。中世を通してパリの人々に最もよく知られていたワインは、イル＝ド＝フランス地方の長い間忘れられていたブドウ畑や、その他信じられないような地域のワインであった。

そしてすっきりした、緑色のワイン、
オルレアン、ロシェール、オーセール。

八一四年頃（シャルルマーニュが死んだ年）の、パリのサン・ジェルマン・デ・プレ大修道院のことを記した、いわゆる大修道院長イルミニオンの巻子本には、ランブイエ、フォンテーヌブロー、ドルー、ソー、ヴェルサイユにあった修道院が所有していたブドウ畑のことが記されている。諸王の霊廟があるパリ近郊のサン・ドニ大修道院は、九世紀には、イル＝ド＝フランス地方の一連のブドウ栽培用地とともに

院内にもブドウ畑を所有していた。

ある修道院のワインは、実際、とても不味いものであった。ノルマンディのサン・ヴァンドリル大修道院（一部は失われたが、今でもベネディクト会士たちが住んでいる）のワインは、不味さの代名詞であった。しかしながら、修道士たちはとても酸っぱいワインをうまい味に仕立てる添加物を供給するために、ミツバチの巣箱や果樹園やハーブ園をもっていた。中世においては、色や透明度がとても重要であった。それゆえ、赤ワインは卵白で澄まし、白ワインはアイシングラス〔魚類の浮袋でつくったゼラチン〕で澄ました。またときには血や牛乳を加えた。質の良くないワインは酢にされ、ワインの原料にできないブドウも役立った。はねられたブドウは食べるか、ハムやチーズを漬ける果汁にされ、残り滓はよい肥料となったのである。ブドウの種からは石鹼用の油を取った。種はまたチーズの風味付けに使われたり、鶏の餌となったりもした。葉は秋の牛の餌にうってつけであった。そしてブドウの木は、香りのよい燃料となった。

修道士たちが社会全体の安寧に貢献していたことは当初から認められていた。彼らは文明の修復者として認められていたし、また荒地の開拓者としても際立っていた。彼らはその時代の慈善事業や文化事業を行っていた。施しを行い、最良の病院や学校を経営し、貸金庫の設備さえもっていた。彼らは、教会がほとんどないか、あってもかなり離れているひどく辺鄙な所にまで足を運び、ミサをあげ、告解を聞き、さらには洗礼を授け、結婚の儀式を行い、墓地を浄めたりもした。

▶ブドウ畑での労働
写本画、十一世紀
ニュルンベルク、
ゲルマン国立博物館

修道院はまた、貧富にかかわらず、旅人の宿泊所の役目を果たした。聖ベネディクトゥスは、『戒律』の第五十三章「来客を迎え入れることについて」の中で、はっきりと次のように述べている。「修道院を訪ねてくる来客はすべて、キリストとして迎え入れなければなりません。キリストは『わたしは旅人であったが、あなたはわたしを受け入れてくれた』と言われるでしょう」。また同じ章には、「修道院長と来客のための厨房は別に設けます。予期しない時刻にくる訪問者によって、修友が煩わされることがないためです」とある。十一世紀半ばには、ローマの北にあったファルファ大修道院には、一方に貴族用の四十のベッドを、他方に「侯爵夫人や貴婦人」用の三十のベッドをもつ、一三五フィートの長さの「パラティウム（宮殿）」が建てられていた。ほかにそれほど身分が高くない訪問客用の宿泊所もあったし、また「従者を連れずに来た人たち（とても貧しい人たちや浮浪者たちは彼らだけで移動した）すべてが集まり、食べものや飲みものの施しを受ける場所」があり、そこは「施物配分係の修友にふさわしい場所」でもあった。

修道士たちがいかに有為な人たちであったかは、広大な土地を寄進し、新たな修道院の建設を推奨した統治者や権力者がしかと認めていた。さらに、だれもが修道士たちの霊的貢献を高く評価していた――疫病や飢饉から守ってくれたのは彼らの祈りであった。素朴な信仰の時代においては、天国や地獄は人々に恐怖感を与える現実であった。有力な君主たちは、自分たちのために祈ってくれる聖なる人たちに寄進することによって救いを買おうとした。

八世紀に遡るロルシュ大修道院の文書を見ると、こうした寄進が膨大であったことが分かる。一般にロルシュ大修道院として知られているラウレスハムの聖ナザリウス修道院は、シャルルマーニュの父である短軀王ピピン（在位七五一―七六八）の治世にあたる、七六四年に創建された。翌年、この修道院は、同じ聖人の名を掲げるミラノの教会にそれまで収蔵されていた聖なる殉教者ナザリウスの遺品を手に入れ、威信を得た。以後、たいていの寄進は彼の名においてなされた。ロルシュ大修道院は、ヘッセン州のハイデルベルクの大学町からさほど遠くないところにあり、しかも、いまなおブドウ栽培地であるベルクシュトラーセ丘陵地の裾野にある。コリント様式の円柱と浮彫を施したピラスター（付け柱）があるカロリング王朝時代の「王の間」は八〇〇年のもので、奇跡的に今も残っている。ラウレンスハメンシス写本には、南ドイツ一帯のブドウ畑が列挙されているが、これらのブドウ畑は皇帝、王、貴族からロルシュ大修道院に寄贈されたものであった。この修道院が創設された年に、オッペンハイムのブドウ畑がそこの二人の地主フォルクレートとベルツィクスから贈与された。（ベルクシュトラーセ丘陵地におけるブドウ栽培に関する最も初期の文書によれば）七六五年、ランドの息子であるウドーからベルクシュトラーセ丘陵地のベンスハイムにあったブドウ畑の寄進を受けた。翌年、貴族のシュターランからベンスハイムの別のブドウ畑を贈られた。七七三年には後に皇帝となるシ

◀ロルシュ修道院の「王門」
階上部分に「王の間」がある

ャルルからヘッペンハイムの広大な地所を贈られた。その地所には、ブドウ畑はもちろん、邸宅、農場、森、牧草地、水車小屋、農奴などが含まれていた。翌年、シャルルマーニュはロルシュ大修道院に新たに建てられた聖ナザリウス聖堂の献堂式

■ヒルザウ（ドイツ）修道院の遺構

に出席し、修道士たちにオッペンハイムの王の地所をすべて与えた。修道士たちは七六五年から八六四年の間、近くのディーンハイムのほとんど百にのぼるブドウ畑を受け取った。十三世紀までにはロルシュ大修道院はライン＝ヘッセンだけで一八九の村を所有していたが、彼らがブドウ畑をもっていたのはここだけではない。写本には、七七七年にフライブルクから遠くない辺境伯領ハイタースハイムのブドウ畑が、シュタープラフリートと息子のエギルベルトから「その遺体がラウレスハム修道院に安置されているキリストの殉教者聖なるナザリウスに」寄贈されたことが記されている。すぐ後に、同じような寄進が六つロルシュ大修道院になされた。そしてそれ以外の多くの地域にも、ロルシュ大修道院はブドウ畑を所有していた。

フルダ大修道院やザンクト・ガレン大修道院も、ドイツ全土にわたってブドウ畑の寄進を受けた。そして、ブドウ畑はキリスト教の広まりと共に遙か北方にまで達した。これらすべての修道院は、集中した広大なブドウ栽培用地を所有し、そこに修道院農場をつくっていた。そしてその農場には助修士が働いていた。中世の暗黒時代にワインをつくっていたドイツのその他の大修道院として、コンスタンツ湖のライヘナウ島にあるライヘナウ大修道院、アイフェル丘陵地のプリュム大修道院、シュヴァルツヴァルトのヒルザウ大修道院、それにザンクト・ブラージエン大修道院があげられる。

修道院とパガニー（田舎に住む人々は当時俗ラテン語でこう呼ばれていた）との関係は、経済単位としての修道院の有効性にとって、特に大事であった。農民は、自分の自

由を放棄し、代わりに修道士の保護を受けた。そして「労働——つまり指定された日に修道院農場で働くこと——その他」の代価として、土地を確保した。ブドウ栽培地域ではこの「その他」の中に、決まってブドウやワインに関わる仕事が含まれていた。修道士たちはほとんど常に地元では最大の地主であったので、地元産のヴィンテージを最も多く抱えていた。またときには、遠隔の地にあるブドウ畑を農民たちと分かち合い、生産物の半分を保持した。もはや異教徒ではなくキリスト教徒であったパガニーたちは、もっともなことだが、修道士の技術に畏敬の念を抱いていた。

神に身を捧げた人たちは、良質のワインをつくっただけではない。モンタランベールによれば、彼らは、後にオ＝ド＝ヴィ（「生命の水」＝蒸留酒）やウィスキーを最初につくったように、ホップからビールを醸造する秘法を発見した。また彼らが大きな生け簀で魚を人工的に孵化する方法を考え出したというのもあり得ることである。修道士たちは当時の最も優れた果樹栽培人であり、最も優れた養蜂家でもあった。またパルメザンチーズをはじめ、数限りない美味しいチーズの起源も彼らにあった。暗黒時代を通して、村が修道院の周辺にできた。そして、修道士たちは農民生活のブドウ栽培の役を担い、ブドウの恵みだけでなく、ブドウの病気の退治法ももたらした。十六世紀のブルゴーニュ地方の悪魔祓いのテクストが残っている。時代はかなり後になるが、ブドウ栽培にかかわる初期の修道士たちが唱えた祈りの精神を、よく伝えているように思われる。

私は出頭を命じる。そして信仰の鎧で武装し、
聖なる十字架の力によって、エスクリヴァ、
ユレベール、もしくはユリベールと呼ばれる蝿に、
ブドウの実に危害を加える蛆虫に、一度、二度、
三度と、命じるとともに魔法をかける。
枝やつぼみや実を略奪し、食い荒らし、
破壊し、全滅させるのをただちにやめ、
以後、そのような力を捨て、信仰厚い者のブドウ
に危害を加えることがないよう奥深い森に
退散せよと。

祓魔師は、もし蝿や蛆虫がサターン（悪魔）の命令に従い、略奪を続けるならば、「そのときは呪いをかけ、呪いと破門の宣告を下す」と続ける。

当時、一般のカトリック教徒たちは二種類の聖体を拝領していた。村人たちは司祭と同じように、聖杯からワインを飲んだ。そしてミサの後にはしばしば聖別されたパンはもちろん、聖別されていないワインも振る舞われた。中世イングランドでは、このようなワインはのどの痛みに効く最高の治療薬と考えられていた。ワインはまた、よきサマリア人の場合のように、切り傷やその他の傷を癒すのに必要とさ

れ、唯一の消毒薬として知られていた。実際、ワインは万能薬であった。

　中世人は古代イスラエル人に劣らず、ワインの魔法のような性質を知っていた。中世人のこの知識はショッキングで恐ろしい、一見ほとんど冒瀆的と思えるような象徴的表現を生み出した。十二世紀から十五世紀のドイツの細密画には、受難のキリストが十字架にかけられ、王冠をつけたブドウ栽培人としてブドウを踏みつけ、傷口からほとばしる血がブドウの汁と混ざり合っている姿が描かれているものがある。こうした絵は、もともとイザヤの次の言葉にヒントを得ている。「エドムから来るのは誰か。ボツラから赤い衣をまとってくるのは。……なぜ、あなたの装いは赤く染まり、衣は酒ぶねを踏む者のようなのか」（「イザヤ書」六三：一―二）。このイメージは、聖アウグスティヌスやダマスコスの聖ヨアンネス*によって取り上げられた。十七世紀になると、穏健なアングリカンの神学者で、ウィンチェスターの主教であり、また欽定訳聖書の卓越した翻訳者でもあったランスロット・アンドルーズ*は、ジェイムズ一世（在位一六〇三―二五）の前で、この奇妙な主題について説教した。「彼（キリスト）自身が踏みつぶされ、搾り出された。彼は自らブドウの実であり房であった。……彼をつぶした搾り機は彼の十字架であり、受難であった。……ワインあるいは血（みな同じ）は彼の体中から出てきた。……その後、彼は杯の中でワインになった」。十八世紀のフランスでも、「ブドウ搾り機の中のわれらの主」は、一般の宗教画にしばしば取り上げられた。

　しかしシャルルマーニュの治世（七七一―八一四）までには、多くの修道院は当初

*ダマスコスのヨアンネス（六七六頃―七四九頃）　シリア人のキリスト教修道士、司祭。教会博士。法律、神学、哲学、音楽に通じた東方の大学者。

*ランスロット・アンドルーズ（一五五五―一六二六）　英国国教会の牧師。『欽定英訳聖書』の翻訳を指揮した。

◀「神秘のブドウ搾り機」（部分）
綴織り、一六〇三年
ルツェルン歴史博物館

M·CCCCCC·III
1603
NOE·GENESIS
PROVER: 9

の理想から逸脱し、衰退していった。皇帝は大修道院長アニアーヌの聖ベネディクトゥス*に改革を奨励した。八一七年に、シャルルマーニュの息子であるルートヴィヒ一世（敬虔王、七七八―八四〇）はアーヘンに修道士たちを招集し、すべての大修道院を一つの組織に統合するための規則について議論した。規則作成の計画は失敗したが、いくつかの決定事項は持続的な影響力をもった。そして決定事項の一つに、修道士に農作業はふさわしくないというものがあった。というのは、最初期のベネディクト会士たちとちがい、長年の間に大多数の修道士たちが司祭になってしまったからである。結果として、大修道院はより多くの農奴を得ることになり、以前よりも規模が大きくなった。また修道士が、君主の要請により強制的に補充されることもあった。それでも修道士たちは、カロリング・ルネサンス期には「教師」として新たな尊敬を勝ち得ていた。またすでにかなり寛大になっていた統治者や有力者たちは、修道士たちに寄進し、秩序と文明の中心として新たな修道院を創設する傾向にあった。大修道院は科学や農業ばかりでなく、十一世紀に都市生活が再興するまで、工業と商業のパイオニア的存在でもあった。

大修道院そのものは、さながら都市のようであった。その大きな聖堂や中庭は、診療所とか来客用宿泊所といった複雑に入り組んだ余分な建物や寄食者たちの通りに囲まれ、また溝や柵で守られていた。そしてこの溝や柵は後には掘や防壁となった。パリの国立古文書学校のボーティエ教授（一九二二―二〇一〇）は「サン・リキエ修道院都市では、あたり一帯に職業（鍛冶屋、盾屋、靴屋、梳（綿）毛屋、毛織物の縮

*アニアーヌのベネディクトゥス（七五〇頃―八二一）　ベネディクト会大修道院長。南仏ラングドック生まれの西ゴート人。シャルルマーニュに仕える。七八二年ラングドックのアニアーヌにある彼の生地に修道院を創設し、この修道院がフランク王国諸修道院の改革の中心となった。本文にある通り、八一七年アーヘンに西ローマ帝国の全修道院長を招集、これはベネディクト会の転換期をなした。「ベネディクト会の第二の創設者」、あるいは「聖ベネディクトの再来」と称される。

絨工、蹄鉄工）に応じてさまざまな職人が群れをなしていた。彼らは明らかに、修道院のためと自分たちの利益のためにかなりの商売をしていた。同じような特徴は、北イタリアやライン川沿いにも見られた」と言っている。彼はまた、一部の修道院は「自分たちのブドウ畑のブドウでつくった余分なワインを遠く広く売っていた」とも言っている。サン・リキエ修道院は、三つの聖堂とともにシャルルマーニュの娘婿である修道院長のアンギルベルト（七四〇頃―八一四）によって豪華に再建された。現在は、十三世紀と十五世紀に再建された、たった一つの聖堂しか残っていないが、それでも訪ねてみるだけの価値はある。

　これらの修道院では大量のワインが必要であった。その人口は、修道士、召使い、子供の修道士――彼らの両親が子供たちのために修道生活を選んだ――の外に、農奴、職人そしてその家族を含め、数千人にのぼった。サン・リキエ修道院には三百人の修道士と百人の修練士がいたが、トゥールのサン・マルタン修道院は町を支配し、二万人を擁する「修道院国家」を形成していた。加えて、来客や旅人を収容しなければならなかった。ちなみに、三十人の司祭修道士を擁する現代のイン

◀ケントゥラ（サン・リキエ）修道院
十一世紀の資料をもとに
作成された
十七世紀の銅版画

グランドのある修道院では、聖餐式のためだけで、年間、およそ一五五ガロンのワインが使われていると見られている。中世初期においては、大人はすべて年に三回ワインとパンの二種類の聖体を拝領し、さらに毎週日曜日と祝日にはミサの後、聖別されていないワインを拝受した。一方、司祭は毎日聖体を拝領した。九世紀のサン・ジェルマン・デ・プレ修道院がなぜ、さまざまなブドウ畑で年間一万一千ガロン以上ものワインを生産していたかが分かるであろう。

九～十世紀になると、西欧の社会は再びサラセン人、ヴァイキング、マジャール人といった侵略者の猛攻を受けて崩壊した。侵略がようやく止んだあとですら、中央集権的統治はほとんど存在せず、西ヨーロッパのほとんどは「おいはぎ貴族*」によって支配されていた。こうした貴族が生き残ったとき、大修道院は再び安全と繁栄のオアシスとなった。とはいえ、トゥールのサン・マルタン修道院やサン・ジェルマン・デ・プレ修道院など、多くの修道院は略奪に遭った。

中世が終わる頃までには、修道士たちはワインの主要な生産者となっており、現代のどのブドウ栽培農家や協同組合よりも、はるかに多種多様のブドウとはるかに大量のワインを楽しんでいた。道路事情が悪く、水路も危険であったにもかかわらず、彼らは驚くほど遠く離れた市場で自分たちのヴィンテージを売り捌いた。彼らだけが集中的で大きな労働力をもっていた。彼らだけがきちんとした暦をもち、月日を数えることができ、季節はずれの天候にだまされることがなかった。彼らだけがブドウ畑を組織的に改良する時間、記録、それに組織をもっていた。土壌を変えるために泥灰土を使い、ブドウの木を大々的にいったん植え、さらに移植することを最初に行ったのは彼らであった。彼らだけが、ワインを熟成させるために貯蔵室や地下貯蔵庫をもっていた。数か月以内に自分たちでつくったワインを飲んでしまわなければならなかったワイン生産農家とはちがっていた。さまざまなブドウを新たに調合して新たなワインをつくるには相当の忍耐が必要であった。今日でさえ、ブドウ栽培農家が新たに植えたブドウの木からつくったワインを味わうまでには、最低で五年はかかる。

ブドウ栽培というのはじつに困難な、複雑きわまる技術である。一箇所のブドウ畑にどんな割合で異なる品種のブドウを植えるか、土壌をどう利用するか、日光と気候をどう活用するか、いつ移植するか、おりをどう除去するか、どう澄まし、どう熟成させるかなどを知らなければならない。十一世紀にチューリヒ近郊に設立されたムーリ修道院の設立文書には一つのプログラムが設定されている。つまり、復活祭以前に、堆肥を施し、剪定し、除草すること。さらに若枝をくくり、ブドウに陽があたるように葉を除去し、必要があれば、毎月ブドウの若木周辺の除草をすることなどである（ムーリ修道院は、現在は精神病院になっているが、今もその建物は残っている。一〇六四年に創建され、その後バロック風に改築された壮麗な修道院聖堂は訪ねてみる価値がある。またその共同体はイタリア、チロル地方のムーリ＝グリエスに存続しており、こちらはワインをつくり続けている――第十五章を参照）。

農民たちが考えた修道院とワインの密接な関係は、非常に多くの修道士＝聖人がアトリビュートとしてブドウをもつことでもわかる。明らかに、四世紀のスペインの殉教者聖ヴィンケンティウス*のように、ブドウ栽培の守護者であって、修道士でない者は少ない。ワインとその生産者の最も初期の修道士・守護者の一人は、隠修士の聖ゴアル（五八五頃―六四九）である。彼はアキテーヌ、オーバーヴェーゼル、ラインラントで崇敬されており、また彼に捧げられた教会――ザンクト・ゴアル＝アム＝ライン教会がある。フランケンのブドウ栽培の守護者は、アイルランド人修道士にして宣教者の聖キリアヌス*で、彼は六八九年に殉教した。テルアンヌの司教聖オメール*はクータンス近郊に生まれ、リュクスイユの修道士になったが、彼はしばしば、ひと房のブドウをもった姿で表される。ポントワーズの聖ゴーティエ*は、かつてはポントワーズの大修道院長であったが、ブドウ栽培の守護者であるばかりでなく、しばしば熱病、リューマチ、目の病気からの加護を求められている。聖ゴーティエと同時代人で、同じベネディクト会士であった聖モランドゥス*は、四旬節の間ずっとブドウのひと房だけを食べて過ごしたライン地方の貴族であり、アルザス地方のブドウ栽培農家の守護聖人である。彼は通例、ブドウのひと房か剪定ナイフをもっているが、醸造用の大桶の中に立って、ブドウを踏みつけている姿で描かれることもある。トスカーナのバディアやリポリにも、ヴァロンブローザ会の大修道院長であった福者ベネデット・チェッレターニ（一二二五没）の同様の彫像があり、その司教杖からブドウが垂れ下がっている。モンペリエ生まれのフランシスコ会士聖ロクス*は、かつて彼に治癒を求めた疫病人を治したことで知られていたが、彼も

＊聖ヴィンケンティウス（三〇三頃没）　ディオクレティアヌス帝の迫害により、バレンシアで数々の拷問にかけられた末に殉教。とりわけフランスではブドウ栽培の守護聖人とされるが、一説によるとこれはvin sang（聖なるワイン＝キリストの血）と聖人名の語呂合わせに発するものという。

＊聖キリアヌス（六四〇頃―六八九）　フランケンの使徒、殉教者。とりわけヴュルツブルクで崇敬される。

＊聖オメール（六七〇頃没）　宣教師、司教。リュクスイユ修道院で二十年間を過ごしたのち、六三七年頃テルアンヌ司教となり、異教のモリニ族に宣教。アー河畔にシティウ大修道院を創設、付近に現在のサントメールの町が発展した。

＊聖ゴーティエ（一〇三〇頃―九〇頃）　ベネディクト会士となる以前は哲学、修辞学の教授。フィリップ一世によりポントワーズの修道院の院長に任ぜられた。

またブドウ栽培人の守護者である。ライン河畔とナーエ河畔では、八月十六日の彼の祝日には、その彫像がブドウで飾られ、ビンゲン近くのロフスベルクにある彼の礼拝堂に向けて、年に一度の巡礼が行われる。またウンブリア地方では今なお、十四世紀のさるカマルドリ会隠修士に対する崇敬の余韻が感じられることだろう。彼は水をワインに変える奇跡を行ったと伝えられ（第八章参照）、たいてい水差しをもった姿で表される。

十二世紀ルネサンスの時代になると、町も大きくなり始め、文明も盛期に入り、修道士はワインの最大の生産者であったばかりでなく、最良のヴィンテージを最も廉価で提供する存在でもあった。この原因のひとつは封建制にあり、この制度のおかげで修道士たちは相当有利な条件を手にすることになった。農夫は地主である修道士に全収穫の十分の一を差し出さなければならなかったし、修道士が自分たちのワインを売ってしまうまで、農夫が自分たちのワインを売ることは認められていなかった。この「ワイン優先販売権」のほかに、修道士たちはワインの売上税を免除されてもいた。さらに、十二世紀のアンジューのブワールのマルムティエ大修道院のように、多くの場所で、修道士たちはブドウ搾りの独占を享受していた。その地域のブドウ栽培人はみな、領主であれ農奴であれ、ブドウを修道士たちのブドウ搾り機のあるところまでもって行かなければならなかった。しかしこうした修道士に対する優遇措置は、ブドウ栽培にとって常に有益であったわけではなかった。十分の一税を支払わなければならなかった農夫たちは、上質のブドウよりもたくさんブ

＊聖モランドゥス（一〇七五頃―一一一五）　ドイツのヴォルムス近くの貴族の家に生まれる。叙階後、スペインのコンポステラに巡礼に行き、クリュニーのベネディクト会士となる。プファルツ伯の顧問となり、奇跡のゆえに崇敬された。

＊聖ロクス（一二九五頃―一三二七頃）　モンペリエに生まれたが、両親が亡くなると、財産を貧者に分け与えるなどしてみずからはローマへの巡礼に旅立ち、途中、イタリア各地でペスト患者を介護した。みずからも同病に感染したが、奇跡的に治癒したと伝えられる。ペスト患者の守護聖人として名高い。

ドウの実が生るブドウの木を巧みに育てた。その結果、ときに質の良くないワインができてしまったのである。とはいえ、修道士たちが絶え間なくブドウの木の改良に励んだことは議論の余地がない。

修道士の管理下にないブドウの木があったとしても、修道士たちが最良のブドウ畑のほとんどを所有していたことは確かである。控え目に言っても、修道士の貢献がなかったならば、ブドウの栽培が発展するにははるかに長い時間がかかったであろう。ヒュー・ジョンソンが言うように、「ローマ時代から十二世紀まで連綿と続いている長いワインづくりの伝統」は、カトリック教会に負うところが大きい。そして、ワインに関する限り、このカトリック教会とは、修道士のことだと言っても過言ではない。

第三章　ベネディクト会のワイン——フランス

ノアは農夫となり、ブドウ畑を作った。
——「創世記」（九：二〇）

ノアのブドウの木を繁茂させ、
実をたくさんならせ給うた神が賛えられんことを。
しかし、わたしは、酸っぱい律法の果汁で甘いワインを
作られ給うた神をもっともっと崇めねばならぬ。
神ご自身が、わたしのために、搾り機で搾られているのだから。
——ジョージ・ハーバート

西ヨーロッパにおいてベネディクト会は、教皇制についで古い歴史のある団体である。彼らは、西欧の最初の修道士たちの後継者であった。聖ベネディクトゥスの『戒律』は、他のあらゆる修道戒律にとって代わり、五百年の間、西欧で唯一の修道戒律となった。シャルルマーニュは他の修道戒律の存在を耳にすることはなかっ

た。ヘレン・ウォデル*は彼らを「ヨーロッパのために知識の門を守ったベネディクト会」と評した。ベネディクト会修道士たちは学問と典礼に優れていた。彼らは中世世界の最初の編年史家であったばかりでなく、最初の学者でもあった。そして今日でも、彼らほど聖務日課を美しく朗唱し、ミサを厳かにあげる者はいない。一方で彼らは、オランダ、ドイツ、スカンジナヴィアを改宗させ、またイングランドやポーランドの改宗を最初に手掛けた。さらに、彼らは常にすぐれた農夫であった。また、西欧の古典的な修道院建築の際立った特徴——ローマのアトリウム（玄関広間）から派生した回廊、集会室、食堂、共同寝室など——を発展させたのも、ベネディクト会士たちであった。ただし共同寝室はのちに個室に改められた（中世初期の大広間での睡眠のとり方を合理化したにすぎないが）。ベネディクト会は、絶頂期には数千の修道院を所有し、またロマネスク様式、ゴシック様式、バロック様式、ロココ様式のいずれにおいても、すべての修道院の中で最も壮麗な修道院を建設した。加えて、彼らは世界最大のブドウ畑をかなり多く所有し、しかも多くの場合みずからの手でそれらをつくった。彼らは創設者のローマ的中庸を一貫して保持し、修道士の中で最も人間的で寛容である。

十二世紀になると、ベネディクト会は西欧修道制の独占を失った。カルトゥジア会、シトー会、アウグスチノ修道参事会、テンプル騎士修道会、聖ヨハネ騎士修道会など、新しい修道会が出現した。また十三世紀になると、さまざまな托鉢修道会が生まれた。しかし、ベネディクト会は着実で堂々たる歩みを続け、己を保持して

＊ヘレン・ウォデル（一八八九—一九六五）　東京生まれのアイルランドの詩人、翻訳家、劇作家。とりわけ中世ラテン詩の翻訳紹介で知られ、*Wandering Scholars* は名著として名高い。

◀パンの奇跡
（聖ベネディクトゥス伝連作より）
ソドマ画、十六世紀
モンテ・オリヴェト・マッジョーレ
修道院

ABB·GEN·
QVAE
DEINDE

きた。ベネディクト会は西欧修道制の背骨とも言われてきたが、これはある程度まで真実である。

かなり初期の時期から、ベネディクト会はランス教区に六つの修道院をもっていた。また、シャンパーニュ地方には、多くのブドウ畑をもっていた。ランス教区ではないが、シャンパーニュ地方にはベネディクト会の女子修道院もある。これは六三〇年に創設されたが、今なお現役である。パトリック・フォーブズ氏は「フランス革命が勃発したとき、シャンパーニュ地方のほんとうに大きなブドウ畑の少なくとも半数は修道士たちの管理下にあった」と言っている。しかし、この地でドン・ペリニョンが果たした輝かしい役割については、後の章を待たなければならない。

ブルゴーニュ人として生まれ、モー〔パリの東、マルヌ川右岸にある郡庁所在地〕の鷲と呼ばれたボシュエ司教*は、「ワインにはあらゆる真理、あらゆる知識と哲学の精髄を駆使する力がある」と考えた。彼がブルゴーニュワインのことを考えていたのは明らかである。実際、「フランス東部の泡立つブドウ」とベネディクト会士たちとの関わりは、非常に早い時期に始まっている。ブルゴーニュの名は、五世紀にここを征服したゲルマン人のブルグント族に由来するが、この地のブドウ畑はローマ時代に始まっている。蛮族が侵入してきたときでさえ、ワインはつくられ続けていたようだ。五九四年に死んだトゥールのグレゴリウス*は、彼の編年史の中で、「〔ディジョンの〕西の丘陵地は気品のあるファレルノ*＝タイプのワインを産する実り豊かなブドウで覆われている」と言っている。

*ボシュエ司教（一六二七—一七〇四）　フランスの聖職者、神学者。説教と演説で特に有名。

*トゥールのグレゴリウス（五三八—五九四）　アルヴェルヌス（現在のクレルモン・フェラン）の名門の家に生まれる。五七三年トゥールの司教となり、以来、死の直前まで自身の見聞や体験をもとに『フランク史—十巻の歴史』を書き綴る。引用は同書第三巻一九の一節。

*ファレルノ　古代ローマ時代から賞味され、ホラティウスもほめたたえたカンパーニア産のワイン。

ワインに対する修道士の貢献について議論する前に、ブルゴーニュ地方の地理について知っておく必要がある。赤ワインは長く続く一連の低い丘陵地でつくられる。一連の最初の丘陵地はコート・ドールで、ディジョンの南のフィサンから南西にシャロン・シュル・ソーヌまで広がっている。コート・ドールはコート・ド・ニュイとコート・ド・ボーヌに分けられる。最高のブルゴーニュの赤ワインは、三六マイルにわたって広がるこれらの丘陵地から産出される。さらに南には、それほど上質ではないが、美味しいワインを産する丘陵地がある。即ち、コート・シャロネーズ、コート・マコネ、それにボージョレの丘陵地である。最高のブルゴーニュ白ワインと言えば、コート・ド・ボーヌのものであるが、最良の白ワインのいくつかは、コート・ドールの北西のシャブリ産のものである。

五八七年、ブルグントのグントラン王（在位五六一―九二）は、サン・ベニーニュ大修道院の修道士たちに

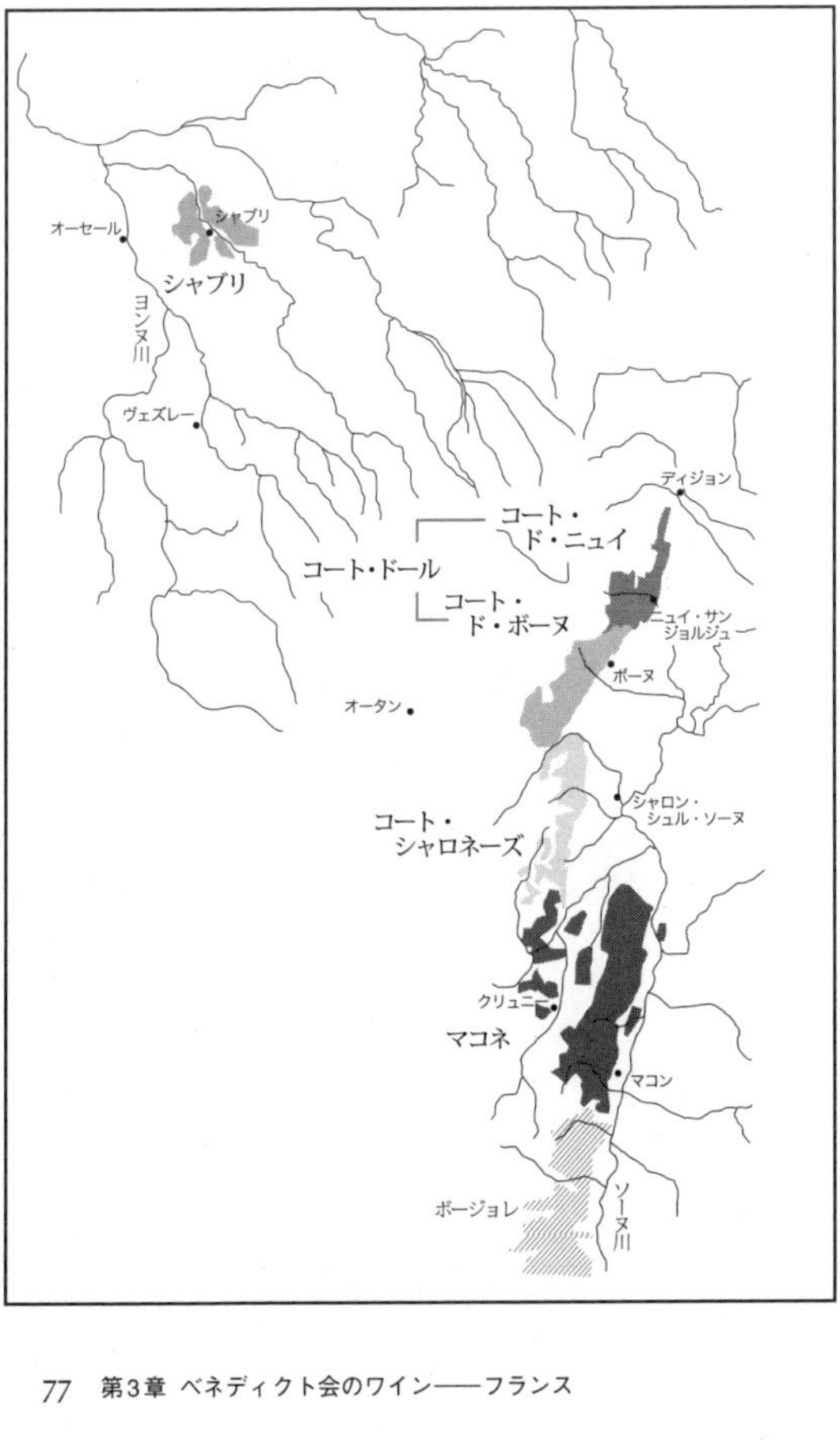

◀ブルゴーニュ略図

ディジョンの「ブドウのなる土地」を与えた（聖ベニグヌスはブルゴーニュの使徒で、マルクス・アウレリウス皇帝の治世の一七九年に殉教し、彼の廟に修道院が創設された。今日、一二八一年から一三二五年の間に建てられたゴシック様式の聖堂と、十三世紀の壮麗な修道士たちの共同寝室を見ることができる）。六三〇年、低地ブルゴーニュのアマルゲール公はジュヴレ近くのベーズ大修道院に、ジュヴレ、ヴォーヌ、ボーヌのブドウ畑を与えた（後にボーヌには、すべてがベネディクト会のものではなかったが、二十もの修道院ができた）。聖堂の鐘塔が二つ今も立っているベーズ大修道院はまた、非常に早い時期にコート・ドールの北のシュノヴとマルサネにブドウ畑をもっていた。今日でも、クロ・ド・ベーズは、この古い大修道院のすぐそばに実るブドウからつくられる非常に美味しいワインの名である。七七五年、シャルルマーニュはソーリュー修道院にコート・ド・ボーヌの頂にあるアロース＝コルトンの彼のブドウ畑を与えた――もちろん数エーカーは、みずからとその宮廷のために残して置いたのだったが。皮肉なことに、のちにコルトンはすべての修道士たちの宿敵であるヴォルテール（一六九四―一七七八）に好まれ、なくてはならぬワインとなった。ソーリューでは、一一四三年に建てられ、興味深い彫刻で飾られた立派な穹窿天井の聖堂を今でも見ることができる。九世紀には、シャルル禿頭王（西フランク王、在位八四三―七七）は、彼の弟のウードにシャブリのブドウ畑を与えた。ウードはトゥールのサン・マルタン修道院の院長であった。

当時でさえ、ブルゴーニュの赤ワインが最高のワインと考えられていたのはほぼ

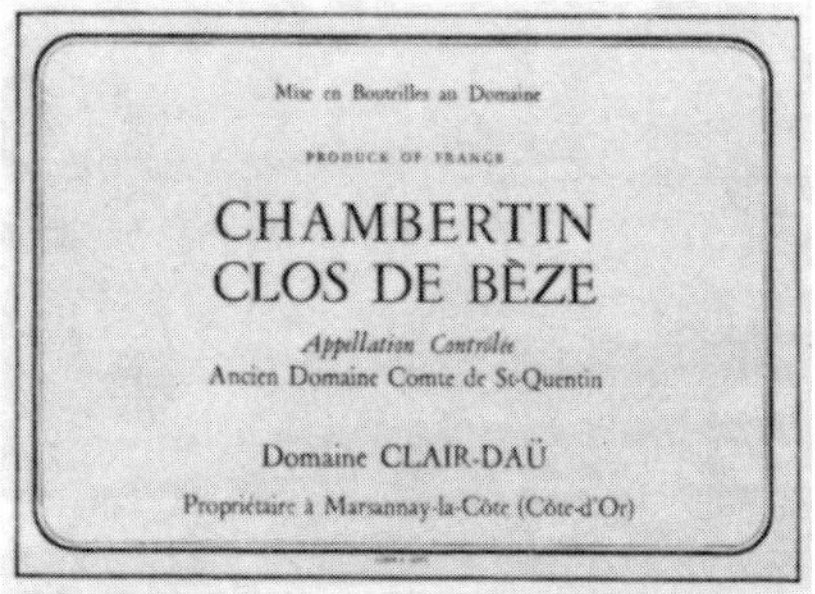

確実で、これは、十八世紀に発泡性のシャンパンが出現するまで、議論の余地のない主張であった（クラレット*の良さはガスコーニュ地方以外では十分に認められていなかった。リシュリュー公爵〔一六九六―一七八八〕は、かつてルイ十五世――彼の好きなワインはボーヌであった――に、手に入るなかで最高のボルドーワインを献上した。しかし君主はこれを一口飲むと、「まあ、飲める」と呟いて、二度と口にしなかった）。シェイクスピアのリア王は、「フランスのブドウとバーガンディ（ブルゴーニュ）の牛乳」に言及している。* ブリア＝サヴァラン*は、「ブルゴーニュワインは神が最も賞賛したもの」と信じていた。今でもそれは「ワインの王様」という称号をもっている。

修道士たちのブルゴーニュワイン――彼らの他のワインのほとんどもそうだが――は、今日我々が飲んでいるのとはいくらか違っていた。十八世紀の終わりまで、ほとんどすべてのワインは、樽から直接飲んだ。即ち、ほとんど即座に飲むために絶えず満杯にしてある巨大な樽から瓶に詰めて飲んでいたのである。一八一一年は、かなりの数のフランスのワインが熟成のために瓶詰めにされた最初の年であったが、この瓶詰めの方法は、早くも一七九五年にはブルゴーニュに導入されていたようだ。それ以前のワインはあまりコクもなかったし、色も薄かった。上質のブルゴーニュワインですら、現代の濃いロゼに似ていたにちがいない。高く評価された特性は、まろやかでフルーティーな味わいと透明度（クレレはこの「透明度」を意味する言葉に由来し、クラレットはクレレに由来している）であった。この味わいと透明性を保持するため、赤ワインと白ワインがしばしば混ぜ合わされた。ドン・ペリニョンが発見した、

*クラレット　イギリスで古くから用いられてきた、ボルドーワインを指す呼称。

*『リア王』一幕一場で、王が末娘コーディリアに向かっていう科白の一節。

*ブリア＝サヴァラン（一七七五―一八二六）　フランスの司法官、文人。エピキュリアンとして美食に最大の関心を示し、『美味礼賛』を著す。本書第十三章も参照。

ワインを熟成させ、蒸発を防ぐコルク栓の役割がもつ意味は、長い間理解されなかった。コルク用の栓抜きが発明されるまで、瓶詰めのワインは蠟で密閉されたが、蠟はたちまちワインを酢に変えてしまった。それゆえ、ワインは今日よりもかなり若いうちに飲まれ、またアルコール分が少なかったために、かなり弱かった。

十世紀のクリュニー大修道院の勃興は、『戒律』の導入以来、西欧修道制における最も重要な発展であった。九二七年から一一五七年までの長期間に、クリュニー大修道院を統治したのはたった五人の修道院長であったが、その間の修道院の最も際立った特徴は、教会の儀式を周到に壮麗に行った——一日八時間を典礼に捧げた——ことと、ヨーロッパ全土にほとんど千近くもの娘修道院のネットワークを構築したことであった。クリュニーの改革のくびきに屈したいくつかの大修道院は別として、これらの修道院は大修道院ではなく、小修道院であり、一種の修道院封建制の中で母修道院に依存していた。どの小修道院の長もクリュニー大修道院長によって任命され、修道士はすべて厳密にはクリュニーの修道士であった。十一の柱間の身廊、光輝く礼拝堂の「コロネット(円弧飾り)」、七つの鐘塔をもつクリュニーの壮大なロマネスク様式の聖堂は——一つの鐘塔とわずかな建物の断片を除いて——フランス革命のときに破壊されたが、もし現存していれば、今でも世界の驚異のひとつであっただろう。この聖堂は、十六世紀にサン・ピエトロ大聖堂がこれよりも数フィート高く設計されるまでは、どの大聖堂よりも大きかった。クリュニーの拡大は娘修道院に限ったことではなかった。すべてのベネディクト会修道院と同じく、

◀クリュニー修道院第三聖堂
十七世紀の銅版画

クリュニーは遠くにある所有地を管理するために「ケルラ」（セル）と呼ばれる小さな組織をつくった。これらの組織は五、六人の修道士からなる小さな修道院の場合もあったし、一人か二人の助修士しかいない、ときにはたった一人しかいない礼拝堂付きの小屋の場合もあった。修道院が教区教会を所有していた場合は、一人の修道士を教区司祭に任命した。多くのブドウ畑は、助修士が何マイルも続くブドウ畑を管理できるようなネットワークを築きながら、ケルラや修道士兼教区司祭たちが管理した。

モートン・シャンド*の常に深遠な言葉で言えば、「中世においてより巧みなブドウ畑の耕作と良質のワインの製造は、大きな修道院の独占であった。マコネ山地の中心部に位置し、ヨーロッパの知的再生に顕著な役割を果たしたクリュニー大修道院は、農業の発展に、特に、ブドウ栽培の水準の向上に甚大な影響を及ぼした」。

クリュニー大修道院はボーヌとマコンの真ん中に位置し、ブルゴーニュ地方最大の土地所有者であった。また早い時期にコート・ド・ニュイに地所を獲得し、一二七五年までには、素晴らしいクロ・ド・ベーズを含む、ジュヴレ一帯のすべてのブドウ畑を所有していた。修道士たちは、コンブ＝オー＝モワンヌと呼ばれるジュヴレ＝シャンベルタン（「シャンベルタン」は一八四七年に付け加えられた）のブドウ畑に今もその名残りをとどめている（しかし、修道士たちが所有していなかったジュヴレのブドウ畑の一つがシャンベルタンであった。もっとも、ブドウ畑をつくるよう一農民に促したのは修道士たちだと言ってもよいであろう。ジュヴレに猫の額ほどの土地を持っていたベルタンという名

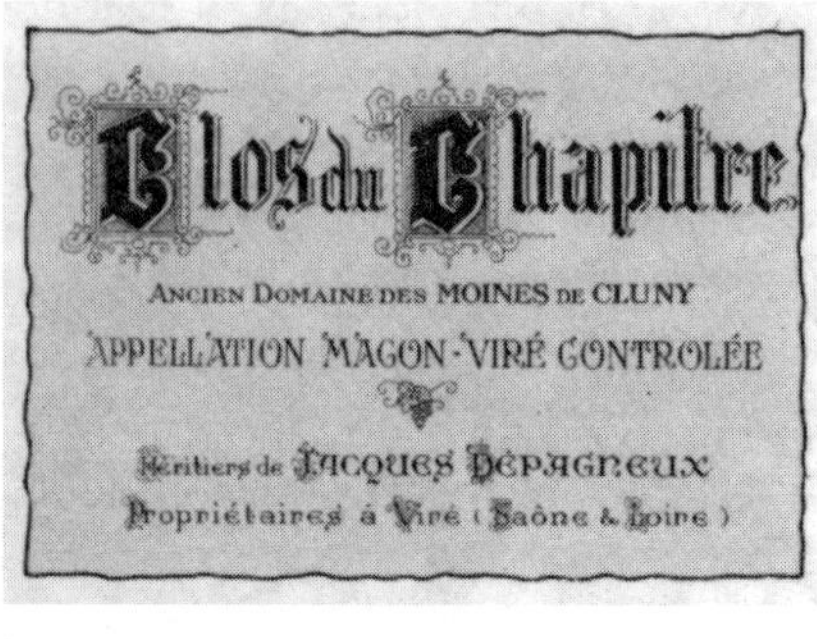

＊モートン・シャンド（一八八八―一九六〇）　英国の建築、デザイン批評家。モダニズムの提唱者。ワインと食物に関する著作も多い。

の農民が、ブドウ栽培に従事していた助修士たちの技術にいたく感動し、そこにブドウの苗木を植え、彼らの手法をまねたというのである。シャン・ド・ベルタン――ベルタンの畑、つまりシャンベルタン――のヴィンテージは、すべてのブルゴーニュワインの中で最高級だと言う人もいる。ナポレオンは、皇帝になってから、これ以外のワインは決して飲まなかった）。しかし、クリュニーは、低地ブルゴーニュ地方のアヴァロンの赤ワインのようないくつかのごく普通のワインもつくっていた。なぜそのようなワインにわざわざ言及するかといえば、そのうちのいくつかが、ヴェズレーの旧サント・マリ・マドレーヌ修道院の周辺で今なお栽培されているブドウでつくられていたからである。美しいロマネスク様式の聖堂のティンパヌムには、絡み合ったブドウの枝の絶妙な彫刻があり、サー・サシェヴァレル・シットウェル*は、この聖堂を「西洋建築の一大センセーション」と評している。かつてここで聖ベルナールは、ルイ七世と彼のすべての騎士たちを前に、第二次十字軍を説き勧めた。ワインに関しては、H・W・ヨクスオール氏は、『ワインの王様』という楽しい本の中で、それは聖堂の向いのカフェで買えるだろうが、「とにかく強い」と言っている。

しかしクリュニー大修道院は、ブルゴーニュ地方の修道院のブドウ畑を独占していたのではなかった。明らかに、最も貴重なブドウをもっていた修道院は、ヴォーヌのサン・ヴィヴァン大修道院であった。この大修道院はコート・ド・ニュイの尾根にヴォーヌ＝ロマネの素晴らしいブドウ畑を所有していた。そこにはロマネ＝コンティ、ラ・ロマネ、ラ・タシュ、リシュブール、ロマネ＝サン＝ヴィヴァンとい

＊サー・サシェヴァレル・シットウェル（一八九七―一九八八）　英国の詩人、美術評論家。

ったブドウ畑も含まれていた。これらはみな、一二三二年にブルゴーニュ公妃が修道院に遺贈したものである。修道士たちは、十五世紀にロマネ゠コンティの四・五エーカーをクロナンブール家に売り（クロナンブール家はこれを一七六〇年にコンティ公爵に売った）、遺贈されたもののうちでも最も貴重な宝物を徐々に手放していったが、ロマネ゠サン゠ヴィヴァンとして今でも知られているブドウ畑は一七八九年まで保持していた。フランス革命のときに、修道院とブドウ畑は没収され、国有財産として競売にかけられた。そして購買者はただちに修道院の建物を壊してしまった。ロマネ゠サン゠ヴィヴァンは、一般にヴォーヌ゠ロマネのそれほど上等でないワインの一つにランクされるかもしれないが、ファゴン医師*はそれをルイ十四世のために処方した。「精がつくし、コクもあるから、君主の剛胆なご気性に合っております」と彼は言った。この修道院はまた、フラジェ゠エシェゾーのブドウ畑も所有していた。レ・グラン・エシェゾーは、まろやかであっさりしたワインで、熱狂的愛好者はほのかにトリュフの香りがすると言っている。

『さかしま』（オスカー・ワイルドに『ドリアン・グレイの肖像』を書くきっかけを与えた作品でもある）の著者で、ベネディクト会修道院を愛したジョリス・カルル・ユイスマンス（一八四八―一九〇七）は、登場人物のひとりに、「ロマネ、シャンベルタン、クロ・ド・ヴージョ、それにコルトンは、さながら厳かな祝祭日の、光を受けて燃え立つばかりに輝く豪華絢爛な祭服を身につけた威風堂々たる大修道院長の行列が、目の前を行進するがごとし」と言わせている（ただしクロ・ド・ヴージョは、後で見るよ

▶ヴェズレー、聖堂入口

＊ギー・クレサン・ファゴン（一六三八―一七一八）　ルイ十四世の侍医。

うに、シトー会がつくったワインである）。このようなヴィンテージは、ポープ*が『愚人列伝』で歌った「幸せな修道院」にも欠かせぬものであったにちがいない。

修道士たちのもうひとつの大きなブルゴーニュのブドウ畑は、ポマールのコート・ド・ボーヌにあった。ポマールはラヴァン・ドゥーヌ河畔にある感じのよい小さな町である（エラスムスは、断食の日にポマールを飲んで、ある高位聖職者に叱責されたとき、「わたしの心はカトリックだが、わたしの胃袋はプロテスタントだ」と答えたという）。ボーヌの有名なピエール・ポネル社のオフィスは、サン・マルタン大修道院の遺跡の中にある。修道士たちはまた十三世紀にオセで上等なワインをつくっていたようで、コート・ド・ボーヌの最南端のサントネーにもブドウ畑をもっていた。この村には修道院の建物の遺跡が今もある。

サントネーは、ソーヌ河畔のトゥールニュ大修道院から遠くはない。トゥールニュ大修道院は六世紀に殉教者聖ヴァレリアヌス（一七七没）の墓の上に創建され、八七五年にはヴァイキングから逃れてきたノワルムティエのサン・フィリベール修道院の修道士たちの避難所となった。十一世紀に後継者たちが建て、聖フィリベルトゥス*に奉献した壮大なロマネスク様式の聖堂は、ウァレリアヌスの墓の上に今も立っており、とてつもなく高い薄紅色の円柱が立ち並ぶ身廊とトゥールニュの町を見下ろす二つの大きな鐘塔は注目に値する。ゴシック様式の集会室と修道院長の宿泊所もまだ残っている。町は、前章で述べたように、中世の修道院村であったときから変っていない。修道院は北に位置し、一種の城塞を形成していた。そして、南側

＊アレグザンダー・ポープ（一六八八―一七七四）英国の古典派の詩人。『愚人列伝』の一節（第四章三〇一行）については、本書の献辞（一七頁）を参照。

＊聖フィリベルトゥス（六二〇頃―六八四／五） ダゴベルト一世に仕えたが、のちにベネディクト会に入り、ジュミエージュの初代修道院長となる。また晩年にはロワール河口の島にノワルムティエ修道院を創設した。

の城壁の方には職人たちや商人たちが住む集落があった。修道院と町は共に防禦壁で囲まれていた。修道院は、もっともなことだが、上質なワインで有名であった。今日トゥールニュは、修道院を起源とし、そのもともとの特性をいくぶん今にとどめている数少ないフランスの町のひとつである。

南ブルゴーニュ地方のコート・シャロネーズの最良のワインのいくつかは、ジヴリという小さな十七世紀の町の周辺でつくられている。赤ワインも白ワインもかなり爽やかで軽いワインである。町の最良のブドウ畑のひとつは、セリエ・オー・モワンヌ（「修道士の酒庫」の意）であるが、トゥールニュがつくったのか、クリュニーがつくったのかは分からない。

ベネディクト会士たちは、ロワール川とその支流沿いでも活躍した。すでに見たように、彼らは、七世紀にロワール河口付近にブドウを植えていた。後年、彼らはムロン・ド・ブルゴーニュ種のブドウをナントの地域に運んだ。そしてナント周辺では、このブドウはミュスカデ種として知られている。このブドウでシャトー・ラ・モワヌリなどの銘柄で知られる、ミュスカデという軽い、辛口の白ワインがつくられている。

◀トゥールニュ
サン・フィリベール修道院聖堂

ラ＝ロッシュ＝オー＝モワンヌ（「修道士の岩」の意）は、今でも城壁を保持し、アンジュ地方の中心都市であるアンジェの南西、ロワール川を見下ろすコトー・ド・ラ・ロワール丘陵にあるサヴニエールでつくられている。これはシュナン・ブラン種のブドウでつくられた強い白ワインである。辛口ではあるが、コトー・ド・ラ・ロワールの最良のデザートワインのひとつと考えられている。このワインの名前は、中世においてこれをつくった人たち、つまり、消失して久しいアンジェのサン・ニコラ大修道院の修道士たちから取られている（アンジェでは、今は県庁舎になっているものの、十一世紀のサン＝トーバン大修道院の多くが保存されている）。

アンジュワインを賞賛する人たちは常にいる。ミレディは、ダルタニャンと三銃士がラ・ロシェルを包囲していたとき、毒入りのこのワインをケースごと送って彼らを毒殺しようとした。九世紀の有名なアンジェの修道院長（彼を歌った酒歌がある）が、赤ワインを飲むようになる前は、ラ＝ロッシュ＝オー＝モワンヌを賞賛していたのももっともなことである。ヘレン・ウォデルは、おそらく一人のアイルランド人放浪修道士が書いたその歌を英訳してくれているが、それによれば、このあっぱれな聖職者は実際、「赤い修道院長」であって、皮膚もワインで染まり、身体もワイン漬けになっていたので、肉体は腐敗しなかったほどだという。さらに、アンジェの町の人たちは、彼のようにのべつワインを口にしていた人物には二度と会うことはないだろう、とその歌は続けている。*

ロワール川を上流へとさらに遡っていくと、サン＝ニコラ＝ド＝ブルグイユがあ

＊この歌については本書七頁、また第十三章を参照。

り、そこではニオイアラセイトウの香りがすると言われるトゥーレーヌの美味しくて信頼できる赤ワインがつくられている。ブルグイユの町とそのブドウ畑は、九九〇年にブロワ伯ティボー・ル・トリシュール（九〇八頃—九七八頃、猟犬と共に今でもソローニュに出没する狩人の亡霊としても知られる）の娘が創設した修道院を中心に発達した。十一世紀になると、修道士たちは、自分たちの豊富なワインが「悲しむ人たちの心に喜びをもたらした」ことを自慢した。彼らの記念すべきワインはクロ・ド・ラヴェイユであるが、これは、悲しいかな、もはや最も有名なブルグイユワインではない。

ロワール川流域のプイイ＝シュル＝ロワールという好感の持てる小さな町では、（白亜質土による）独特の味の美味しい辛口の白ワイン、プイイ・フェメがつくられている。このワインは、時々、火打石の鼻をつく臭気と比較されたり、いぶした香りはほとんどないが、トリュフの香りと比較されたりする。不思議なことに、これはボルドー地方ではとても甘いワインをつくり出すソーヴィニョン種のブドウでつくられている。プイイ・フェメから発達したもので最も有名なもののひとつは、ラ＝ロジュ＝オー＝モワンヌ（「修道士の独居庵」の意）と露骨に名づけられたワインである。プイイ・フェメは、七〇〇年に聖ルーによって創設されたラ・シャリテ大修道院の修道士たちによってつくられた。後にこの修道院はクリュニー派の修道院のひとつとなったが、ブルグイユと同じように、この修道院を中心にひとつの町が発達した。ラ・シャリテ修道院聖堂サント・クロワ・ノートルダムは、十二世紀ブルゴーニュのロマネスク様式の完璧な例であり、フランスではクリュニーの聖堂につぐ規模であった。ほんのわずかではあるが、壮麗な一部分が今も残っている。

六世紀のある時期に、聖プルサンは、後のブルボネ地方――現在のアリエ県――の中心に位置するロワール盆地を流れるシウル河畔に、大修道院を創設した。この修道院のブドウ畑は、シウル川、アリエ川、ブーブル川の川岸の方へ傾斜して何マイルも細長く続いていた。そしてそこでは、中世フランスで最も珍重されたワインのひとつを生産していた。一二四一年、ルイ九世王（一二一四／一五―七〇、パリにサント・シャペルを建てた偉大な聖王ルイ）が彼の弟であるアルフォンス・ド・フランス（一二二〇―七一）のためにソーミュールで宴会を催したとき、編年史家が覚えていたワインはサン＝プルサンであった。十四世紀にサン＝プルサンはパリで高い値段で売れていた。そして後に、それはフランソワ一世（一四九四―一五四七）の好物となった。しかし、残念なことに、歳月が経つにつれて、サン＝プルサン＝シュル＝シウルのワインは、次第に質と評判を落としていった。そしてその凋落は、フランス革命による修道士の追放によって加速され、害虫のフィロキセラによってとどめをさされた。ほんの一握りの人々がワインをつくるのみとなったが、言い伝えによれば、量はごくわずかだが、上質のキュヴェが一人ないし二人の農夫によってつくられ続けたという。そして近年になって、昔日の栄光を取り戻すために相当な努力が払われ、とりわけ一九五二年の協同組合の設立以来、着実に向上している。組合は劣等のブドウを徹底的に排除したのである。このワインには赤、ロゼ、白、それにグリ（黒ブドウと白ブドウを同量混ぜてつくったもの）があった。赤ワインとロゼワイン用のブドウの品種は、ガメ・ノワール＝ア＝ジュ＝ブランとピノ・ノワールであり、またわずかだが、ガメ・タンテュリエも使っている。白ワイン用の品種は苦心して作り上げたもので、トレサリエ、サン・ピエール・ドレ、シャルドネ、それにソーヴィニョンである。サン＝プルサンのワインを飲んだ人は、ほとんどこの白ワインが好きになる。リンゴの香りがすると言う人もいるが、これは間違いなく最高級品であり、協同組合も腕を上げているので、注目してよいワインである。

サン＝プルサンは小さいが大変魅力的な町であり、訪ねてみる価値はある。大修道院聖堂は今も残っており、そこには十一世紀から十八世紀にかけての戸惑うほど多様な建築様式が見られる。ただし、修道院の他の施設は十五世紀の回廊以外何も残っていない。

奇妙なことだが、ボルドーのワインに対しては、ベネディクト会士たちばかりでなく、どの修道会の修道士たちも、シャンパーニュ、ブルゴーニュ、ロワール各地方のワインほどには影響を及ぼさなかったようだ。これについては、一つは、科学的なブドウ栽培法が、かなり後になるまで、ボルドーの極めて繊細で脆いブドウの品種には適用されなかったということ、もう一つは、メドック地方がかつては湿地帯で、十八世紀まで完全に灌漑されなかったとの説明が可能かもしれない。実際、中世初期のガスコーニュ地方の有名なワインの多くは、ボルドー地方以外の地で生産されていたようだ。一二〇六年とその翌年、イングランドのジョン王*はタルヌ河

*ジョン王（在位一一九九―一二一六）二四一頁の註を参照。

畔のモワサック修道院（クリュニー派の修道院の一つ）の修道士たちから大量にワインを買いつけている。この修道院の優雅なロマネスク様式の回廊とその有名なティンパヌムのしなやかで威厳のある彫像は今も完全に保存されている。

ベネディクト会とメドックの関係は、シトー会とブルゴーニュのクロ・ド・ヴージョとの関係にほぼ等しいとアレクシス・リシーヌ*は言うが、これはいささか誇張であろう。黒衣の修道士たち（ベネディクト会士たち）がメドック地方のブドウ畑を監督していたとき、彼らのワインで、全盛期のシトー会のクロ・ド・ヴージョほどの名声を博していたものはなかった。しかし、それでもベネディクト会士たちは、シャトー・カントナック・プリューレ（ここはシャトー・プージェも所有していた）のような良質のブドウ畑をいくつかもっていた。十八世紀になると、シャトー・プリューレは年間二万四千リーヴル――同時代のイングランドの通貨に換算すると一千ポンドを超える――の収入があった。このブドウ畑は、一九五〇年代に、M・リシーヌが、フランス革命後区分けされた修道士たちのブドウ畑の小区画を四十買い付けた後、シャトー・プリューレ＝リシーヌとしてつくり直した。これ以外の

ベネディクト会と関係があったかもしれない美味しいクラレットとしては、シャトー・レ・モワンヌ（ポムロール）とシャトー・ド・ランジェリュス（サン＝テミリオン）の二つがある。あるいは、ル・プリューレ・サン＝テミリオンを挙げる人もいるかもしれない。これもまた極上銘柄ワインである。

一七四〇年、ボルドーのベネディクト会のサント・クロワ大修道院は、十二万リーヴル（当時のイングランドのお金で五千ポンド）で、グラーヴのとても有名なシャトー・カルボニューのブドウ畑を買った。十七世紀以来、彼らはほかの地域のさまざまな品種で実験を続けてきた。そして、シャトー・カルボニューで彼らは勝利を収め、辛口の白のグラーヴという最も優れたワインをつくった。このワインは、かつては大変需要があったが、最近はあまり飲まれなくなったようだ。一七八五年から一七八九年までフランス公使をつとめた後のアメリカ合衆国大統領トマス・ジェファーソン（一七四三―一八二六）は、修道士たちは年に五十樽のワインをつくっていると報告した。彼らはこれを三、四年寝かせ、一樽八百ポンドで売った。また、この地の善良な修道士たちは、彼らのワインに「Eaux Mineralés de Carbonnieux（＝カルボニューの天然水）」というラベルを貼り、税関を通過させてイスラム教徒の国トルコに密売し、たらふく儲けたといういかがわしい話もある。このワインにはまた、海賊に捕らえられ、スルタンに献上された若い美しいボルドー人女性によってコンスタンチノープルにもたらされたという言い伝えもある。C・コックスとE・フェレ*は、ボルドーのネゴシアン*のバイブルとも言うべき本の中で、「この〈天然水〉

▶モワサック、回廊

*アレクシス・リシーヌ（一九一三―一九六九）　戦後、フランスワインをアメリカに輸出する事業に成功、「ワインの法王」と呼ばれたワイン商で、栽培や生産も手がけた。著書も多数あり、『フランスワイン』『新フランスワイン』などが邦訳紹介されている。

*C・コックスとE・フェレ　二人の著書 *Bordeau et ses Vins*（『ボルドーとそのワイン』）は版を重ねている名著。

*ネゴシアン　ワインの卸売業者。ワインを生産者から買い付けて流通させたり、既成のワインをブレンドして自社名で販売したりする。

はトルコ皇帝の気紛れな妻妾たちの神経を鎮めた」と報告している。トルコ人は、「キリスト教徒たちはこんなに素晴らしい水をもっているのに、どうしてワインを飲むのだろう」と首をかしげたという。

ドルドーニュのイングランド人税金亡命者たちは、ベルジュラック近くで生産されていたその土地最高のワイン、モンバジャックをよく知っていた。しかし、これが、十六世紀に過度の課税を逃れるために、ドルドーニュ平原の上手の、木が生い茂った斜面を最初に開墾し、そこにブドウの苗木を植えた修道士たちのおかげを被っていることを知る者はほとんどいない。これらの修道士たちがどこから来たのかは定かではないが、隣のイシジャック大修道院（かつてのフェネロンの邸宅）から来たのかもしれない。ときに「貧者のソーテルヌ」と呼ばれるモンバジャックは、貴腐がはじまるまでブドウを枝に腐らしたままにしておいた、ミュスカデル、スミヨン、ソーヴィニョンのブドウからつくられる甘くて――とはいえ、甘過ぎることはない――とてもコクのある、ヴァン・ジョーヌ（黄ワイン）である。近代の改良によってその質は向上し、古くなると、良質のバルザックと比較される。このワインは、昔はオランダで伝統的に好まれた。ユグノー教徒の亡命者たちが十七世紀にこれをオランダに持ち込んだのである。モンバジヤックは、現在ではイギリスでも賞味されはじめているが、若いうちに飲まれていることが多い。

十世紀に南フランスの多くはムーア人によって略奪された。モール山地は、その歓迎されざる存在を今なお記念している。彼らは、みずからの預言者の教えに従って、手当たり次第に憎むべきブドウの木を根こそぎ抜いてしまった。コーランによれば、「ブドウのすべての実には悪魔が宿っている」からである。最も多くの被害を被ったのは、タルヌ県のブドウ畑であった。しかし、九六〇年にルエルグ伯レモン一世は、ガイヤックの地にサン・ミシェル大修道院を創設した。修道士たちはすぐさまブドウの苗木を植える計画に乗り出した。ブドウ栽培はこの周辺で何マイルにもわたって回復し、この修道院を中心に小さな町ができた。町の人たちは修道院長を自分たちの領主と認めていた。まもなく、ガイヤックの人たちは、ワインを、タルヌ川を下ってボルドーへ、そしてそこからイングランドやドイツへ、さらに遙か遠くのスコットランド人の蛮地へと出荷した。イングランド人は特に、ほとんど黒と言ってもいいほどの赤紫色のヴィンテージが好きであった。そのヴィンテージは長い航海の間に美味しいクレーレに変わったと考えられた。また、評判のよい甘口の白ワインもあった。そのうちのひとつは天然のムスー（発泡性ワイン）であった。悲しいかな、ガイヤックは、害虫フィロキセラによる大きな被害と無分別な移植によって、最初は人気を、次に品質を落としてしまった。回復への長い道のりは、フランスで最初の協同組合がこの小さな町に設置された一九〇三年に始まった。そして最近は、着実な向上が見られる。甘口の白のガイヤックに使われる品種は、おもにモザック、ソーヴィニョン、スミヨン、ミュスカデルである。辛口の白は無視してよいであろう。また、渋くて辛口の赤ワインもあるが、これはそれほど不味くはない。ちなみにガイヤックの協同組合は、ふさわしいことに、おもに十二世紀と十六世紀に建てられた、かつてのサン・ミシェル大修道院の中に設置されている。

ムーア人はまた、早くも紀元前六〇〇年にギリシア人入植者たちがつくったプロヴァンス地方のブドウ畑も略奪した。修道士たちはガイヤックと同様の営みを、バンドール（トゥーロンの数マイル西にある町）でも繰り返した。一〇二三年、ステファヌスなる人物がサン・ヴィクトール大修道院に、バンドールの北にあるラ・カディエールのブドウ畑を寄進した。バンドールのワインについて語ったものとしてはこれが最初である。このワインには赤とロゼとわずかな白がある。白はクレレット、ユニ、ソーヴィニョン各種のブドウでつくられている。この地方の誇りである赤とロゼは、ムールヴェードル、サンソー、グルナッシュ種のブドウでつくられている。ジュリアン・ジェフ氏は、赤のバンドールを「シャトーヌフ＝デュ＝パープと比べうるし、最高のものはどこからみてもそれに見劣りしない」見事な、力強い赤ワインだと評している。また、とても軽くて上質の赤ワイン、ドメーヌ・タンピエもあり、ロゼのいくつかも飲んでみる価値が十分にある。

九世紀に黒衣の修道士たちは、ローヌ河畔のヴァランスという有名な町の対岸の

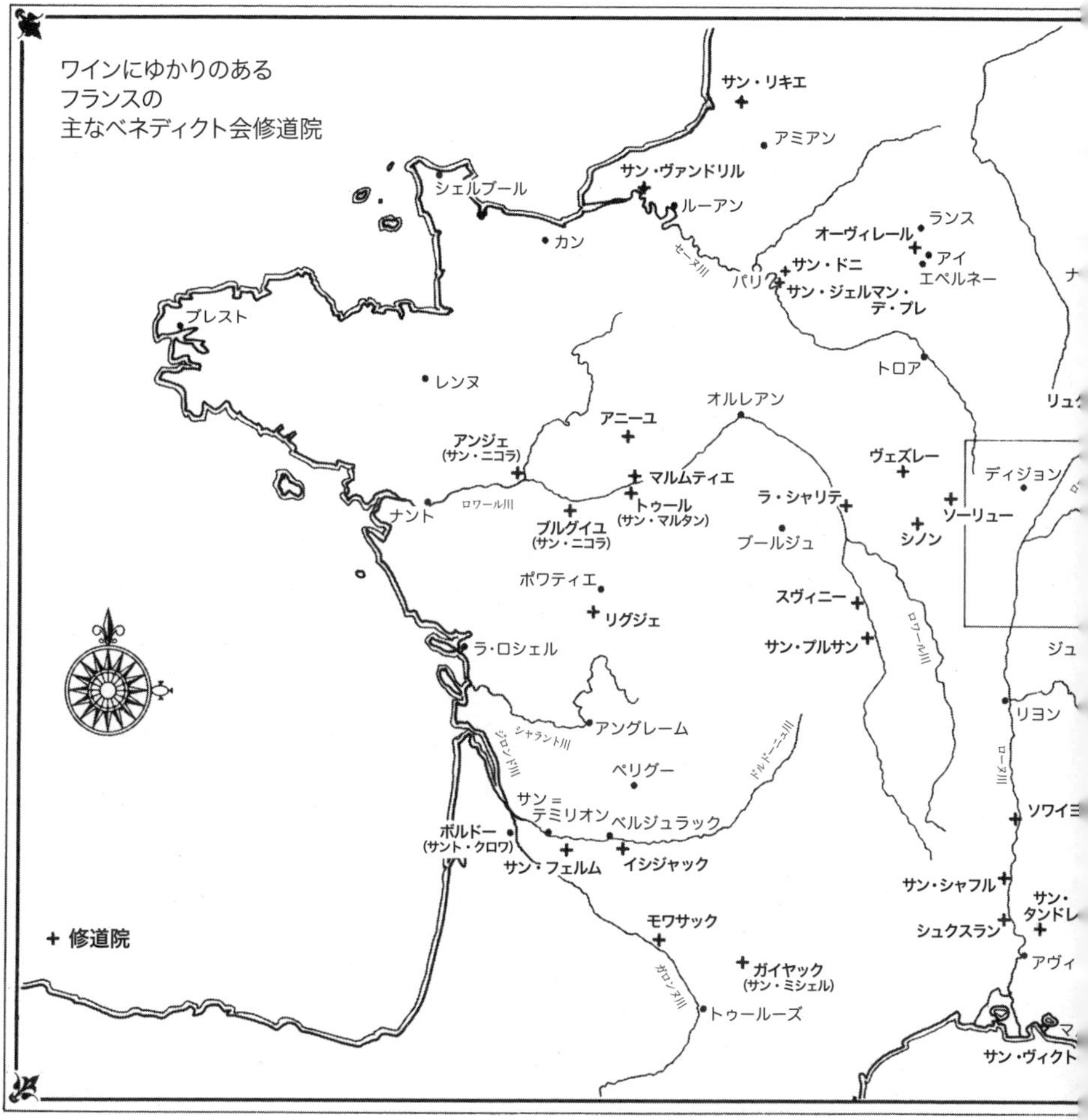
ワインにゆかりのある
フランスの
主なベネディクト会修道院
サン・リキエ
アミアン
サン・ヴァンドリル
シェルブール
ルーアン
カン
セーヌ川
ランス
オーヴィレール
アイ
エペルネー
サン・ドニ
パリ
サン・ジェルマン・デ・プレ
ブレスト
トロア
レンヌ
オルレアン
アニーユ
アンジェ
(サン・ニコラ)
マルムティエ
トゥール
(サン・マルタン)
ヴェズレー
ディジョン
ラ・シャリテ
ソーリュー
シノン
ナント
ロワール川
ブルグイユ
(サン・ニコラ)
ブールジュ
ポワティエ
スヴィニー
リグジェ
サン・プルサン
ロワール川
ラ・ロシェル
リヨン
アングレーム
シャラント川
ジロンド川
ドルドーニュ川
ペリグー
ローヌ川
サン＝テミリオン
ベルジュラック
ボルドー
(サント・クロワ)
サン・フェルム
イシジャック
サン・シャフル
シュクスラン
モワサック
ガイヤック
(サン・ミシェル)
ガロンヌ川
トゥールーズ
+ 修道院

丘陵地に、二つの小さなブドウ畑を与えられた。コルナスとサン＝ペレのブドウ畑である。ベネディクト会士たちはこの二つのブドウ畑を保有する見返りとして、毎年一回ディナーを提供しなければならず、しかもそのメインディッシュには地元の大きな魚を使うよう求められていた。コルナスの赤ワインは、シラー種のブドウ（十字軍から持ち帰ったものと言われる）でつくられているが、ある人によれば、ラズベリーの味がするという。エルミタージュを小粒にした感じだが、あまり長くはもたない。サン＝ペレのブドウの品種は、ルーサンヌ種とマルサンヌ種を混合したものである。非発泡性の黄金色のワインであるサン＝ペレは、このワインが修道士たちのものとなる何世紀も以前に、プリニウス（二三─七九）が楽しんでいたものである。またシャンパンと同じ製法でつくられた発泡性ワインもあり、土地の人たちは、ドン・ペリニョンの時代よりずっと前に発明されていたと言い張っている。類いまれな博識を誇るワイン著作家のヴィヴィアン・ロー氏は、サン＝ペレ・ムスーを次のように讃えている。「これはフランスでシャンパンについで魅力的な発泡性ワインであると信じる。他の人たちはヴーヴレやソーミュール、ガイヤック、ブランケット・ド・リムーを好むかもしれないが、サン＝ペレ・ムスー――軽くて、辛口、美しく澄みきっている――は、これらの手ごわいライバルのワインよりも繊細な味がする」。にもかかわらず、サン＝ペレ・ムスーは、どのシャンパンよりもコクがあることを認めねばならない。これらのワインをつくった修道士たちは、おそらく、ヴァランスのすぐ南にあるソワイヨンの修道院からきたのであろう。そこには興味深い十八世紀の聖堂が残っている——「ポンパドゥール」スタイルの一風変ったロココ様式の建物である。なおコルナスのブドウ畑の中には、ヴィヴィエ教区のサン＝シャフル大修道院のものもあった。この修道院は早くも九九三年にそれらのブドウ畑を獲得していたのである。

コート・デュ・ローヌの村には、シュスクランのすばらしいヴィンテージがある。この地の協同組合は、辛口の赤、甘口の赤、ロゼ、それに口当たりのよい白をつくっている。十世紀からフランス革命まで、ベネディクト会の修道院がこの地のワイン生産を支配していた。もう一つの良質のローヌワインは、ジゴンダスで、これはシャトーヌフ＝デュ＝パープに似ており、とりわけ、ウヴェズ河畔のサン・タンドレ大修道院の修道女たちによってつくられていた。彼女たちの最良の顧客は、アルル近郊にあるモンマジュールの、ブドウを栽培していない修道士たちであった。

黒衣の修道女（ベネディクト会の修道女）たちはまた、ジュラ県の、アルボワの南、ムネトリュとヴォアトゥールの中間にある辺鄙な村シャトー＝シャロンの有名なヴァン・ジョーヌ（黄ワイン）をつくった。シャトー＝シャロンの大修道院は、九世紀に建てられ、その全盛期には、修道院に入ることができたのは生まれのよい女子に限られていた。修練女になろうとする者は、貴族の出身であることを証明するものを十六示さねばならなかった。修道女たちは、湯煎鍋の中で焼いた一種のキャラメルのような風変わりな甘菓子——ナンズ・インセンス（修道女の香り）と同類のもの——でも有名だったが、彼女たちの本当の名声はそのワインにあった。女子修道院長は

常にブドウ畑を管理し、毎年ブドウの収穫をはじめる日を決め、宣言する特権をもっていた。シャトー＝シャロンはフランシュ＝コンテ地方（ルイ十四世（在位一六四三―一七一五）の治世まではフランスの一部ではなかった）にあるが、そのワインはフランソワ一世の宮廷でも人気があった。ビロン元帥（一五六二―一六〇二、アンリ四世に対し陰謀を企て斬首された）はこれを飲み過ぎて気が狂ったと言われている。フランス革命までは、修道女たちや最後の修道院長マダム・ド・スタンは、かなりくつろいだ生活をしていた。一人ひとりが専属の召使いたちと共に独立した家屋に住んでいた。もし彼女たちが自分たちのつくったワインを無制限に飲めたならば、野趣豊かで美しい、奥深い片田舎での生活はすこぶる快適であったにちがいない。この修道院は一七九〇年に解体され、今日残っているのは、ブドウ畑と修道女たちのセラーだけである。

シャトー＝シャロンのブドウは、サヴァニャン種である。その先祖はトラミナー種であったかもしれない。もっとも、ある地方の名士が十字軍からの帰途持ち込んだトカイ種だというまことしやかな伝説もある。十四世紀に、ブドウ栽培を指揮する女子修道院長が、畑で働く者たちに、十二月までとは言わないが、ブドウが熟し過ぎるまで、できるだけおそく、ブドウを摘み取るように命じた。彼女の直感による慣例はそれ以後踏襲された。ブドウを搾った後の果汁は、天然の岩を削ってつくった大樽のなかで発酵させ、その後木製の樽に少なくとも六年、ときには十年寝かせる。その間に、樽の中の果汁はシェリーのフロル*に似た酵母膜で覆われる。マディラ化（酸化）を避けるのではなく、これを求めるのはフランスのワインだけである。その結果、濃い黄色の非常に強いワインができる。これはときにシェリーと比べられ、またかなり長もちもする。一九二一年、当時のフランスの大統領に、一七七二年もので申し分のない状態のこのワインが一本献上されたこともあり、これをひと瓶空けるのは、貴重な先祖伝来の家財を手放すに等しいとも言われる。とても力強くて個性的な香りがするワインで、キンレンカの葉の香りだと言う専門家もいる。またこのワインは、修道女たちの時代のものと思われる、ずんぐりした風変りな瓶に詰められている。シャトー＝シャロンはこのところ、フランスの古典的なワインのひとつとして、これを最近発見したイギリス人やアメリカ人にもてはやされ、その結果、値が上がっている。残念なのは、生産量が非常に少ないことと土地の人たちがそのほとんどを飲んでしまうことであるが、これは特に牡蠣との相性がいいようだ。

シャトー＝シャロンではまた、ソーヴィニョン種からヴァン・ド・パイユ（藁ワイン）をつくっている。そしてこれもまた、ヴァン・ジョーヌ（黄ワイン）をつくるために最初にブドウをできるだけ遅く摘み取らせた、あの偉大な十四世紀の女子修道院長の発明によるものと信じられている。ヴァン・ド・パイユをつくるには、ブドウを藁の上にちりばめて冬の日ざしに数週間曝す。水分を減らし、糖分を凝縮させるためである。果汁は、ヴァン・ジョーヌと同じように大樽の中で発酵させる。この藁ワインは非常に甘く、われわれの口よりも、砂糖に飢えていた中世人の口に一

＊フロル
スペイン語で「花」の意。ワインの表面に生じるフイルム状の膜のこと。その色が灰白色で花に見えるので、こう呼ばれるようになった。

層合っていたことだあろう。デザートワインとしてよりも、リキュールとして飲むのに適している。

中世において、貴族しか受け入れなかった大修道院は他にもあった。七二七年、聖ピルマンによって創設された、アルザスの南ヴォージュにあるムルバッハ大修道院（結果的に、この修道院はライン川のはるか北方まで広がる土地をもつことになった）においては、共誦祈禱修道士*（歌隊修道士）たちはすべて、後に貴族の家柄の出であることを証明するものを十六示さねばならなかった。そればかりではない。領主＝修道院長は生まれながらにして神聖ローマ帝国内に領地をもたねばならず、一般には皇帝のすぐ下の地位にあるものと信じられていた。いわば王も同然のこれらの高位聖職者たちの最後の人物は、カジミール・フォン・ラートマンスハウゼンであった。彼は一七六五年にゲブヴィレールにノートル・ダム聖堂を建てた。もっとも修道院はその前年にルイ十五世（在位一七一五—一七七四）によって世俗の用途に供されていた。アルザスの人々は修道士たちがいなくなったことを嘆かなかった。この修道院の大紋章には、銀色の猟犬が含まれていた。そしてこの土地には「ムルバッハの犬のように誇り高い」という言い回しがあった。しかし、修道士たちは、彼らの高慢ではなく、彼らの最後まで封建的な税ゆえに農夫たちにひどく嫌われていたのだった。修道士たちは最後の最後まで税を厳しく取り立てたのである。彼らがワイン生産で有名なゲブヴィレールという町で最初にブドウの苗木を植えたことは認めるとしても、何世紀もの間、彼らの武装した兵士たちは、必要であれば、剣先を向けて町の人たちを

＊共誦祈禱修道士
修道会において荘厳誓願を立てた修道士。聖務日課を共同で荘厳に唱える義務を負う。

脅してきた。フランス革命期に修道院の建物は崩壊したが、一般の人たちは歓呼した。今日、とても美しいフロリヴァル（花の谷）に、二つの壮大な鐘塔といくつかの立派な彫像をもつロマネスク様式の聖堂の一部を見ることができるが、それらが誇り高いムルバッハ大修道院の遺物のすべてである。かつてムルバッハ大修道院に属していたもので、現在名を馳せているブドウ畑に、クロ・イン・デア・ヴァンネリがある。

ムルバッハ大修道院がアルザスにブドウ畑を所有していた唯一のベネディクト会修道院ではない。ミュンスター大修道院もトゥルクハイムを所有していた。今日でも、トゥルクハイムは最も評判のよいアルザスワインのひとつである。またジゴルスハイム丘陵地の最良のワインはフランス革命まで、エベルスマンステ大修道院のものであった――早くも九世紀にスイスのザンクト・ガレン大修道院のひとりの修道士は、ジゴルスハイムの優れたワインを讃えていた。

以上のような例は、フランスのベネディクト会の大修道院と偉大なフランスワインとの際立った関係を示す、ほんの一例に過ぎない。黒衣の修道士の修道院で、それほど上質でないワインと関係していた修道院はほかにも無数にあった。またそのつながりを証明することはできないが、修道院と畑との位置関係などから、いかにも関係がありそうだと推測されるケースも少なくない。そのよい例は、アンビエールル修道院（ロワール県の北西端にある）とコート・ロワネーズのワインとの関係である。

第四章　ベネディクト会のワイン――その他の国々

ワインを飲むことは、精髄を飲むことだ。
――ボードレール

わたしはくるみの園に下りて行きました。
流れのほとりの緑の茂みに
ぶどうの花は咲いたか
ざくろのつぼみは開いたか、見ようとして。
――「雅歌」（六：一一）

アングロサクソン人は、ドイツのほとんどのワインをホックとモーゼルに二分するが、ドイツ人はそういう区別はしない。彼らにとっては、どちらもラインワインだからである。モーゼル川はフランスのヴォージュ山脈に発し、蛇行を繰り返しながら北西へと流れ、コブレンツでライン川と合流する。モーゼル川の最良のブドウ畑は、トリーアとコブレンツの間にある。ライン川の大きなブドウ畑は、ライン川右岸にあって、ビンゲンからラウエンタール丘陵地まで、およそ二〇マイルにわたり細長くのびた土地にある。ここはラインガウとして知られ、モーゼル川のいくつかの支流を含んでいる。一方、ライン川左岸の地域はヘッセンにあって、ラインヘッセンとして知られている。しかし、ここにはラインガウのワインに匹敵するワインはほとんどない。ラインヘッセンの南のライン川左岸はプファルツである。そして、はるか北東にはフランケン地方が広がる。これらの地域がドイツワインの主要な生産地であり、ベネディクト会士たちはこれらすべての地域に彼らの痕跡を残している。

三世紀に、ローマ皇帝プロブス(在位二七六―二八二)が、ドイツにブドウをもたらしたと一般には考えられている。先頃、その当時のローマのガラス瓶がシュパイアーで発見されたが、その瓶にはワインの痕跡が残っていた。四世紀にアウソニウス(三一〇―三九五)――あの伝説的なクラレットのシャトー・オーソンヌの最初の所有者と言われている――は、モーゼル川の詩を書いた。「その美しさと多様な姿、そのワインとニジマスとカワヒメマスの美味なること」。アウソニウスの当時でさえ、後にベネディクト会修道院となったトリーアのザンクト・マクシミン修道院は、ロングイヒ、デッツェム、ライヴェンにブドウ畑をもっていたし、ザンクト・オイハリウス修道院も、ベルンカステル、クレットナハに(そしてかなり後には、十四世紀の修道院長の名前をとって名づけられたトリッテンハイムにも)ブドウ畑をもっていた。

ザンクト・マクシミン修道院は、びっくりするほど長いワインづくりの歴史をもつことになった。六三六年に亡くなった修道院長の遺言には、リーザーのブドウ畑のことが書かれているが、修道士たちは着実にブドウ畑の面積を増やしていった。七八三年には、彼らは九百フーデル（九千リットル）ものワインを生産していた。九六六年、皇帝オットー一世（在位九六二―九七三）は、彼らにもっと多くのブドウ畑を与えた。そして、七百年以上経った後も、その修道院はマクシミン・グリュンハウスに新たに十万本以上のブドウの木を植えるのに忙しかった。マクシミン・グリュンハウスの彼らの農園は今なお存在し、美味しいワインを生産している。もっとも修道院はずっと以前に俗用に供された。ザンクト・マクシミン修道院は、ワインの飲み方も階層制であった。修道院長は丘陵地の頂のブドウでつくったアプツベルク（修道院長の山）という最良のワインを飲んでいた。共唱祈禱修道士たちはそれより下のブドウでつくったヘレンベルク（お歴々の山）を飲んだ。修練士たちはさらにその下のブドウでつくったブルーダーベルク（兄弟の山）を飲んだ。助修士たちは、「四番目」の一番下のブドウでつくったフィアルテルスベルク（四分の一の山）で満足しなければならなかった。ミルトンの言うように、「君主は、ワインを飲んで酔えるとき、一番横柄だ」。

　モーゼル河畔にブドウ畑をもっていた、もうひとつの有名なトリーアの修道院は、ザンクト・マティアス修道院であった。ここには今でもベネディクト会士たちが住んでいる。しかし、残念なことに、彼らはもうブドウを栽培していない。十八世紀

後半に、モーゼル川支流のザール川の最大のブドウ畑として有名なシャルツホーフベルクにブドウを栽培していたのは、トリーアのザンクト・マルティン修道院の修道士たちであった。彼らはまた、グラーハー・メンヒやグラーハー・アプツベルクの隣接したブドウ畑ばかりでなく、モーゼル河畔のマルティンスホーフ（現在のヨーゼフスホーフ）でもブドウをつくっていた。ザール河畔のヴィルティンゲンのブドウ畑は、一〇三〇年にポッポ大司教*によってトリーアのザンクト・マリアン＝アド＝マルティレス修道院のベネディクト会士たちに与えられた。

六一三年にストラスブール近郊のハスバッハ修道院の修道士たちは、ライン川に沿ってブドウを栽培していた。六四四年には、ヴィッセンバッハ修道院は、ラウテンバッハ、グリュネスブルンネン、その他十五箇所にブドウ畑をもっていた。アルザスのヴィッセンブルク修道院の修道士たちもまた、非常に早い時期からヴェストホーフェンにブドウを栽培し、ワインをつくる広大な地所をもっていた。

一七三二年、偉大な旅行家ペルニッツ男爵*は、次のように言っている。

> ワインの流行も、他のすべてのものと同様、変わることを知るべきだ。以前はバッハラハのワインがたいそうはやった。フランス人は、酔いでまわらぬ舌でこれを賛美してはばからなかった。しかし、今やワイン鑑定家たちのお呼びではなくなってしまった。彼らはとても敏感で、唇をワインで濡らすだけで、そのワインがつくられた年代や産地をたちどころに言い当てることができるほど

*ポッポ・フォン・バーベンベルク（九八六頃―一〇四七）　オーストリア辺境伯レオポルト一世（九九四没）の息子。レーゲンスブルクで教育を受け、一〇一六年トリーアの大司教に任ぜられた。

*カール・ルートヴィヒ・フォン・ペルニッツ男爵（一六九二―一七七五）　ドイツの旅行家。プロシア王フリードリヒ・ヴィルヘルム一世とフリードリヒ大王の支援を受けて世界各地を訪れ、多くの紀行文を残している。

◀ヨハニスベルク遠景
十九世紀のワインのラベル

だが、その彼らに言わせれば、バッハラハのワインは、リーデルスハイムやヨハニスベルクのワインと比べると、まったく価値がないという。

ペルニッツ男爵が、この時期にヨハニスベルクの名声が高まりつつあることに言及しているのは興味深い。ドイツのベネディクト会の最も大きなブドウ畑は、もちろん、ラインガウのシュロス・ヨハニスベルクであった。一一三〇年、マインツの大司教は、同地のザンクト・アルバン修道院の修道士たちに、ヴィンケル村に聳え、ライン川を見下ろすモンス・エピスコーピ(司教の丘)と呼ばれる丘陵地を与えた。彼らは、ここに小修道院と聖ヨハネに捧げた礼拝堂を建てた。ヨハニスベルクという名はこれに由来する。彼らはまたブドウ畑をつくったが、初期の何百年間は特に有名ではなかったようだ。一五六三年にその修道院は解体され、マインツの大司教の執事が管理していた。その後、三十年戦争中に抵当に入れられ、ケルンのある銀行の手に渡った。しかし、一七一六年、フルダの修道院長は、その抵当を受け戻し、フルダの権限の下に修道士たちの共同体を再び設立した。

このブドウ畑が有名になりはじめたのはそのときからであった。

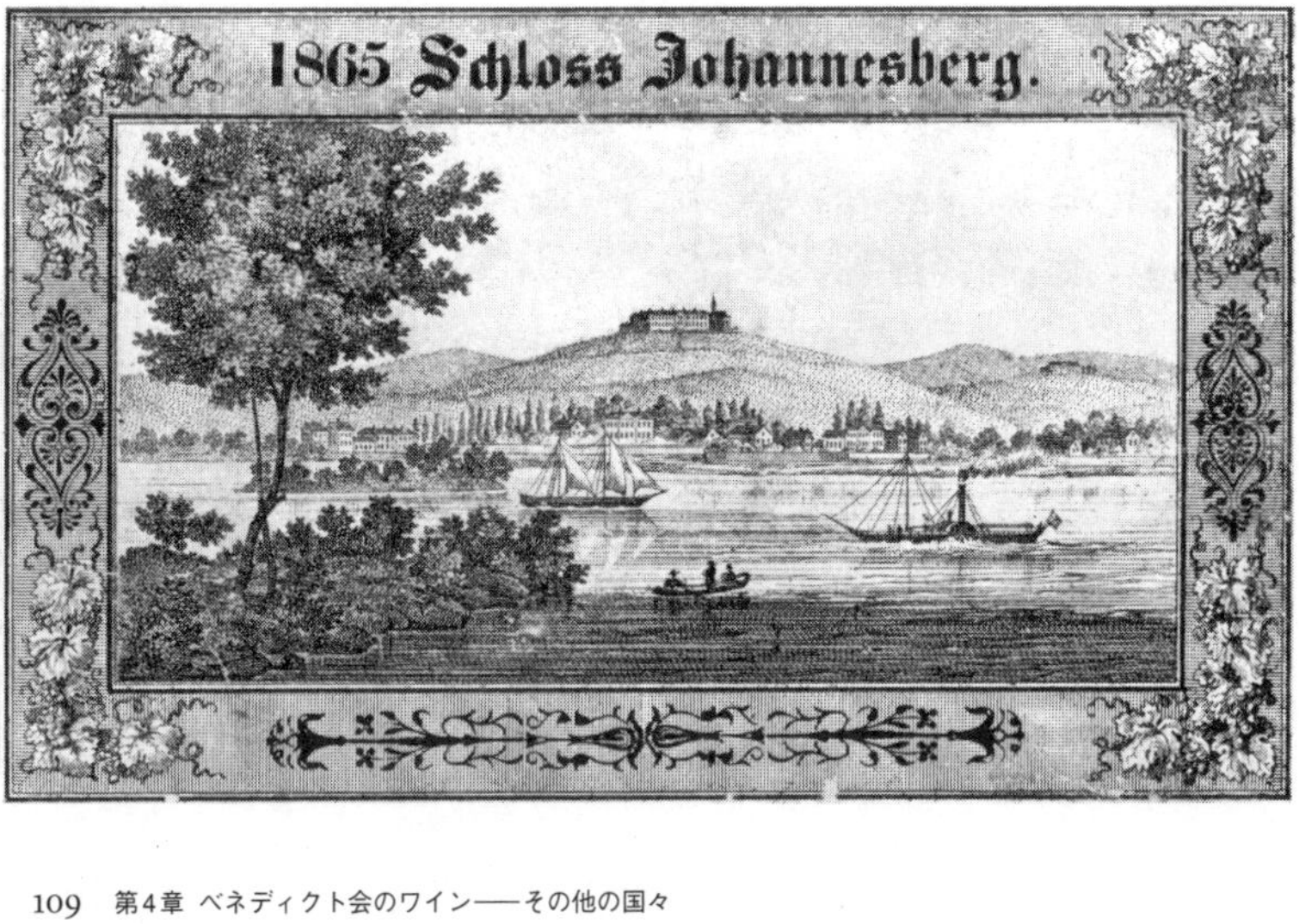

修道士たちはリースリング種のブドウを栽培したり、新たな栽培地を試したり、貯蔵法を改良したりした。ドイツで最初にワインを瓶詰めにしたのも彼らであった。これは一般に広まっていた冗談だが、ある司教が、ヨハニスベルク修道院を訪れたとき、書物はどこにも見当たらなかった。しかし、コルク栓抜きを求めると、どの修道士もたちどころに修道服の下からそれを取り出したという。こうした修道士たちが、十八世紀にドイツワインの質の向上を図る指導的な役割を果したのは疑いないところである。それまでのワインづくりは、質よりも量に重点が置かれていた。彼らは単なる成功者以上の存在であった。シュロス・ヨハニスベルクがすべてのホックワインの中で最も誇れるもののひとつであることに、異議を唱える者はいないであろう。

一八〇一年、この修道院は再び解体され、その土地は結局、メッテルニヒ公（一七七三―一八五九）が所有することになった。そして現在もその子孫が所有している。修道院は消滅したが、館は今もライン川を見下ろす丘陵地の頂上の、昔と同じ場所にある。夕暮れ時に遠くから望むヨハニスベルクは、今も修道院の雰囲気を漂わせている。

一時期ヨハニスベルク修道院の母院であった強大なフルダ修道院は、ドイツのモンテ・カッシーノである。この修道院は、七四四年にイングランドのデヴォン州出身の聖ボニファティウス*によって創設された。聖ボニファティウスは宣教師であったばかりでなく、ドイツのワインをはじめてイングランドにもたらした人として知

*聖ボニファティウス（六八〇頃―七五五頃）　ドイツで宣教した英国の聖職者、聖人。「ドイツの使徒」と呼ばれる。

られていた。彼はおもにマインツ近郊にいくつかのブドウ畑をつくったと言われている。フルダの修道院長のほとんどは、熱心なワイン鑑定家であった。彼らのひとりは、最良のヨハニスベルクを保管する特別なセラーをもっており、修道院の「幹《キャ》部《ビネット》たち」がこれを秘かに管理していたといわれる（現代ドイツの高級ワインの肩書きの一つである「カビネット」*はこれに由来する）。フルダの修道院長は、職務上は、帝国修道院長首座であると同時に帝国世襲諸侯でもあり、一七五二年には領主司教にもなった。小さな聖職者国家の独立した支配者として、彼は王にふさわしい豪奢な生活をしていた。十八世紀にフルダ修道院を訪れたペルニッツ男爵は、「この修道院長にして領主であるお方には、大元帥、主馬頭、侍従長、数名の枢密顧問官と宮中顧問官、多数の侍従、着飾り立派な馬に乗った騎兵隊、歩兵隊、八名の小姓、多数の従僕、数組の馬が同行していた」と書き留めている。そして、修道士たちはすべて、「十六名の貴族の親族をもつ侍従」として、この華麗な一団に加わった。「彼らの住居は修道院というより、さながら偉大な王宮のようである」。明らかに、それはかなり快適な生活であった。「私見ながら、フルダでは特別な召命によって托鉢修道士になる必要はなさそうである。これらの貴顕は、上流社会の生活において人が望み得るすべてのものを享受しているからである」とペルニッツは言う。

男爵はさらに、「これ以上に美味しいものが食卓に供される君主はドイツにはほとんどいない。というのは、あらゆるものがふんだんにあり、わけてもとびきり美味しいワインがあるからだ。君主たちはたくさん飲み過ぎるために、たちまち自分

*カビネット
ドイツの高級ワイン（プレディカーツワイン）は、「トロッケンベーレンアウスレーゼ」以下六段階に区分されているが、その一番下の格付けの名称。なお名の由来については他にも諸説があるようである。

が飲んでいるワインの区別がつかなくなるほどだ。彼らはヨーロッパ一の大酒飲みだと思われる」と妬ましげに述懐している。当時の修道院長――バトラーというアイルランド人の名前をもっていた――も例外ではなかく、ペルニッツはこの人物を「修道院長がわたしにあれほど多く飲ませようとしなかったならば、彼の招待はとても好きになれたろうに」と辛辣に評している。残念なことに、修道士たちはナポレオンのドイツ侵攻の際にいなくなってしまったが、領主＝修道院長の宮殿は今なお市中に建っており、今はこの地方の庁舎となっている。* しかし、修道士たちを本当の意味で記念しているのは、ドイツのブドウ栽培の発展に対する、極めて重要な功績であろう。

フルダの修道院長は、ラインガウにおける修道院のブドウ畑のすべてを管轄していた。つまり、ブドウ収穫の日時をも選ぶ権限をもっていた。一七七五年、うっかり院長で有名であったさる人物が、ブドウ収穫の日時を告示するのを忘れてしまった。ブドウが熟しきって萎んでおり、黴が生えはじめているのを見たヨハニスベルクの修道士たちは、心配で気も狂わんばかりであった。彼らは収穫の許可を得るためにフルダへ速馬を遣った。だが、帰る途中、使者はフランクフルト近くのタウヌス丘陵地で追いはぎ（可愛い女の子だったという人もいる）にあい、足留めをくらった。そしてこの使者が戻ってきたときには、ブドウはすでに腐りつつあった。しかし幸いなことに、この腐敗したブドウは貴腐果であることがわかり、ヨハニスベルクで収穫されたブドウは、風味の良いデザートホックになった。修道院長の収穫時期の

＊現在は市の文化施設として使われているようである。

告知が遅れたために、修道士たちは今ではベーレンアウスレーゼやトロッケンベーレンアウスレーゼとして知られているワインを生産することになったのである。これらは、枝に実ったままほとんど干しブドウのようになったブドウを厳選してつくったワインである。そして故フランク・シューンメーカー*は、このヴィンテージワインを「すべてのワインの中で最も偉大で、最も貴重なドイツワイン」と呼んだ。

ラインガウには他にも多くのベネディクト会のブドウ畑があったが、ヨハニスベルクにかなうものはなかった。ただ、ケルンで最大最古のザンクト・パンタレオン修道院が、実際に市の城壁内にブドウ畑をもっていたことは注意してよいであろう。

ラインヘッセンの黒衣の修道士たちの最もよく知られたブドウ畑は、オッペンハイムにあった。このブドウ畑は、シャルルマーニュの治世から中世後期までロルシュ修道院が所有していた。ボーデンハイムのワインもまた修道院に由来している。この地ではかつて聖アルバヌス（四〇六頃没）という宣教師がヴァンダル人の迫害を受けて殉教したことがあったが、それから数世紀を経た八〇五年、修道院が彼に奉献された。この修道院は、銘醸ボーデンハイマー・ザンクト・アルバンにその名をとどめている。またビンゲン近郊のルーペルツベルクには一一四八年、尊敬すべきベネディクト会女子修道院長ヒルデガルト*によって修道院が創設された。神の顕現に接した神秘家のヒルデガルトは、聖ベルナールによって、神の預言者と公認された。当初から修道女たちはブドウ畑をつくっていたが、ペルニッツ男爵は一七三二年、この修道院について「最良のラインワインを産み出していると考えられる」と

＊フランク・シューンメーカー（一九〇五―一九七六）　アメリカの旅行記作家、ワイン著作家。

＊ビンゲンのヒルデガルト（一〇九八―一一七九）　ドイツのベネディクト会女子修道院長。最初の女性神秘家・詩人で、音楽、天文学、薬草学、医学など多岐にわたる分野に業績を残した。主著に三部からなる『スキヴィアス（道を知れ）』がある。

述べている。そして、確かにこの地の修道女たちは、地域のブドウの改良に重要な役割を果たした。彼女たちは、現在はラインガウに移ってしまったが（第十五章を参照）、今日でも良質のワインをつくっている。また聖ヒルデガルト自身、ワインの良さを認めていたことが知られており、「人は人を傷つけるが、ワインは人を癒す」との言葉を残している。

フランケン地方のベネディクト会修道女たちも、早くも七世紀にマインツ峡谷に沿ったキッツィンゲンとオクセンフルトでブドウを栽培していた。七七七年、シャルルマーニュは、ザーレ河畔のハンメルブルクをフルダ修道院に寄進した。ゲーテの好物であったフランケンワインは、フランスのワインにとてもよく似ているといわれている。これら「シュタインワイン」は、胴のふくらんだ緑色の瓶に詰められる。ボックスボイテルと呼ばれるこの瓶がこのような独特の形をしているのは、修道服に隠せるようにするためだったとも言われているが、ボックスボイステルの文字通りの意味は「雄ヤギの陰嚢」である。その形は、実際、昔の巡礼者たちの水筒や、のちの時代のコストラルと呼ばれる腰下げ瓶の形と似ているが、後者はポルトガル人やオーストラリア人がフランケン地方から借用したものである。シュタインワインはモーゼルとよく似ており、鱒料理との相性がとてもいい（厳密に言うと、シュタインワインという名は、ヴュルツブルク近郊で産出されるワインにだけ使われるべきだが、これはいささか衒学的に過ぎるかもしれない）。シュヴァルツヴァルト地方には、午後の遅い時間に、サンドウィッチとともにこのワインを飲む楽しい習慣がある。フラ

▶ボックスボイテルの瓶

ンケン地方にブドウ畑を所有していたベネディクト会修道院としては、他にゼーリゲンシュタット修道院がある。この修道院は、シャルルマーニュの秘書官で、彼の伝記を書いたアインハルト（七七〇頃―八四〇）が八一五年に創設したものだが、ヘルシュタインのアプツベルク（約三五エーカーの地所）とシャルルマーニュの叔母の聖アーデルハイト*が創設したキッツィンゲン女子修道院を所有していた。しかしこの修道院のブドウ畑は今はもうない。

*アーデルハイト（七五〇年頃没）カール・マルテルの娘。

オーストリアでは、ケルト民族がローマ時代以前にワインをつくっていた。その後、ウィンドボナ（現在のウィーン）のローマ人入植者たちが手がけたが、これらのブドウ畑は、西ローマ帝国の崩壊後すべて消滅した。ブドウは、十世紀に東欧になだれ込んできたゲルマン人移住者とともに戻ってきた。このとき同時に修道士たちも戻ってきたのだが、オーストリアのワイン、とりわけニーダーエステライヒのワインは、ベネディクト会に由来するものが多い。またドナウ川流域のヴァッハウは、オーストリアで最も優れたワイン産地

◀メルク修道院

だが、これはメルクからはじまった。メルクでは、ヤーコプ・プランタウアー*の傑作である巨大なバロック様式のベネディクト会修道院が、物凄い断崖からドナウ川を見下ろしている。もっとも、メルクの最も有名なブドウ畑は、グンポルツキルヒナー・シュピーゲルで、これはヴァッハウから遠く離れている。一方、ドナウ川のはるか下流には、旧ウントホーフ修道院が口当たりのよいリースリングを今もつくっている。また壮観な階段をもつゲットヴァイク修道院は、ヴァッハウの先端、クレムスの対岸あたりにブドウ畑をもっている。

スイスで最も古い修道院は、モンテー近郊にあるサン・モーリス修道院である。この修道院の名は、ローマの神々を礼拝することを拒否して、三〇二年に殉教したテーベ軍団の兵士に由来する。考古学者たちは、三七〇年頃に建てられた小礼拝堂の基礎をそこに発見した。五一五年、ブルグントのジギムント王（在位五一六—五二四）は、ここにケルト人修道士たちの共同体を設立した。後に修道士たちは、ベネディクトゥスの『戒律』を採り入れた。彼らはその町——ローマ時代のアガウヌム——を相当に裕福で重要な修道院町にし、絶えず修道院聖堂を再建していた（現在の建物は一六一一年のもの）。今日、その修道院は学校になっているが、ハールーン・アル＝ラシード（七六三—八〇〇）がシャルルマーニュに送った見事な広口の水差しのほか、修道士たちの貴重な品々のいくつかがそこに保管されている。この地の修道士たちは、特にジュネーヴ湖の東端に多くのブドウ畑をもっていた。その中のひ

＊ヤーコプ・プランタウアー（一六五八—一七二六）　オーストリアの建築家。

◀ゲットヴァイク修道院設計時の理想的全景図　十八世紀の銅版画

とつは、エグルのブドウ畑であったにちがいない。そこでは、フェンダン種――この地方ではドラン種として知られていた――のブドウですばらしい白ワイン、イヴォルヌとシャブレ・ヴォードワをつくっている。修道院と関連しているもうひとつのスイスワインは、ヌーシャテルでつくられている赤のカーヴ・デュ・プリューレである。九七八年、クリュニー修道院は、偉大な修道院長マイユール（九〇六―九九四）の治世に、ヌーシャテルのブドウ畑の遺贈を受けた。ティチーノ州のレヴェンティオ渓谷の南端にあるジョルニコのサン・ゴッタルド峠近くには、遅くとも十世紀に建てられた華麗なロマネスク様式のサン・ニコロ聖堂がある。かつてそこは十三世紀に、フルッターリアのサン・ベニーニョ改革修道院に従属していた黒衣の修道士たちの、消滅して久しい修道院の一部であった。修道士たちはいなくなったが、サン・ニコロ聖堂は今なおブドウ畑に囲まれている。残念ながら、ティチーノのワインは、スイスの最良のワインと言うことはできない。またヴィンテージも、その聖堂とはほとんど比べ物にならない。

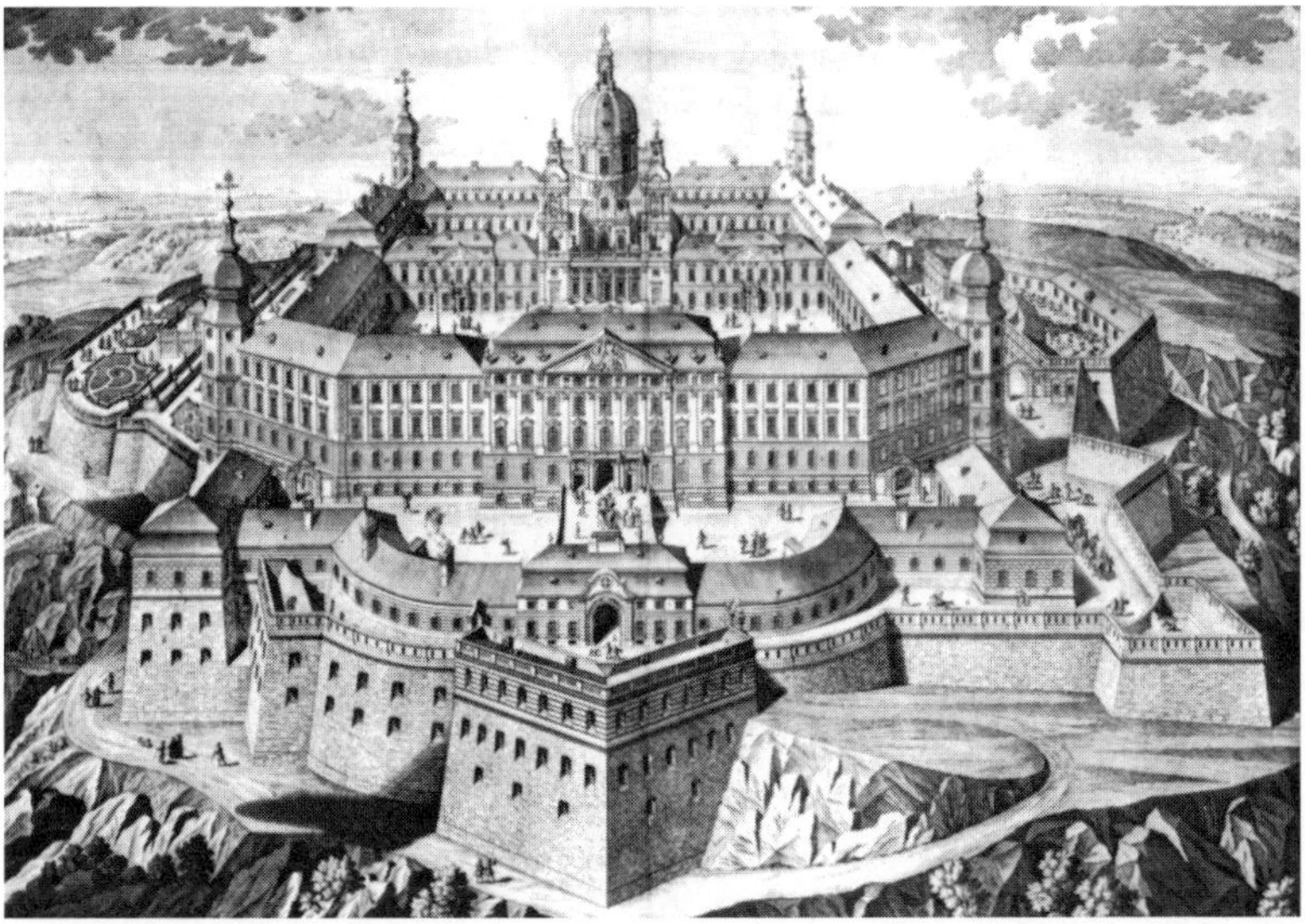

ハンガリーでは、トカイに次いで最も有名なワインは、ショムロのワインである。一〇〇〇年頃、ハンガリーの初代の王、聖ステファヌス（九六七／九六九―一〇三八）――曲がった十字架のついた王冠で知られる聖イシュトヴァーン――は、修道女たちがブドウの世話をするように、ベネディクト会女子修道院を創設した。彼は、同じ目的で、カリツ渓谷のペチュヴァラッドとゾボリーに修道院を創建した。十三世紀にショムロヴァサレーリ修道院の院長は、彼のブドウ畑を改良するために、「ブドウ栽培の際立った名人」のフランス人修道士を招いた。今日、最良のショムロはフルミント種のブドウからつくられており、ユーファルク（「子羊の尾」の意）もその一つである（ショムロには面白い特質があると信じられている。すべてのハプスブルグ家の大公には結婚初夜に、女児ではなく男児が生まれるように、これが振舞われたという）。ブタペストの北東一二〇マイルにある古代都市エゲルの赤ワインはエグリ・ビカヴェールである。このワインの起源は十一世紀のフランス人のベネディクト会修道士にあったと信じられている。火山灰土に栽培され、ビュック山脈とマートラ山脈に守られて、このワインはカベルネ・ソーヴィニョン種およそ一〇パーセント、ピノ・ノワール種二〇パーセント、地産のブドウであるカダルカ種七〇パーセントでつくられている。偉大なワインとは言えないまでも、口当たりがよいことは間違いないし、またとても辛口である。「エゲルの雄牛の血」という奇妙な名前は、オスマン・トルコと戦った時代の伝説に由来している。一五五二年に、エゲル城を包囲していたイスラム教徒の兵士たちは、防衛軍が城内で深紅の液体で英気を養っていることに気づ

いた。そしてマジャール人たちは雄牛の血を飲んでいたという噂が広まり、トルコの兵士たちは逃走したというのである。ブドウを栽培していた大きなベネディクト会修道院にはほかに、なだらかな丘陵地が広がるバコニュ地方のパンノンハルマ修道院がある。

荒涼としたスペインの丘陵地の頂きに見られる廃墟と化した黒衣の修道士たちの修道院の多くは、今では野生化したブドウに囲まれている。ナヘラはリオハ地方の中心にある絵のように美しい町で、そこには十四世紀の壮麗なベネディクト会修道院がある。そしてこの町では地元産のヴィンテージが飲める。なるべくなら、奇妙な焦げたような味の赤ワインがよい。十一世紀にナヴァラのサンチョ王（一〇六三／六五—一〇九四）は、リオハに修道院を創設した。その設立認可証には多くのブドウ畑が記載されている。十七世紀になっても、政府は修道院のブドウ栽培を奨励した。一六〇三年、フェリペ三世（一五七三—一六二一）は勅令を出し、リオハのサン・マルティン・デ・アベルダ修道院近郊の強壮な農夫たちすべてに、修道士たちのブドウ畑の二日間の耕作、剪定、収穫を命じた。カタルーニャのバルセロナ近郊にある有名なサン・クガット・デル・バジェス修道院は、四世紀に創設され、十二世紀の最後の二十五年に再建された。その巨大なロマネスク様式の回廊は特に印象的であり、列柱には聖書の物語——そのひとつが中世のお気に入りのテーマ、ノアの酩酊である——を描いた彫刻が施されている。サン・クガット修道院は、十世紀に極めて多くのブドウ畑を所有していたことで知られ、カタルーニャのブドウ栽培の歴史において、一定の地位を占めている。

ポルトガルのコインブラ近くのロルヴァオ修道院は、ムーア人がポルトガルを支配していたときですら、ブドウを栽培していたことで有名であった。これはムーア人の驚くべき寛容の表れである。もっともアランダルス*の罪深い詩人たちは、アンダルシアワインの楽しみをしばしば歌っていた。皮肉なことに、今日ではロルヴァオ周辺にはブドウ畑はない。ポルトガル北部は、ヴィーニョ・ヴェルデ、即ち、ミーニョ地方でつくられる白と（あまり上質でない）赤ワインが有名である。これらは、成熟させないで、若いうちに飲まれるが、発酵時の泡が残っている場合が多い。アルコール度数は低い。アクサス種のブドウでつくられる白ワインはほのかな酸味があり、カニやエビなどを食べながら飲むと美味しい。このヴィーニョ・ヴェルデを産出する地方の中心に位置するペナフィエールという古くて美しい町近くの渓谷に、ロマネスク様式の教会がある。その教会は、ワインをつくっていたかつてのベネディクト会修道院の聖堂であった。ダンもまたポルトガルのワイン生産地で、ドゥエロ川の南方一千平方マイルもの広さに及んでいる。ダンワインは種類も豊富である。赤ワインの中には、シャトーヌフ＝デュ＝パープに匹敵するものもあるが、さして驚くべきことではない。白ワインにもいいものがある。この地方のワインの質の向上に貢献したにちがいない（ダン地方の中心都市である）ヴィゼウ近郊のはるか昔の修

＊アランダルス
アンダルシアのアラビア語名。

道院は、サンタ・マリア・デ・マセイラ＝ダン修道院であった。

　イタリア半島の足先の部分にあたるカラブリア州のスクイラーチェ湾の沿岸には、有名なウィウァリウム修道院の遺跡がある。過去何世紀にもわたって、黒衣の修道士たちが近隣のヴィンテージ――チロ、グレーコ・ディ・ジェラーチェ、それにマントニコ――と密接な関係をもっていたことは疑いない。チロは、スクイラーチェの北東にあって、古代ギリシアの都市シバルス（その住民たちは富と奢侈でとても有名で、バッカスの神殿を維持していた）の近くの町であるが、その周辺にはブドウ畑が何マイルにもわたってひろがっている。古代においてチロのワインは、オリンピック競技の勝者に褒美として与えられるほど名を馳せていた。今日では赤、ロゼ、白のワインがつくられているが、ガッリョッポ種からつくられる赤ワインが最高である。ルビー色でコクがあり、バランスがとれている。ロゼは並だが、グレーコ種のブドウからつくられるフルーティーで淡黄色の白ワインも逸品である。グレーコ・ディ・ジェラーチェは、スクイラーチェの南西に位置する山中の町でつくられる。このジェラーチェの町は、九世紀に五マイル離れたロクリから逃れてきたキリシア語を話す難民によってつくられた。ロクリがシチリアのサラセン人の手に落ちたためである。ジェラーチェには半ばゴシック様式、半ばロマネスク様式のすばらしいカテドラル（司教座聖堂）がある。これはノルマン人の王たちの時代のもので、カラブリアで最大のバジリ

カ聖堂である。驚くべき白のグレーコ・ディ・ジェラーチェは、山のひどい粉末状の土壌に栽培されたグレーコ種からつくられる。そこでは一リットルのワインをつくるのに二本のブドウの木が必要である。その結果、強いが、まろやかなヴィンテージとなっている。アルコール分は何と一七パーセントから一九パーセント（白のチロの一二パーセントと比較されたい）であり、若いうちに飲むのが一番よい。しかし、今ではほとんど見かけない。古代においては、これを飲むとベッドや戦場などで力がつくとされたそうだ。ジェラーチェではまた、マントニコ種から辛口のデザートワインがつくられている。こちらはグレーコワインほどには強くはないが、樽の中で熟成させる。赤のチロとグレーコ・ディ・ジェラーチェのいくつかは、イタリアのすべてのワインの中でも最良と言えるものである。

スクイラーチェ修道院は、その偉大な創設者、フラウィウス・マグヌス・アウレリウス・カッシオドルス（四九〇—五八五）ゆえに有名である。三世紀もの間、傑出していたローマの貴族の家系の出であったカッシオドルスは、ローマのほとんど最後の貴族であった。そして、最後のローマ皇帝を廃位させ、これまでの行政機構の多くをそのまま残したゴート族の王たちに仕えるために、ラヴェンナに行った。彼は行政長官になった。しかし、ビザンティン帝国によってイタリアが再征服され、ゴート族が滅ぼされると、彼は生まれ故郷のスクイラーチェにある邸宅に退いた。邸宅の養魚池（ウィウァリウム）の真ん中に、カッシオドルスは庵室と修道院を建てた。そしてかなりの高齢で亡くなるまで、修道院長としてそこを統率した。最初の規律はおそらく『師父の戒律』に似たものであったろうが、カッシオドルスの時代にはすでにベネディクトゥスの『戒律』を採用していた可能性もある。最も重要な刷新は、写本の重視であった。写本制作のために特別な部屋が、つまり、写本所が設けられた。みずからいくつかの歴史書を書いたカッシオドルスは、読み書きの能力の衰えに気づき、彼の修道士たちにキリスト教の著作ばかりでなく、異教の著作も写すよう命じた。九十二歳のとき、写字生の手引きとして、ラテン語の綴りに関する論文をまとめた。ウィウァリウムの日課の一部であったこの英雄的な仕事は、やがて他の修道院に広がった。そしてこの仕事は、印刷機もなく、文化的生活も崩壊していた中で、西洋にとってこの上なく貴重な奉仕であった。こうして、多くのラテン語の文献ばかりでなく、たくさんの科学的知識——生物学、植物学、医学、建築学、数学、天文学——が救われた。言うまでもなく、写本所で終日仕事を終えた後、カッシオドルスの修道士たちの多くは、チロやグレーコ・ディ・ジェラーチェを飲んで英気を養ったことだろう。

グレーコ・ディ・ジェラーチェとグレーコ・ディ・トゥーフォを混同してはならない。それほど

◀カッシオドルス
七〇〇年頃の写本
フィレンツェ、
ラウレンツィアーナ図書館

強くはなく、大変上品なワインであるグレーコ・ディ・トゥーフォは、アヴェリーノ近郊で、主にグレーコ種のブドウでつくられているが、コーダ・ディ・ヴォルペが混ざっている。ナポリの南東約三〇マイルにあるアヴェッリーノには、海抜四千フィートのモンテ・ヴェルジーネが聳え立っている。十一世紀初期、ここにグリエルモ*なる人物がやってきて、近くのキュベレの山の神殿から取ってきた石で修道院を建てた。まもなく彼の周りには信奉者が集まってきたが、他の多くの偉大な修道院長と同じく、彼はこれらの信奉者から離れ、南イタリア一帯に同じような共同体をつくった。彼が死んだ数年後の一一五七年に、彼の修道士たちは、最初期以来の白い修道服を今日に至るまで身につけたままではあるが、ベネディクトゥスの『戒律』を採用している。彼らの修道院は昔と変わらず山中にあるが、気候も非常に寒く、天気も荒れるために、修道士たちは一年中そこに住むことはできない。冬の間は、山の裾にあるバディア・ディ・ロレトに住む。十八世紀になるとここに、ナポリの建築家ヴァンヴィテッリ（一七〇〇—一七七三、ブルボン家のカセルタ宮殿の創建者）が、ある修道院長のためにバロック様式の宮殿を建てた。ここには、「ブルボン家の」王たちのいくつかの興味深い肖像画やカーポディモンテ産のアルベレッロ（薬壺）が安置されている見事な古い薬局がある。山の上の修道院は、当初もそうであったが、今なお巡礼地として人気がある。信頼できる初期の年代記作者によれば、「アヴェッリーノやアヴェルサでは金、銀、土地、それに所持品などが聖グリエルモの足下に捧げられた」。そしてこの「土地」には、グレーコ・ディ・トゥーフォ

*ヴェルチェッリのグリエルモ（一〇八五—一一四二）　各地を巡礼ののちモンテ・ヴェルジーネに修道院を創設、聖母の霊験あらたかな聖所として著名な巡礼地となった。

を産するブドウ畑が含まれていた。それはすべてのイタリアのワインの中で最も軽い、辛口の、おいしいワインである。実際、ヒュー・ジョンソンは、それをイタリア半島の南半分から産出される最高級のワインのひとつと考えている。いささか辛口の味だというジョンソンの意見にみながみな賛成しているわけではないが、これはとくにシーフードとよく合うし、またアペリティフとしてもすばらしい。

全体としてベネディクト会の修道士たちは、みずからブドウ栽培を行ってきたことで有名であった。だが、修道士たちが、ワインをつくるというより販売していたときもあった。『ナポリ―その昔日の姿』というすばらしい本の中で、ピーター・ガン*は、十七世紀初期に、ナポリにあるサンティ・セヴェリーノ・エ・ソシオ修道院の黒衣の修道士たちが、どのようにしてセラーをもち、最高級のワインを卸と小売りの両方で販売していたかを語っている。この修道院の美しいバロック様式の聖堂と回廊は、修道士たちはもはやそこにはいないが、ヴィーコ・サン・セヴェリーノに今もある。かつてここに所蔵されていたナポリに関する古文書は、第二次世界大戦でドイツ軍によって破壊された。それゆえ、入手できる確たる証拠文献は通常よりも少ないのだが、それでも修道士たちが、プルチネッラやロザンナ、それに生粋のナポリ人すべてが好んだグラニャーノを売っていたことは、ある程度の確信をもって請け合えるだろう。ナポリ周辺以外ではほとんど知られていないが、この控え目で楽しいワインは、カステッラマッレ（アル・カポネの生地で、彼は幼い頃このワインを確かに知っていた）の北方の山地で、おそらく独特のグラニャーノ種のブドウを

＊ピーター・ガン（一九一四―一九九五）　オーストラリア生まれの旅行記作家。

使ってつくられている。一見して深紅色でフルーティーな発泡酒のように見えるが、味は軽く、アルコール分はたったの一〇パーセントである。若いうちに冷やして飲んだほうがよい。これにはフルッタ・ディ・マレ（海の果物）、つまり魚が驚くほどよく合う。

イタリアには、そのほか数え切れないほどのベネディクト会のブドウ畑がある。またユーゴスラヴィアやチェコスロヴァキアにもある。それらの多くのブドウ畑では、修道士たちはずっと昔にそこを立ち去ってしまったものの、美味しいヴィンテージがつくり続けられている。しかし、美しい修道院の隣でつくられているブドウ畑もいくつかある。

　鐘塔、それとも小高い丘の女子修道院、
　緑なすオリーブの木々の間にともる明かり。*

しかしながら、それぞれ美味しく飲めはするのだが、残念ながらこれらのワインの中に、真に偉大なワインを探すのは難しそうである。

＊アルフレッド・テニスン（一八〇九—九二）の詩『ヒナギク』（*The Daisy*）の一節。

第五章　シトー会のワイン

わたしのぶどう酒と乳を飲もう。
友よ食べよ、友よ飲め。
愛する者よ、愛に酔え。
――「雅歌」（五：一）

愛は甘い、とても神々しい液体、
我が神はこれを血と思い、わたしはワインと思う。
――ジョージ・ハーバート

シトー会修道士というのは、実のところ、白衣を着たベネディクト会修道士にほかならない。彼らは改革運動として始まり、自分たちこそモンテ・カッシーノの最初の修道士たちと同じ生活をしていると今なお主張している。しかしブドウ栽培に関しては、アレクシス・リシーヌも言うように、「ブドウ栽培とワインづくりに彼らほど大きな貢献をした修道会はほかにない」。

二十人足らずの理想に燃える創設者たちは、一〇八九年ブルゴーニュのニュイ＝サン＝ジョルジュ近くのシトー（「葦の繁茂する地」の意）に住みついた。彼らの木造の「新修道院」の地は、コート・ドールの丘陵地の裾に広がる、鬱蒼たる森に囲まれた荒涼とした沼地であった。その後に創設された修道院の名が証明しているように、彼らは水の豊富な谷間を好んだ。いくつか例を挙げれば、フランスでは、ノワールラック、クレールフォンテーヌ、ベロー、フォンテーヌ・レ・ブランシェ、エギュベル、イタリアではフォッサノーヴァ、トレ・フォンターネ、イングランドではファウンテンズ、リーヴォーなどである。これら初期の白衣の修道士たち、即ちシトー会士たちは、苛酷と言ってもいいほどの厳格主義をもってベネディクトゥスの『戒律』を解釈し、畑での労働と日課としての祈禱や私的な祈禱が厳しく繰り返される生活の中で、断食と沈黙をとりわけ重視した。彼らの平均寿命は二十八歳だったと推定されている。フランスでは彼らの診療所は、励ましの意味を込めて「死者たちの部屋」と名づけられた。しかし一方では、彼らが典礼暦年や四季折々の農作業のリズムと調和を保ちながら暮らしていたことも否定できない。

彼らの聖堂は質素であったが、これは意図的なものであった。尖塔、彫像、ステンドグラスなどはなかった。彼らの衣服は絹ではな

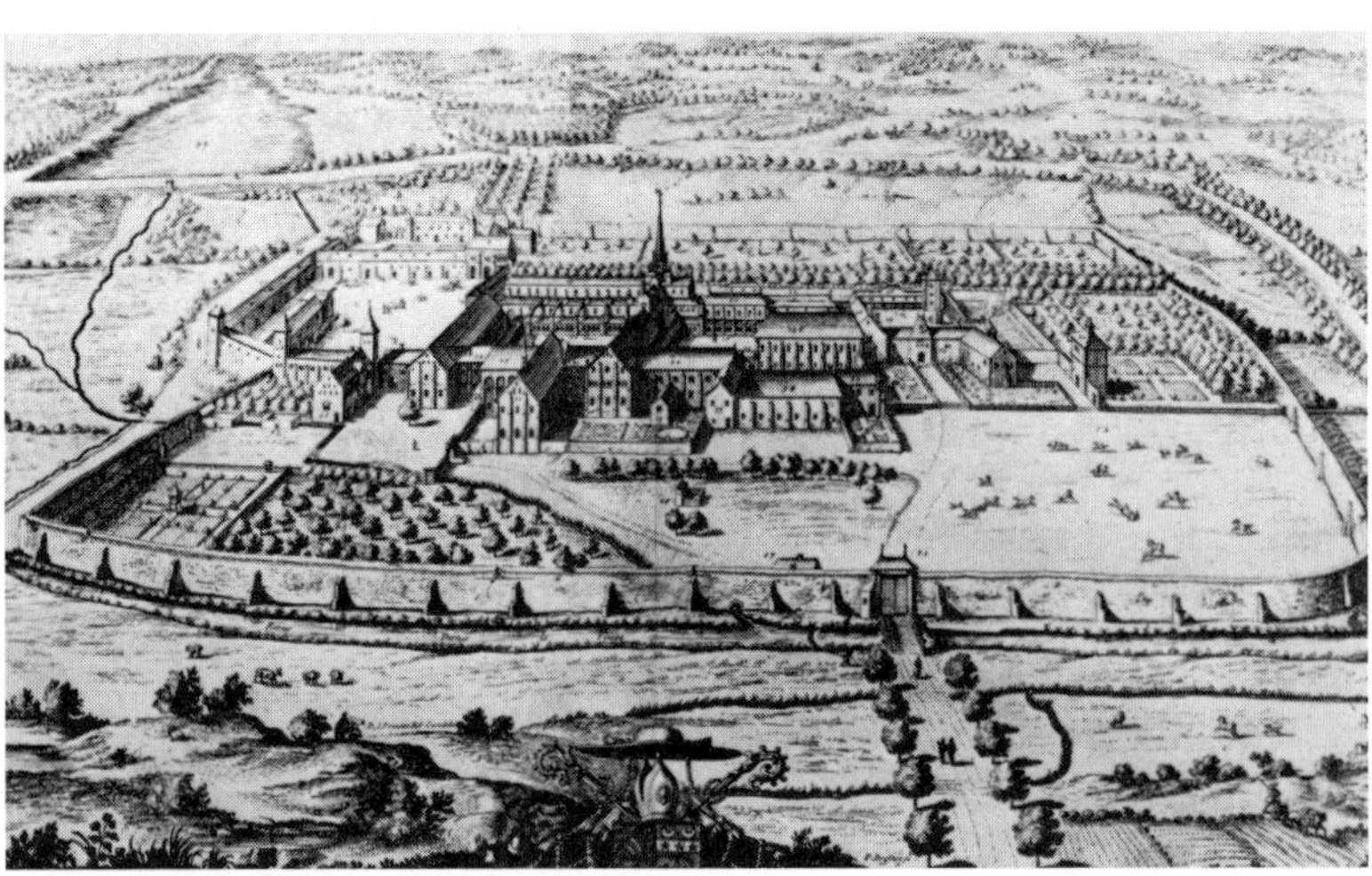

▶シトー大修道院全景
十七世紀の銅版画

く毛織物だった。また彼らは金製品を避けた。聖杯は銀製で、燭台は鉄製でなければならなかった。「図書禁欲主義」、つまり、写本の彩飾を禁じようとする試みもなされたが、幸いにも、これはうまくいかなかった。修道院建築の優れた解説者の言葉を借りれば、「クリュニーの修道士たちの黒い服が、朱色、濃青色、黄緑色の壁画や壁面を背景に引き立っているのに対し、シトー会士が、薄灰色の壁に囲まれて、漂白も着色もされていない灰色がかった白の、毛や亜麻の頭巾付き修道服を身にまとっている姿を思い浮かべてみるとよい」。

イングランド人修道士、聖ステファヌス・ハルディング*が起草した会憲で定められたシトー会の修道生活は、当初は入会者をほとんど引きつけなかった。その目覚ましい拡大は、西方教会の最後の教父である聖ベルナールが一一一二年に入会してから始まった。この非凡な人物は、天才的な広報官であり、彼が一一一五年に創設したクレルヴォーの大修道院から送りつけた論文や書簡は、彼を当時最も影響力のある人物にした。聖ベルナールは、黒衣の修道士たちが安易な生活をしていると非難し、攻撃した。彼らは、夜、暖をとるために猫皮の敷物をベッドに敷いていたと言い、また彼らの手の込んだ料理の数々や魚料理の数え切れないレシピを引き合いに出した。さらに、彼らがあまりにも長い聖務日課を歌い過ぎるためにのどが渇き、それでワインをたくさん飲むのだとも主張した。一方で、疑いもなくベルナールは、何千という人々の背中を押して、シトー会への召命を受け入れるように導いたのだった。彼が死ぬまでにクレルヴォーには、七百人の共誦祈禱修道士と助修士がいた。

*ステファヌス・ハルディング（一〇六〇頃―一一三四）　イングランドのメリオトで生まれる。ベネディクト会の修道院に入り、ノルマン人の征服から逃れ、パリやローマに移り住んだ後、ブルゴーニュのモレーム修道院を訪ね、その指導者ロベールとアルベリクに感銘を受け、そこに留まる。数年後、三人はより厳格な修道院をシトーに設立し、三代目の修道院長に就任（一一〇九年）。典礼改革や修道院の組織の確立に努め、会則の基本文書『愛の憲章』*Carta Caritatis* を書く。

そしてこのクレルヴォーの大修道院は、シトー会の三百三十八の大修道院のうちのひとつであった。これらの大修道院はいくつかのグループに組織され、それぞれがシトーにある母修道院に忠誠を尽くした。大修道院長たちは毎年このシトーに総会のために集まった。次の世紀の中頃には、二千近くの男子修道院と千四百の女子修道院があった。さながら、「全世界の人々がシトー会士になりつつある」かのようであった。

　しかしながら、この驚くべき拡大のすべてが聖ベルナールの力によるものではなかった。「白い頭巾を被ったシトー会士たちはすべてベルナールの息子である」というのもまったくの真実ではない。イングランド人であるリーヴォーの聖エルレッド*のように、魅力ある指導者たちが他にもいたのである。エルレッドは、驚くほど厳格であったが、優しさと人情味を兼ね備えてもいた。また彼は友情を基にヨークシャーに修道院を建立した。ベルナールが聖人であり人を引きつける力をもっていたことは疑いないが、彼には些か懸念すべきところもあった。つまり、彼にはほとんどマニ教的な厳格主義、攻撃性、不寛容などがつきまとっていたのである。ベルナールが、それと気づかずにわずかに異端に足を踏み入れかかっていた、神学者のピエール・アベラール（一〇七二―一一四二）を無惨

▶集会室で説教する聖ベルナール　十五世紀の写本　シャンティイ、コンデ美術館

*リーヴォーのエルレッド（一一一〇―六七）　一一四七年以後没年までリーヴォーの修道院長をつとめた。同修道院の隆盛をもたらし、イングランドのベルナールと呼ばれたという。

にも断罪したのは有名である。しかし黒衣の修道士と白衣の修道士の長所を比較した、尊者ピエール*と聖ベルナールの激しい論争の中で、ベルナールは痛烈な皮肉をもってピエールを攻撃したにもかかわらず、大修道院長ピエールは「率直で恐るべき友よ、何があってもわたしのあなたに対する愛情は消えることはない」と書き添えた。疑いもなく、ベルナールは多くの人々に愛されていたのである。

初期のシトー会士たちのような極端な生活が、それほど長く続くとはまず考えられなかった。そして最も厳格な大修道院が、真っ先に緩みはじめた。この衰退は、黒死病や聖職禄一時保有の大修道院長、つまり大修道院の収入のほとんどを取り上げてしまう名ばかりの大修道院長の存在といった苦難によって、さらに進んだ。中世後期において白衣の修道士たちの多くは、いくらか安楽な生活をしていた。パリやオックスフォードの大学にはシトー会のカレッジさえあった。フランス革命直前に、ポンティニーの修道士たちはご婦人を大修道院に招いてコンサートを楽しみ、ご婦人一人ひとりに花束を贈呈する習慣があった。

地べたに寝て、頭蓋骨で飲み物を飲んだ十六世紀のフイヤン会*修道士のように、多くの改革の試みがなされた。より長く続いた改革は、十七世紀のノルマンディのラ・トラップ大修道院における、アルマン・ド・ランセ*による改革であった（この大修道院のぼろをまとった修道士たちはそれまで密猟によって自活していた）。「雷のような大修道院長」と彼のトラピスト会士たちは、フイヤン会士とほとんど変らぬ極端な生活をしていた。トマス・マートン*は、ラ・トラップ大修道院の精神は「自殺集団」

*尊者ピエール（ペトルス・ウェネラビリス、一〇九二頃―一一五六）　最盛期のクリュニー大修道の院長（第八代）。シトー会の聖ベルナールとの論争は有名で、彼に断罪された晩年のアベラールを匿ったとされる。

*フイヤン会　一五七七年に結成されたシトー会の改革修道会。

*アルマン・ド・ランセ（一六二六―一七〇〇）　トラピスト会（厳律シトー会）の創設者。罪の自覚、罪の贖いへの願望、司祭職の聖なる尊厳性などの理念と厳格な規則を掲げて改革に乗り出す。知的傲慢に陥ることを恐れて修道院内の学問を禁止し、祈りと典礼と手仕事のみに専念することを修道士たちに強いた。

*トマス・マートン（一九一五―六八）　アメリカのトラピスト会修道士。詩人、社会活動家、平和主義者としても活躍。他宗教家たちとの対話も積極的に推進した。自伝『七重の山』をはじめ多数の著作がある。

の精神だと考えた。にもかかわらず、トラピスト会士たちは、結局は、よりバランスのとれた生活に到達した。そして、確かに、彼らの理想は常に生き残るであろう。今日、いくつかある改革シトー会を代表するのは、このトラピスト会である。

シトー会の最も偉大な記念碑は、最盛期の大修道院の建築で、それらは厳粛で地味ではあるが、謹み深い美しさを備えている。そしてその美しさは、何か隠れたメ

■フォントネー修道院聖堂内部

ッセージをほのめかすかのようである。白衣の修道士の聖堂は音響効果がよいことでも有名で、単調な旋律の聖歌がよく響くように注意深く設計されている。窓は典礼の個々の場面を強調するように明かりを和らげたり、強くしたりできるような間隔で設けられている。これらの建築物の均整は、象徴主義的数学の忘れられて久しい法則に従って計算されている。それは明確な霊的心理的欲求に結びついた見事な建築物であった。ときに「シトー会的前ゴシック様式」と称されるのは、基本的には機能的なブルゴーニュ・ロマネスク様式でありながら、尖塔アーチをもつ建物のことである。

第二の記念碑は、さまざまな形での農業への目覚ましい貢献である。彼らのモットーは、「十字架と犂《すき》の下に」であると言われた。最初の白衣の修道士たちは、規律によって農奴を所有することが許されていなかった。しかし人夫を雇うには貧しかったので、助修士を入会させた。彼らの多くは地方の田舎から出てきた者で、単式誓願*のみを立てたが、読むことも書くこともほとんどできなかったので、主禱文《パーテル》と天使祝詞《アヴェ・マリア》を唱えるというあまり負担にならない聖務日課を与えられた。彼らは共誦祈禱修道士の白い修道服とは違い、茶色の修道服を着ていた。何千人という貧しい男性たちがシトー会の大修道院に集まった。ここで彼らは、一定の食べ物を保証され、飢饉や虐殺から身を守ることができた。遠く離れた農場や、また後には寄進された多くの農場を

*単式誓願　教会によって正式の盛式誓願とは認められない、私的または公の誓願。

◀薪割りをするシトー会士たち　十二世紀の写本

管理するために、シトー会はベネディクト会のケルラ（セル）方式を採り、助修士を二、三人ずつのグループに分けて、長期間農場に送り込んだ（共誦祈禱修道士は夕暮れまでには大修道院に戻らねばならなかった）。農場とはいっても、原始的な宿泊施設と小礼拝堂付きの納屋と牛舎があるだけで、助修士たちは大切な祭礼の際には大修道院に帰ってきた。

農場があって助修士がいたおかげで、白衣の修道士たちは、沼沢地や森林地帯を開墾し、広大な人里離れた荒野を開発することができた。そうした荒野の多くは、彼らがいなければ、ずっと長く荒れるにまかされた状態のままであったことだろう。彼らは中世の排水の専門家であった。そして無数の風景が形を変えていった。修道会に理解があったとはいえないウェールズのジェラルド*でさえ、「シトー会士たちに砂漠や森を与えてみるとよい。数年もすれば、威厳のある大修道院が晴れやかに豊かさを誇っていることだろう」と言っている。白衣の修道士たちの農作物や、羊や牛の牧場は、彼らがそれまで求めたことがなかった富をもたらした。彼らは生産物を驚くほど効率よく市場に送り出したのである。中世イングランドのシトー会士たちは、大きな羊の飼育場をもっていたことと羊毛の商いに貢献したことで記憶されている。ヨーロッパ本土でも彼らの活動は、とりわけワインづくりに印象深い影響を及ぼした。はじめは、このような農作物の栽培に反対した修道士もいたらしいが、その歴史の早い段階で、彼らはブドウ畑付きの地所を寄進されていた。荒れ放題にしておきたくなかったし、また自由に使える労働力が十分過ぎるくらいあった

＊ウェールズのジェラルド（一一四六頃―一二二三頃）　ブレックノックの副司教、歴史家。多くの著作を残し、特にウェールズのキリスト教会や成長期のパリやオックスフォードの大学、さらに著名な平信徒や聖職者に関する逸話は、十二世紀後期の歴史的資料として貴重。

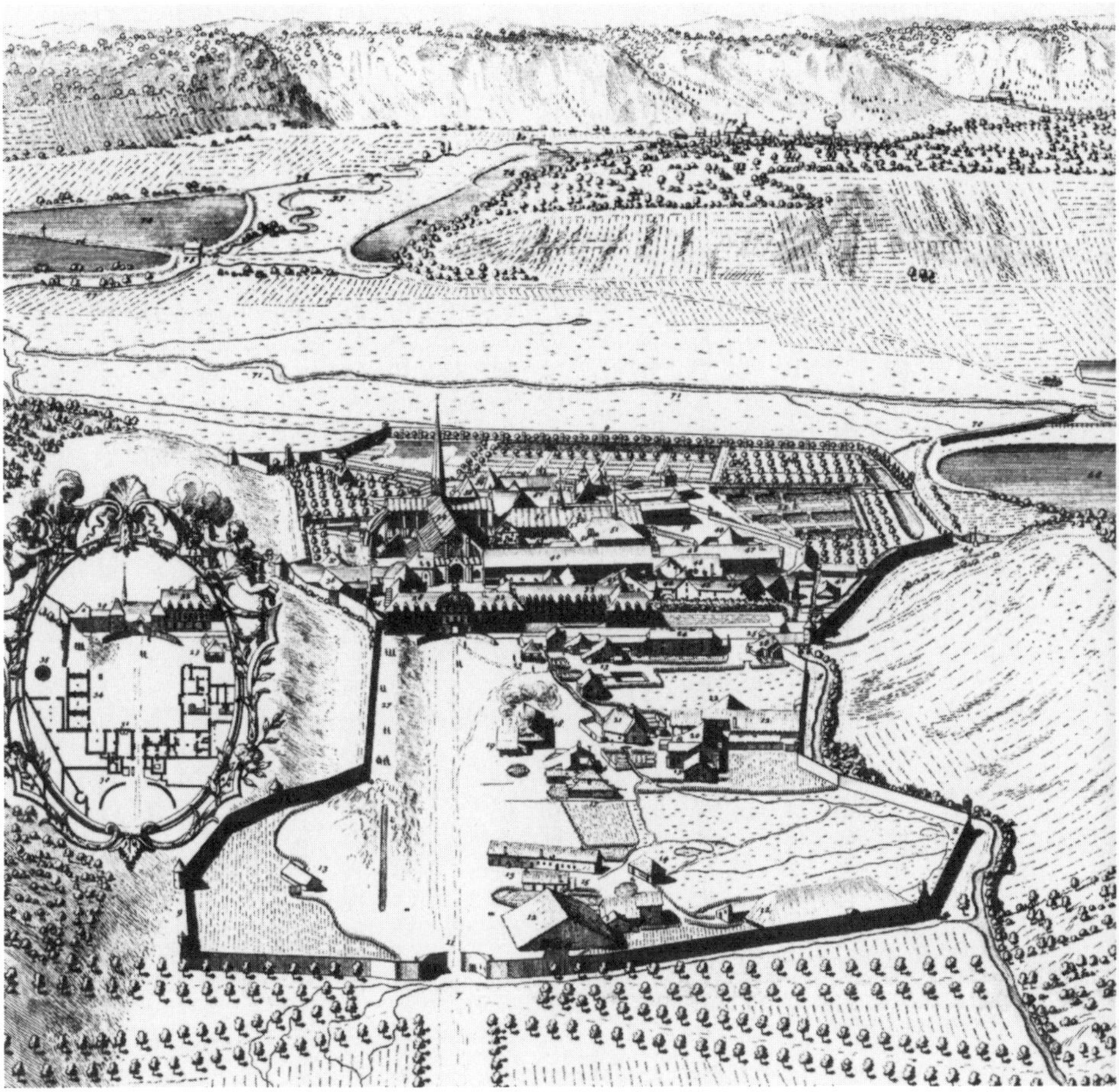

■クレルヴォー大修道院全景
十八世紀の銅版画

ので、シトー会士たちがワインづくりに着手したのは、いわば必然であった。

聖ベルナールがみずからの手で創建したクレルヴォーの修道院は、シャンパーニュ地方の「アブサンの谷」にあった。この地名はアブサン、つまりニガヨモギがこの谷にたくさん生い茂っていたことに由来する。十七世紀にここを訪れた偉大なベネディクト会士の学者マビヨン師*は、「一つの丘はブドウ畑、もう一つの丘は小麦畑となっている。いずれの丘も美しく、修道院に必要なあらゆる食糧を提供している。一方には修道士たちが食べる小麦が植えられており、もう一方は修道士たちが飲むワインをもたらしてくれる」と報告している。しかしながら、これはベルナールの時代のことではない。最初の修道士たちは、ブナの葉や根や実で生活していた。彼らの食事が改善されたのは後の時代になってからである。初期のあるシトー会士は、「自分たちの飲み物は一種のビールのようなものである。もしこれが飲めなければ、普通の水を飲む。自分たちはワインを口にすることはめったにないし、口にすることがあっても、たくさんの水で割ったワインである」と書いた。しかし、一一四三年――まだベルナールが大修道院長であった時期である――までにクレルヴォー大修道院は、モルヴォーにブドウ畑を獲得していた（一一五三年には、ここにワイン圧搾機がつくられた）。そして最後には、全部で十三のブドウ畑を所有していた。最初のワインは、明らかに、満足のいくものではなかった。十二世紀の修道士、クレルヴォーのニコラス（一一七六没）は、オーセール（ここの司教区は当時ヴィンテージワインで有名であった）の司教に、「われわれの地域のワインは濁っており、恵まれた状

*ジャン・マビヨン（一六三二―一七〇七）　フランスのベネディクト会士。パリのサン・ジェルマン・デ・プレ大修道院で、いわゆるサン・モール学派の中心人物として活躍した。中世の古文書の科学的な研究方法を開拓、厖大な聖人伝やクレルヴォーのベルナールの著作集の編纂をはじめとして、数多くの業績を残した。

◀ポンティニー修道院聖堂

態で育っている司教様の地域のブドウでつくられたようなものではございません」と書いた。一六六七年、スイスのヴェッティンゲンから訪ねてきたシトー会士ヨーゼフ・メグリンガー師（一六九五没）は、クレルヴォーのセラーに巨大なワイン樽があることを見て驚いた。この樽にはたががなく、四本の巨大な角材で固定され、くさびによって絞められたり緩められたりした。クレルヴォー修道院の遺物のすべてである十八世紀の棟は、今では少年院となっている。ブドウ畑を所有していたシャンパーニュ地方の白衣の修道士の修道院の中で他に忘れてならないのは、トロワ・フォンテーヌという、楽しげな名前をもつ修道院である。

しかしながら、シトー会のフランスにおけるワインづくりの主たる栄光は、シャンパーニュ地方ではなく、ブルゴーニュ地方に見出される。ヨンヌ川支流のスラン河畔にあるポンティニー修道院の白衣の修道士たちは、一一一四年、ここに大修道院を創設し、他ならぬシャブリを産みだした。一一一八年、彼らはトゥールのサン・マルタン修道院のベネディクト会士からブドウ畑を譲り受けたが、年間の賃貸料として六ホッグズヘッド（一ホッグズヘッド＝約二四四リットル）のワインを支払わねばならなかった。彼らが白ブドウのシャルドネ種を最初に植えたことは、ほぼ間違いない。そしてブルゴーニュの良質の白ワインは、ほとんどがこのシャルドネ種からつくられている。シャブリの淡い、とても辛口のヴィ

ンテージワインは、世界最高の白ワインの一つであり、これがすぐさま地元以外でも人気を呼んだのは驚くに値しない。シャブリという小さな町はヨンヌ河畔の谷にあったから、助修士たちは平底船でワインを運んだ（他の修道会も船や人を提供した。一六六〇年代に、カルメル会修道士ロレンス・ハーマン——『神の現存の実践』（*The Practice of the Presence of God*）という有名な信心書の著者——は、修友たちからブルゴーニュへワインの買い付けに派遣された。彼はワインを船で運ばなければならなかったが、足が不自由であったため、樽の上を転がって移動したという）。

一一四〇年から七〇年にかけて創建された壮麗な聖堂、助修士の宿舎、セラーを含め、ポンティニー大修道院の建物の多くは今なお残っている。聖トマス・ベケットは二年の追放期間をこの修道院で過ごし、ここにはまたアビンドンの聖エドマンド*の遺骨があるが、現在は神学校となっている。一方、シャブリの一級格付銘柄の一つにコート・ド・フォントネーがあるが、これは、一一一八年に創設された同名の修道院を記念したものである。フォントネーの美しい聖堂（フランスに現存する中では最も古い白衣の修道士の聖堂）や奇跡的に保存されている由緒正しい建造物の数々は、シトー会の夢を今に伝えている。

修道院によるワインづくりの全歴史の中で最も輝かしい功績はおそらく、シトー会がブルゴーニュでクロ・ド・ヴージョをひらいたことであろう。ヴージュ川に因んで名づけられた小村ヴージョの土地は、一一一〇年にシャンバルのゲリックによってシトー会に与えられた。そして、白衣の修道士たちは一三三六年までそこで地

＊アビンドンのエドマンド（一一七五—一二四〇）一二三四年カンタベリーの大司教となり、教会改革に尽力、王権との折衝などにも奔走した。ローマに赴く途中、フランスで没。オックスフォード大学のセント・エドマンド・ホールは、この聖人を記念したもの。

◀クロ・ド・ヴージョの城館
シトー会が所有していた時代の銅版画

所を買い続け、ついにすべてのブドウ畑に対する完全な支配権を獲得した。それから、「クロ」即ち高い石垣で一二五エーカーのブドウの木を囲い、ブルゴーニュで一番大きなブドウ畑をつくった。そこは三つに分割され、一番高い位置にある畑が最高のワインを産出したが、このワインは贈答用で、売ることは決してなかった。十四世紀後期の衰退の時期には、シトー会は五十名の自由民を雇い、クロ・ド・ヴージョやミュジニーのブドウ畑で働かせていた。自由民の需要があるのはもっぱらクロで、彼らはそこで助修士たちと肩を並べて仕事をしたにちがいない。

最初のもので、今も残っている農場の建物といえばセラーと発酵室で、これらは一一五〇年頃のものである。一五五一年、第四十八代のシトー大修道院長ジャン・ロワズィエ師は、農場と来客用宿泊所が一体となった施設をつくろうと決意した。彼は明らかに創意に富んだ人物で、修道院の聖堂に空気オルガンを設置したりもしたのだが、修道士の中で才ありと見込んだ者に、クロ・ド・ヴージョの新しい建物の設計を委ねた。ところが、この修道士が自分の設計をあまりに自慢するので、ジャン師は腹に据えかねて別の修道士に設計のやり直しを命じた。そ

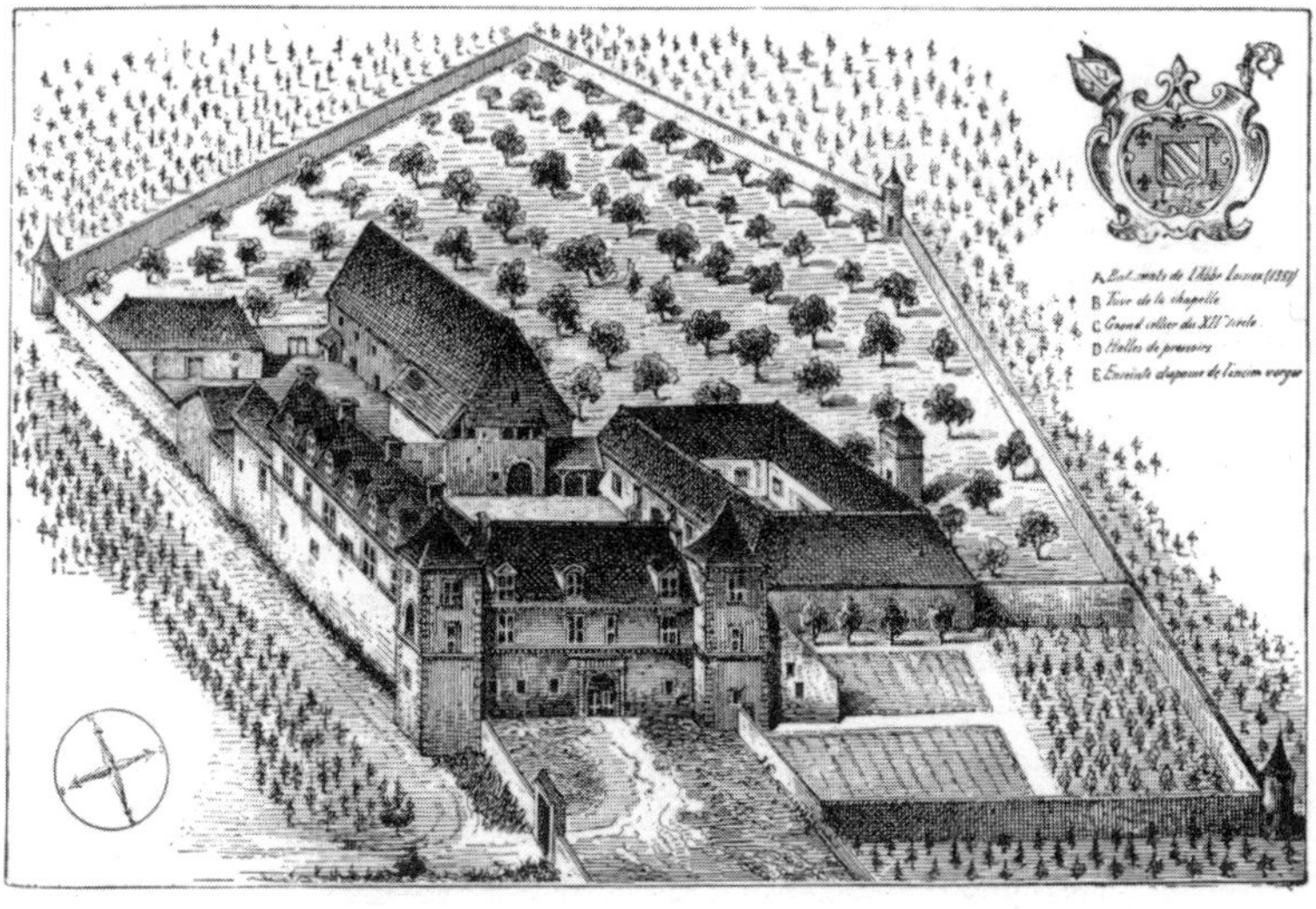

して最初の修道士には罰として、新しい設計図に沿って建設をすすめるように命じたのだった。この修道士は、哀れにも無念のあまり死んでしまったとの話もあるようだが、そうした途中の紆余曲折はともかく、建物のできばえは堂々たるものであった。

何世紀もの間、クロ・ド・ヴージョはブルゴーニュで最も優れたブドウ畑と考えられてきた。白と赤のワインがほぼ同量生産されるが、小さなヴージョのブドウ畑でつくられる白ワインは、今日でもシャブリとムルソーの次に位置するものとされている。一三六一年、ペトラルカはウルバヌス五世（教皇在位一三六二―七〇）に、ローマに帰るよう説得しようとして、アヴィニョンを離れたくないのは、アルプスの向こうでは最高のブルゴーニュワインを手に入れるのが難しいとお聞きになったからでしょう、と語ったとされる。またジャン・ド・ビュシエール大修道院長（一三七六没）は、グレゴリウス十一世が一三七一年に教皇に選ばれたとき、大樽三十個のクロ・ド・ヴージョ（大樽には一つには二二八リットル入る）を送り、三年後にその報いとして枢機卿の帽子を与えられた。一六六七年には、あるトラピスト会士が、シトーでの総会に出席するのは無駄だと嘆いている。というのも、シトーの大修道院長が「ドイツ、スイス、ポーランドやその他の外国から来たすべての大修道院長を気前よくもてなし、（同じような機会に数多くの奇跡を行ってきた）大量の上質のクロ・ド・ヴージョを注いで、自分の思い通りにするよう説得しようとしているから」である。一方、総会に出席したメグリンガー師は、食べ物は質素で食欲をそそらないが、ワインの美味しさがそれを償ってくれた、と後に報告している。実際、ブルゴーニュのシトー会士たちの間には、「よいワインを飲むのは神様も認めている」という諺があったようだ。

白衣の修道士たちは、ブドウの特別な栽培法を発展させた。肥料として彼らは、ブドウの搾りかす――ブドウ液が搾り出された後に残ったもの――しか使わず、作柄が悪かった年は、ブドウの搾りかすでつくったブランデーでワインを強化した。しかし、彼らが見いだした真の秘訣は、ブドウの実を一粒一粒、ことのほか丹念に手入れすることであった。

一七九〇年、シトー大修道院は解散となり、全財産は没収され、公的な競売にかけられた（今日残っているのは、中世の建物のほんの一部分――十五世紀の図書室と写字生用の回廊と一七六〇年頃の一棟――のみである）。クロ・ド・ヴージョに来た行政監督官たちを出迎えたのは、シトーの最後の総務長《セララー》となったゴブレ師だったが、涙を抑え切れなかったという。おそらく彼は、ミカの預言を思い出したのであろう。「悲しいかな、わたしは夏の果物を集める者のように、ぶどうの残りを摘む者のようになった。もはや食べられるぶどうの実はなく、わたしの好む初なりのいちじくもない」（「ミカ書」七：一）。しかし、行政監督官たちは血も涙もない人たちではなかった。彼らは、記念として彼に二つの銀皿と死ぬまで飲める量のワインを与えてくれた。そして一八一〇年に息を引き取ったとき、ゴブレ師は、この銘醸《エリクシル》をまだ十分すぎるほど抱えていた。ブルゴーニュワインの中で最も女性的で繊細と言われてきたこのワイ

◀ブドウ畑で働くシトー会士たち
ドイツの陶板画、一七七三年

ンを、彼は一本たりとも手放そうとはしなかったのである。

ビソン大佐は、フランス革命中に、フランス軍の軍隊がクロ・ド・ヴージョを通過するとき、捧げ銃《つつ》をしなければならないという伝統を確立した。またあの興味の尽きない人物スタンダールも、クロ・ド・ヴージョの礼讃者であった。そして二十世紀に入っても、クロ・ド・ヴージョは、ブルゴーニュワインの中で第一級のものとして扱われてきたが、セインツベリー教授はこれに対して、次のように異論を唱えてた。「クロ・ド・ヴージョは、実際、優れたワインではあるが、時としてブルゴーニュワインのよさよりもクラレットのよさをもっているように思えることがある。ブルゴーニュワイン一族の血統を守っていないのだ」。たいていのワイン愛好者はブドウ栽培にたずさわる修道士がいなくなるのを残念に思っているが、それももっともなことである。一八八九年以来、クロ・ド・ヴージョは徐々に六十もの小さなブドウ畑に分割されていった。そしてその栄光は、すべて過去のものとなったわけではないが、いささか揺らいでいることは確かである。

クロ・ド・ヴージョの城館《シャトー》は、昔のセラーや、シトー会時代の機械が置かれているブドウ圧搾機室とともに、今も残っており、ラ・コンフレリ・デ・シュヴァリエ・デュ・タストヴァン（利き酒騎士団）の本部となっている。彼らは、かつての威光を取り戻すべく、誠心誠意さまざまな取り組みに精を出している。クロ・ド・ヴージョは、白衣の修道士の農場の気高い実例であるだけでなく、そのブドウ栽培とワインづくりの堂々たる業績にふさわしい記念碑でもある。

＊ベルニス枢機卿（一七一五―九四）フランスの聖職者・政治家。ルイ十五世の寵愛を得て、政治に関与した。

他にも数多くの上質のブルゴーニュワインが、シトー会士たちの恩恵を被っている。彼らは早くも一一〇八年にムルソーにブドウ畑をもっていた。ムルソーは（認められていない赤ワインもいくらか産しているが）美しい白のヴィンテージで有名である。ポンパドゥール夫人（一七二一—一七六四）の愛する司祭、ベルニス枢機卿*は、常にムルソーでミサを捧げ、主なる神と対面しているときはしかめ面をしたくない、とうそぶいていたという。ムルソーの産地として最も有名なものの一つであるペリエールの館とブドウ畑は、フランス革命までシトー大修道院のものであった。そして、四〇〇ホッグズヘッドまで入る白衣の修道士の十四世紀のセラーは今でも見ることができる。シトー大修道院ではまた、ミュジニーでもかなり早い時期から白と赤のワインをつくっていた。

ボーヌ地方のサン・ヴィーニュのブドウ畑はサヴィニー・レ・ボーヌと同様、シトー大修道院の所有であった。ポマールでもシトー大修道院は、一二二二年にペズロールの畑を、一四八五年にはクロ・ブランの畑を獲得した。十五世紀に、ポマールで長らく忘れられていたヴァン・ド・パイユ（藁ワイン）をつくったのも、おそらく白衣の修道士たちであったろう。これは赤と白両方のブドウからつくられる甘いデザートワインで、「薄紅色」をしており、当時大変人気があった。

メジエール大修道院は、一一三二年にシャロンの近くに創設された。この大修道院はレ・ゼプノットという名の通ったボーヌのブドウ畑を所有し

◀クロ・ド・ヴージョの城館

ていた。ここは今でも上質のワインをつくっている。十四世紀の聖堂が今でもドゥーヌ河畔に残っている。

時に「ベルナルディーヌ」と呼ばれるシトー会修道女たちもまた、ブルゴーニュワインに貢献してきた。一一三三年までには、ディジョン近くのジュリ＝レ＝ノネーに女子修道院が創設された。聖ベルナールの妹の福者ウンベリナ（一〇九二―一一三五）の修道院である。一一二五年には、ジュリのひとりの修道女が、シトーから数マイル離れたジャンリス近郊に、ル・タール女子修道院を創設した。修道女たちは自分たちがシトー会に属していることを示すため――少なくとも地元の言い伝えはこう語っている――ブドウを栽培することを決めた。H・W・ヨクスオールは、このクロ・ド・タールを「コート・ドールきってのお買い得品」と評している。フランス革命のとき、この畑は没収され、三千ポンドで売られた。クロ・ド・タールのワインは、長もちすることでも有名である。修道女たちはまた、ボンヌ＝マール（もともとはボンヌ＝メール）をつくっていた。これもまた質のよい赤のブルゴーニュである。これら二つのブドウ畑は、モレ＝サン＝ドニ教区にあるが、ボンヌ＝マールの方は、大半が隣接する有名なシャンボル＝ミュジニー教区にかかっている。

一八八八年にワイン愛好家たちは、「ブルゴーニュワインの王室」のヒエラルキーを次のように制定した。

国王：シャンベルタン

女王：ロマネ＝コンティ
摂政：クロ・ド・ヴージョ
国王の従兄弟：リシュブール
王子たち：ロマネ、クロ・ド・タール、ミュジニー、ラ・ターシュ、エシェゾー、ボンヌ＝マール
国王旗手：コルトン
公爵と公爵夫人：ヴォルネー、ニュイ、ポマール、ボーヌ、サヴィニー、ヴェルジュレス、アロース＝コルトン、シャサーニュ

すでに見たように、これら栄光に満ちたワインのうちのかなりのものが、かつては修道士の管理下にあった。またその中には、実際に修道士がつくっていたものもあった。

対照的に、ボルドー地方では、白衣の修道士の存在感はほとんどなかった。しかし、それでもシトー会を起源とするワインが二つある。それはシャトー・ラ・トゥール＝セギュールとシャトー・ラ・バルブ＝ブランシュで、いずれもサン＝テミリオンにある。これらのブドウ畑は、一一三七年に創設されたリブルヌ近くのラ・フェーズ修道院のものである。修道院長は、形式上はリュサック男爵であった。一三八二年、この修道院は律儀にも数樽のワインをイングランドの宮廷に送った。当時、ガスコーニュの地は、プランタジネット家が領有していたからである。後にラ・フ

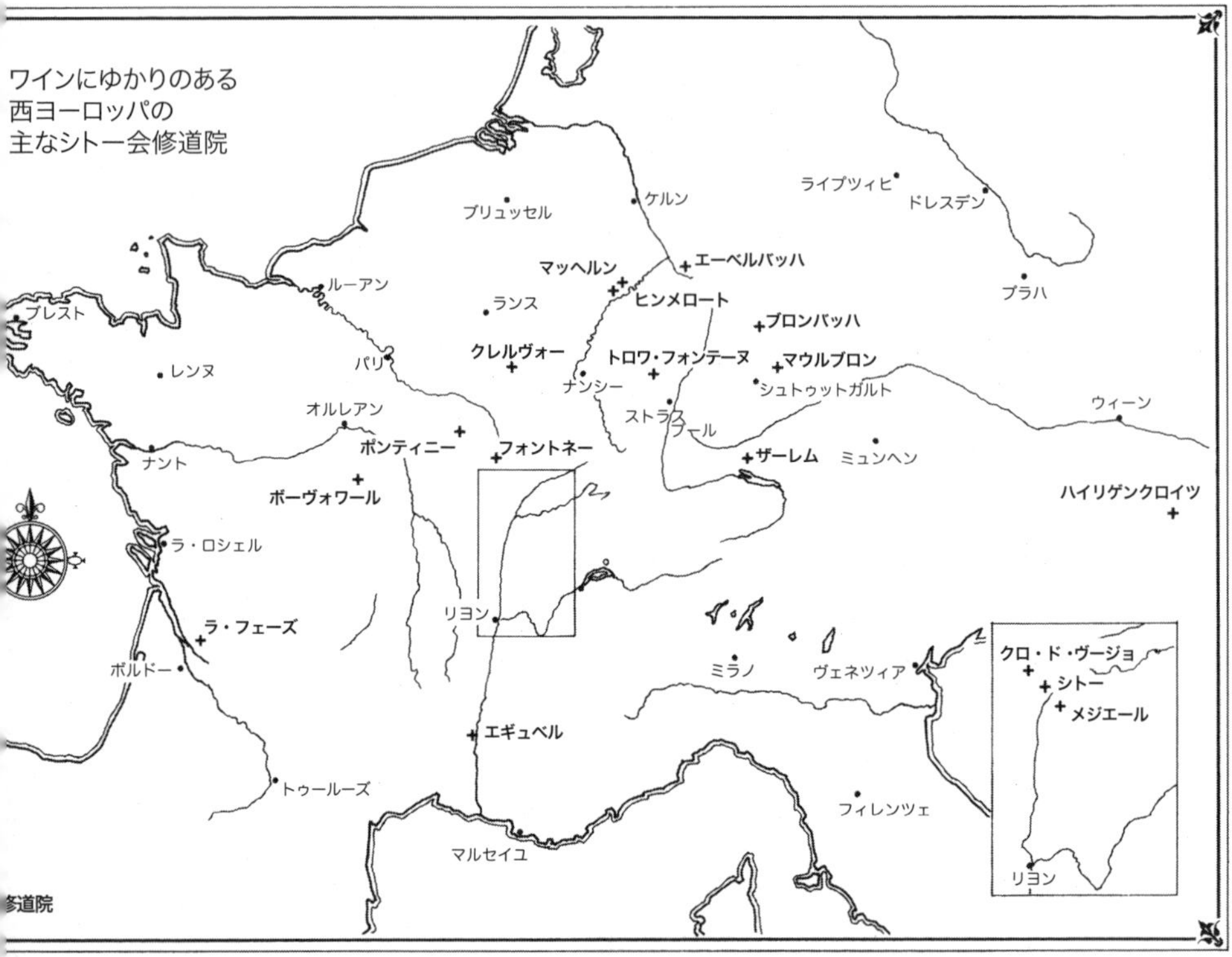
ワインにゆかりのある
西ヨーロッパの
主なシトー会修道院
ブリュッセル
ケルン
ライプツィヒ
ドレスデン
エーベルバッハ
マッヘルン
ヒンメロート
プラハ
ルーアン
ランス
ブロンバッハ
ブレスト
クレルヴォー
トロワ・フォンテーヌ
マウルブロン
レンヌ
パリ
ナンシー
シュトゥットガルト
オルレアン
ストラスブール
ウィーン
ポンティニー
フォントネー
ナント
ザーレム
ミュンヘン
ボーヴォワール
ハイリゲンクロイツ
ラ・ロシェル
リヨン
ラ・フェーズ
ミラノ
ヴェネツィア
クロ・ド・ヴージョ
シトー
メジエール
ボルドー
エギュベル
トゥールーズ
フィレンツェ
マルセイユ
リヨン

ェーズ修道院は、聖職禄一時保有の修道院となり、十八世紀になると、その名ばかりの平信徒の修道院長のひとりとして、モンテスキュー（一六八九—一七五五）の兄弟の名も見える。ラ・フェーズの聖堂は消滅してしまったが、十六世紀に建てられた修道院の建物の遺跡はいくつか残っている。

サンセールは、ロワール川流域でつくられる大変口当たりのよい辛口の白ワインである。使われているブドウは、決して侮れないソーヴィニョン・ブラン種で、十三世紀に、十マイル離れたカンシー近郊のボーヴォワール大修道院の修道士たちがサンセールに持ち込んだものである。ここのブドウ畑の土壌は、イギリスのキンメリジャン（石灰質泥灰土壌）と同じで、独特の風味はそのせいである。サンセールの畑で際立っているのはクロ・ド・ラ・プスィで、これは白衣の修道士たちがつくったおよそ二五ヘクタールの深い円盤型をしている。クロ・ド・ヴージョと同様、ここもフランス革命のときに没収され、後に五十以上の個別のブドウ畑に分割された。しかし幸いなことに、現代的なワインへと品質の転換を図るため、ひとりのオーナーがすべてを買い集め、クロ・デ・ラ・プスィは再び一つにまとめられた。他にも、それほど卓越したものではないが、ピノ・ノワール種でつくられた赤のサンセールがある。

一二三四年、イエーヴル河畔に創設されたボーヴォワール大修道院に関して言えば、一二五〇頃の修道院聖堂の身廊が残っている。また建物も一つ残っているが、現在は劇場に変わっている。ついでながらサンセールは、円錐形の丘の上に

あり、古い家並みが美しい町である。いささか誇張気味ながら、「城壁のないカルカソンヌ」などと評されることもあるらしい。そのワインは、この土地のクロタン、即ち、丸いヤギのチーズと特によく合う。

最近、カンシーの白ワインが「発見」された。何人かの愛好家たちは、良質のカンシーはどのサンセールよりも美味しいと考えている。サンセールと同様、キンメリジャン（石灰質泥灰土壌）で育ったソーヴィニョン種でつくられ、その起源はやはりボーヴォワール大修道院の白衣の修道士たちにある。サンセールと同じ薄黄色で、やや辛口であるが、若いうちに——一年から五年の間に——飲んだ方がよいだろう（カンシーからブールジュまではさほど遠くない。ブールジュには高貴な大聖堂があり、これは回り道をしてでも見ておく価値がある）。

オルレアン近くのロワール河畔のサン・メスマン・ド・ミシー大修道院は、クロヴィス（四六五―五一一）によって創設され、フランス革命まで続いた。この修道院はその元々の戒律をベネディクトゥスの『戒律』に変え、その後シトー会修道院となり、最後には、不気味なフイヤン会の改革を取り入れた。有名なブドウ畑があったが、そこでつくられていたワインは忘れられて久しい。ポントー＝モワンヌ（「修道士の橋」の意）は、素性のはっきりしないオルレアンワインだが、あるいはこの地の白衣の修道士たちの忘れ形見かもしれない。

ローヌ地方のワインもまた、シトー会士によるブドウ栽培の恩恵を被っている。ジゴンダスのすぐ酔いがまわるワインについてはすでに述べた。コート・デュ・ロ

ーヌの最良の赤ワインの一つは、深紅色のヴァケラスである。ジコンダスとヴァケラスの畑はともに、一一三七年に大修道院が創設されてから革命まで、モンテリマール近くのエギュベル大修道院の修道士によって耕されていた。

ドイツにおけるシトー会士たちの功績もまた劣らず重要である。彼らは早くも一一三四年にヴィットリヒ近くのヒンメロートのルーヴァー（モーゼル川の支流）河畔にブドウ畑をもっていた。ヒンメロート修道院は聖ベルナールによって創設されたが、その際聖人は、修道士たちが鳴き声に気を取られないよう、周辺の森からナイティンゲールを追い払ったと言われる。同じ頃、白衣の修道士はまた、カーゼルやアイテルズバッハ、トリーアのティアガルテンにもブドウ畑を獲得した。ラインラントのラウエンターラー・ノネンベルクのブドウ畑は、シトー会の女子修道院を記念したものである。ドイツにおけるシトー会士たちの傑作は、ラインガウのハッテンハイムという美しい小さな町の近くの、シュタインベルクの広大な囲われたブドウ畑である。シュタインベルクは今日でも美味しい白ワインをつくっている。アンドレ・シモンは、シュタインベルクをドイツの三大優良ブドウ畑の一つと考えている。トロッケンベーレンアウスレーゼ・シュタインベルガーは、世界の真に偉大なワインの一つとして、一般に認められている。

シュタインベルク（その名――石の山《シュタインベルク》――は修道士たちがそこを囲った石垣に由来する）は、丘の上にある。この丘は、マインツの大司教が十二世紀の最初の四半世紀にエ

ーベルバッハの修道士たちに与えたものである。鬱蒼たる森林を開墾した後、彼らは、六二エーカーのブドウ畑をつくった。そして彼らは、草地を賃貸しても、ヤナギの使用権は常に自分たちが保持した。これは徹底していた。ヤナギはブドウの木を縛るのになくてはならないものだったからである。その結果、シュタインベルクはドイツで最大の堂々たるブドウ畑となった――もっとも長年、質というより量に重点が置かれてきたきらいはあるが。一五〇〇年にエーベルバッハでは、巨大な樽がつくられた。長さ二八フィート、高さ九フィートで、十四本のロープで巻かれていた。容量は八二シュテュック（二万二千ガロン以上）に及んだが、この数字は彼らの生産量のほんの一部にすぎなかった。一五〇六年、ケルンの大修道院の倉庫には、一五〇三年と一五〇四年のヴィンテージが少なくとも五三八シュテュック（ほぼ一五万ガロン）あったことが知られている。

　エーベルバッハ大修道院は、今もシュタインベルクのぶどう畑から遠くない小さな緑の渓谷に佇んでいる。この修道院は何度も略奪されたが、最後は一八〇〇年に俗用に供された。しかし、宿舎、集会室、診療所、食堂などが、あたかも十二、三世紀のままのような状態で、奇跡的に保存されて残っている。食堂は、息を呑むほど美しく、ロマネスク様式とゴシック様式の中間の、シトー様式の完全な見本である。それは明らかに、断食を終えて、

▶エーベルバッハ旧修道院聖堂外観

乏しい根菜類の食事を会の規則に従って無表情のままゆっくりと摂るあいだ、修道士たちの心を高めるためにデザインされたものである。聖餐さながらに高められた希少なその食事の間じゅう、一人の修友が、居並ぶ修道士たちより高所にある説教壇で、聖書を朗読した。

今日、エーベルバッハ修道院はヘッセン州のワイン生産組合のものになっており、きめ細かく復元されたバロック風の食堂では時折、ディナーパーティが開かれている。設立後しばらくして、やや穏やかな時代になると、修道院長たちもここで、「神を讃えながら、銀の杯でワインをちびちび飲んだ」ことだろう。ヒュー・ジョンソンは、「この美しい場所で最も魅力的なのはどこかを決めるのは難しい。魔法の響きをもつ大きながらんとした聖堂か、回廊か、広い大寝室か、あるいは中世の巨大な圧搾機が置いてある古いワイン工房か」と書いている。

ラインガウ地方にはその他にも、エーベルバッハのシトー会士たちによってつくられたブドウ畑がたくさんある。ハルガルテンはその一例である。ライン一帯にブラウブルグンダー、即ち、この地ですべての赤ワインをつくるときに使われるピノ・ノワールをもたらしたのは、白衣の修道士であった。地元の伝承によれば、聖ベルナールがみずからブルゴーニュからもってきたともいう。エーベルバッハで試してみたがうまくいかず、その後、アスマンスハウゼンではやや幸運に恵まれた。たいていのイギリスのワイン著作家は、ドイツには美味しい赤ワインがないと考えている。ジュリアン・ジェフスは、「彼らの赤は気の抜けた紛い物だ。彼らは、低

◀エーベルバッハ旧修道院大寝室

級な白ワインと同じく、ブルゴーニュワインを少量加えて味わっている」と言い、そしてアスマンスハウゼンを「一つの災厄《カタストロフィ》」とこきおろしている。しかしセインツベリーはこれとは違う意見で、彼はドイツの赤ワインが好きだった。とりわけ「間違いなく最良であるアスマンスハウゼン」をひいきにしており、「教授たちにさえもほとんど知られていないが、不眠症の特効薬だ」と信じていた。リタイアする前、彼は小さなコップ一杯のこのワインを「不快感が残らない」睡眠薬としていた(筆者はかつてこのワインをボトル一本飲んだことがあるが、これまでにないほどよく眠れた)。食事のときに毎日普通に赤ワインを飲むライン地方の人たちは、それを偉大なワインとは決して言わないが、ブラウブルグンダーに相応の敬意を払っていることは明らかである。

トリーアとコブレンツの中間のモーゼル河畔に、シトー会のマッヘルン修道院がある。この修道院は一二三八年に創建され、一八〇三年に解散したが、かつてこの修道院が所有していたブドウ畑では、今でもとても口当たりのよいワインをいくつか生産している。大修道院は今は、このブドウ畑のオフィスになっている。もう一つの手ごろな赤ワインは、バーデンでつくられている。ブール近くでつくられるアッフェンターラーは、色はたいていの赤ワインより濃く、ブラウ・アルプストと呼ばれるブラウブルグンダー種の一種でつくられている。四〇〇年前、リッヘンタール女子修道院の修道女たちが、病人用のトニックワインをつくるため、ブルゴーニュの母院に人を遣わして手に入れたピノ・ノワールである。今日、アッフェンター

▶エーベルバッハ旧修道院のブドウ圧搾機

ラーは、見るも恐ろしい赤い目をした猿がしがみついている瓶に詰めて売られている。これは、このワインが最初につくられた畑の名、即ちアッフェンタル（猿の谷）にかけた駄洒落である——もっとも、この地名も最初はおそらく、「アヴェ＝タル（Ave-tal）」、つまり、「アヴェ・マリアの谷」の意味だったのだろうが。一方、バーデンで一番大きいブドウ畑は、一一三七年に創設されたザーレム大修道院のシトー会士たちがつくったものである。この修道院は、一六九七年に再建されたが、一八〇三年の解散と同時にバーデン辺境伯の手に移った。今日では、修道院のみならずブドウ畑もまた、バーデン辺境伯家の当主の所有となっている。稀有なロゼを生産することで有名な二〇〇エーカーに及ぶブドウ畑と、保存状態のよい修道院建築の数々という、スケールの大きな組合せである。

ヴュルテンベルクには、エーベルバッハ大修道院と同じく、奇跡的に残ったシトー会の修道院がある。シュパイアー近くのマウルブロンがそれで、一一三八年、騎士ヴァルター・フォン・ローメルスハイムによって創建された大修道院である。彼はみずからもこの修道院に入ったが、この地——古くは「ムーレン・ブルンネン」即ち「水車の泉」の意——での本格的な大修道院の建設は一一四七年に始まった。聖ベルナールがシュパイアー近くの修道院に立ち寄った一年後のことで、聖人はその折、第二次十字軍について説教するためにシュパイアーを訪れたのである。修道院は繁栄し、ライン川の両岸に百以上の地所を獲得した。プロテスタントの地域にあったが、宗教改革期にルター派の神学校となり、破壊から守られた。またそれゆ

えに、バロック運動による変貌からも救われた。塀内の修道院建築の数々は、十六世紀中期のままである。建物はロマネスクからルネサンス様式までさまざまだが、食堂はとりわけ見事であり、また手洗い《ラウァトリウム》――修道士たちが体を洗う場でもあった――もなかなか魅力的である。営利企業としてのこの修道院がいかに強大であったかは、今に残る不動産管理のための事務所（ブドウ畑管理事務所もその中の一つである）の規模の大きさからも判る。マウルブロンは、ワイン生産者としてはエーベルバッハとは比較にならないかもしれないが、それでも多くのブドウ畑を所有し、良質のワインをつくっていた。八〇〇年前、ヴュルテンベルクのルートヴィヒ伯は、修道士たちにアイルフィンゲンの地所を遺贈した。そしてその後、この土地を保有していた六〇〇年の間、彼らのブドウ栽培の技量がいかに優れているかが十分に実証された。アイルフィンガーベルク（十一本の指の山）という畑の名は、中世のさる総務長《セララー》にさかのぼると言われる。修道院長から、四旬節の間も樽の注ぎ口に指を入れ、それを舐めてワインの味を確かめるよう命じられたこの総務長は、万感を込めて「十一本目の指が必要です」と応じたという。赤い泥灰土で主にリースリング種を栽培している四〇エーカーほどのブドウ畑アイルフィンガーベルクは、今日でもヴュルテンベルクで最良のワインのいくつかを生産している。シトー会士たちはまたシュタインワインもつくっていた。一一五一年に創建されたブロンバッハ大修道院のブドウ畑は、とても辛口の白ワインを今なおつくり続けており、ボックスボイテルと呼ばれる例の丸型の瓶に詰められている。

ドイツはまた、ブドウの栽培面積の拡大だけでなく、ワインの流通の点でも、シトー会士たちの恩恵を被っている。修道士の船頭はワインを積んでライン川を下り、低地諸国の豊かな市場で販売するためにシェルト川に入った。そこから彼らのヴィンテージは、イングランドやスコットランドに運ばれていった。こうしたワインの運搬のために、エーベルバッハは、平底荷船の船団を保有していた。

ハイリゲンクロイツ大修道院ほどオーストリア的なところは他にないだろう。タマネギ型の鐘塔をもつ、半ばゴシック、半ばバロックの建物が、ウィーンの森のマイアーリング近くの谷間という、心が浮き立つような背景の中に佇んでいる。この修道院は一一三三年、バーベンベルク大公聖レオポルトによって創建され、以来オーストリアで最も偉大なシトー会修道院の一つであったし、幸いなことに、今もそうである（聖レオポルトの気味悪い遺骨はクロスターノイブ

◀マウルブロン旧修道院大食堂

ルク修道院の宝物館で見ることができる。彼の頭蓋骨は宝石が散りばめられたコロネットをつけている。しらふの時は見るべきでない代物である）。聖堂は一一八七年に建設がはじまったが、主に十三世紀のもので、回廊もやはり十三世紀である。聖堂にはいくつかの特徴があることでも知られ、ホール＝聖歌隊席、中世からの美しいステンドグラスの窓、化粧漆喰装飾を施したバロック様式の聖具室、それにフランツ・アントン・マウルベルチュ作の見事な天井などがそれである。とても居心地のよいこの大修道院は、常に素朴で口あたりのよい白ワインをつくってきた。このワインはウィーンの森を知り、愛する人たちにとても親しまれている。

スイスには、言及しておく価値のあるシトー会のブドウ畑が二つある。それは、クロ・デ・ザベイユとクロ・デ・モワンヌで、ローザンヌ近くのデザレーにあり、ファンダン種（フランスのシャスラ種と同じ）から優れた白ワインをつくっている。そもそも、この地域にブドウを持ち込んだのもまた白衣の修道士たちであったという。大修道院はずっと前に俗用に供されているが、そのワインは、専ら正式な賓客をもてなすためにローザンヌ市当局がリザーヴしてしまっており、我々が買うことはできない。そしてこれがそのワインを評価する尺度でもある。アンドレ・シモンはこれを、「スイスで最もすばらしい白ワインのひとつだ」と評している。

一七五六年、リスボンのデステッロ大修道院はこの年の大地震で崩壊し、生き残った修道士たちは、テージョ川の南側に避難した。そこにブドウ畑をもっていたからである。そしてこの地に、ノッソ・セニョーラ・デ・ナザーレ・デ・セトゥーバル大修道院を新たに創設した。セトゥーバルのワインは、イギリスや北アメリカではほとんど知られていないが、いくつかの種類のムスカテルでつくられ、ブランデーで強化されている。とても甘くて香り高いワインで、色は濃い琥珀色だが、熟成すると褐色になり、寝かせれば寝かせるほど美味しくなる。オールド・セトゥーバルはブラウン・シェリーに譬えられてきた。また、赤のセトゥーバルもあるが、これは、修道士たちは好んだかもしれないが、今日の外国人の口には合いそうにない。

ベネディクト会と同様、シトー会もかつてはスペインやイタリアに数え切れないほどのブドウ畑をもっていた。そして美味しいワインもたくさんあったのだが、面積があまりなかったために無視されがちであった。とはいえ、より上質のイタリアワインについては、シトー会修道院との関連が知られているものが驚くほど少ないことは認めなければならない。マッジョーレ湖からさほど遠くないヴェルチェッリにあるサン＝タンドレア修道院――十三世紀の典型的なシトー会の聖堂――は数少ない例外で、この修道院は、近隣の卓越したガッティナーラ・スパンナとの関係が知られている。薄紅色からほとんどオレンジ色のものまでさまざまなワインがあるが、いずれもフルボディで寿命が長く、ネッビオーロ種でつくられている。またロマネスク様式の美しいサン＝タンティモ修道院は、モンタルチーノから数マイルしか離れていないが、この地の修道士たちは、あの伝説的なブルネッロ・ディ・モンタルチーノをみずからの手柄だと主張することはできない。このワインが現在の完成度に達したのは、修道士たちが立ち去った後のことだからである。

しかしながら、シトー会士たちがブドウ栽培に関して不滅の名声をほしいままにできるのは、あくまでクロ・ド・ヴージョとエーベルバッハをもたらしたからにほかならない。白衣の修道士たちは、ヨーロッパで最大の、最も成功した畑を二つながら所有していただけでなく、両者の生みの親でもあったのである。

第六章　カルトゥジア会のワイン

わたしはただひとりで酒ぶねを踏んだ。
諸国の民はだれひとりわたしに伴わなかった。
——「イザヤ書」（六三：三）

召命を受けてカルトゥジア会士になる者は多いが、
選ばれる者は少ない。
——カルトゥジア会の諺

カルトゥジア会の修道士たちは一般に、すべての修道士の中で最も厳格な人々と考えられている。彼らは最も古くて純粋な修道制を墨守し、また概ね西欧神秘主義の古典的伝統を伝えてきた。ローマ・カトリック教会は長きにわたり、彼らの生活を最も崇高な修道生活と見なしてきた。彼らは改革を必要としなかった。その規律が決して緩まなかったからである。カルトゥジア会はまた、イングランドでヘンリー八世*に立ち向かった唯一の修道会だった（サー・トマス・モア*にはカルトゥジア会士の友人がたくさんおり、ロンドンにある同会の修道院に入ることを真剣に考えていた）。カルトゥジア会の修道士たちの孤独な生活は、奇妙なことに、信仰をもたない人たちにとっても魅力的に映るようである。それはいくらか無人島の魅力に似ているところがあり、サー・サシェヴァレル・シットウェルも、彼らの「貴族的な隠遁生活」に魅かれている。この修道会のリキュールは有名だが（これについては、改めて後の章で紹介するとしよう）、ここの修道士たちがワインをつくってきたと聞けば、驚く人も多いだろう。

修道会の創設者ブルーノ・ハルテンファウストは、一〇三五年頃ケルンで生まれた。彼は魅力的な人格の持ち主で、人を引きつける力をもっており、また博学でもあった。しかし、何世紀にもわたって最も強調されてきた特質は、良識、思いやり、それに冷静沈着といった点である。ブルーノには、クレルヴォーのベルナールやペトルス・ダミアニ（一〇七二没）といった聖人たちと比べると、どこか近代的なところがある。彼はまた極めて独創的な修道士としての素質をもっていた。しかし、彼ははじめは在俗司祭から出発し、ランスの司教座聖堂参事会員となった。そして司教座聖堂付属学校で神学を教え、一〇五〇年頃そこの校長になった。

ブルーノが修道生活に入ったことに関しては、気味の悪い言い伝えがある。当時のランスの大助祭はレーモン・ディオクレなる人物であったが、彼はきわどいラテン詩人を愛読していたので、当時の厳格な信徒たちは眉をひそめていた。そのレー

＊ヘンリー八世（一四九一—一五四七、在位一五〇九—一五四七）王妃キャサリン・オブ・アラゴンとの離婚問題をきっかけにローマ教皇と対立、一五三四年宗教改革を断行して英国国教会を樹立した。本章一八八頁以下も参照。

＊サー・トマス・モア（一四七八—一五三五）英国の大法官。ヘンリー八世の宗教改革を認めなかったため反逆罪に問われ、処刑された。

◀グランド・シャルトルーズ修道院とその周辺 十七世紀の銅版画

モンが亡くなり、ブルーノがディリジェ（死者慰霊のための聖務日課）に出席したときのことである。当時の習慣で棺は開けられたままだったが、突然、死人が立ち上がり、恐ろしい声で「わたしは神の恐ろしい裁きの座に呼び出された」と叫んだ。葬儀は延期されたが、翌日、彼はまた立ち上がり、「神の恐ろしい裁きの座で裁かれようとしている」と叫んだ。葬儀は再び延期となったが、三日目にもレーモンは立ち上がり、恐ろしい金切り声で「神の恐ろしい裁きの座で有罪と宣告された」と叫んだ。結局、彼は聖別されていない土地に埋葬されたが、ブルーノはとても怖くなり、すぐさま大聖堂から山に逃げ込んだというのである。しかし現代のカルトゥジア会士たちは、この話を割り引いて聞いているようである。

ブルーノは、一〇八〇年頃、コランの森の小さな隠修士たちの一団（彼らは後に最初のシトー会修道士となった）に加わることに決めていたので、ランスの大司教になることを断った。これがわれわれの知っている事実である。数年後、ブルーノは彼らと袂を分かち、二人の忠実な仲間と共に、グルノーブルからおよそ二〇マイル離れたアルプスの岩山

の谷に、つまりグランド・シャルトルーズに住み着いた。まもなく、他の隠修士が三人に加わり、最初の修道院を建てた。そこには小さな石造の聖堂、木造の食堂と集会室、それに屋根つきの歩廊でつながっている木造の小家屋、即ち、修室（個室）があった。また聖堂に隣接して、木造の小さな回廊と来客用宿泊所が設けられていた。また十六人の助修士たちからなる別の共同体が、修道士たちの物質的要求に応えるために山のふもとに設立された。ブルーノの時代、グランド・シャルトルーズは「荒れ野」であり、雪と氷によって半年以上も外界から遮断され、驚くほど多くの狼や熊が出没する人跡未踏の松の森であった。しかしブルーノはそこで六年しか過ごさなかった。一〇九〇年、彼は、友人であったフランス人教皇ウルバヌス二世（在位一〇八八—九九）によってローマに召喚され、再び大司教になるよう要請された。しかしまたしても彼はそれを固辞し、カラブリアにさらに二つの修道院を創設するためにローマを去った。そして一一〇一年に同地で亡くなった。

しかし、ブルーノの霊性は生き残った。彼は共住制と隠修制を結合させた修道会を創設した。彼は、森の奥深くに身を隠したいと思う独住修道士の召命を断固として支持していたが、一方で、完全な隔離はほとんどの人にとって危険であると信じ、修道士たちは決まった時間に顔を合わせるようにすべきだと主張した。とはいえ、彼らの生活が最終的に目指すのは、孤独な祈りと瞑想によって神との霊的合一を達成することであった。こうしたカルトゥジア会の理想のいくらかは、『不可知の雲』*を読めば感じ取れるかもしれない。この書は長らくカルトゥジア会起源のものだとた。

＊『不可知の雲』
十四世紀イングランドで書かれた、観想生活の霊的手引き書。著者不詳。不可知の雲の暗闇に入るためには、思考・理性・想像を捨て、愛することが重要だと説く。

＊グイゴ（一〇八三—一一三六）
グランド・シャルトルーズの第五代修道院長。カルトゥジア会初期の最も困難な時期に三十年にわたってこの地位にあり、『シャルトルーズ慣習律』*Consuetudines Cartusiae* を定めるなどして、修道会の基礎を築いた。

信じられていた。

一一三二年、雪崩によって聖ブルーノの修道院は破壊され、七人の修道士たちが亡くなった。修道院長グイゴ*は谷間を一マイル下ったところに修道院を再建した。そして翌年、若干変更されてはいるものの、今日なお遵守されている『慣習律』を起草した。カルトゥジア会士たちは共唱祈禱修道士と助修士に分けられる。そして前者だけが隠修士*である。各隠修士は四つの部屋をもつ修室にひとりで住み、一日三回聖堂で会するが、沈黙を守ったままである。沈黙は週一回の散歩のときのみ破られ、この散歩の間は逆に、会話が義務づけられている。日曜日ごとの食堂での共同の食事を別にすれば、食事は助修士によって回り木戸を通して修室に運び込まれる。そして一人で食べる。食事には肉が含まれず、一日およそ一回半に制限されている。四旬節の間は魚と乳製品も除かれる。週に一度パンと水だけの食事をするが、ワインを産する国々では、主たる食事には一パイントのワインがつく。また、ビールやリンゴ酒がつく国もある。彼らは、修室前の長い通路を往来するといった運動や木工やガーデニング（各室にはわずかな庭があった）をしながら、一日二時間を過ごす。修道院内での唯一の贅沢は、堂々たる蔵書である。修道服は厚手の白いサージで出来ているが、とても大きなフードと、スカプラリオ（無袖肩衣）の両脇を膝の高さのところで結んでいるバンドが特徴である。カルトゥジア会士が亡くなると、板

＊隠修士
カルトゥジア会修道士のなかに隠修士とそうでない者とがいるということではなく、この会の修道士たちはみずからを、他の会の修道士との比較において、より厳格な生活を送る「隠修士」であるとみなしていたということである。

◀新設する修道院の図面を確認するカルトゥジア会総長聖ブルーノ
ル・シュウール画、十七世紀
ルーヴル美術館

の上にのせられ、服は板に釘付けされる。そして棺に入れられることなく埋葬される。疑いもなく、カルトゥジア会士の生活において、沈黙と孤独は最も困難な事柄である。さらに、起床の時間、聖務日課の時間、食事の時間、運動の時間、聖堂に行く時間を隠修士に知らせる鐘が無慈悲にも定刻に鳴り響く。隠修士は一人ではあるが、決して孤立しているわけではない。より負担になることだが、孤独に慣れると、カルトゥジア会士たちには、集会室での会合の他に共同の任務が待ち構えている。理想的には、一修道院はわずか十二人の共唱祈禱修道士で構成されているが、彼らは、院長、総務長、聖具係、修練士の指導者の役目をすべて果たさなくてはならない。

助修士たちは共同の生活をするが、修道士たちとほとんど同じように、沈黙と禁欲の生活をする。しかし、彼らは別個の区域で共同で食事をし、労働する。また彼らにも、寝室一間だけしかないが、独立した修室が与えられる。総務長の指示の下、彼らは修道士たちの食事をつくって配ったり、畑仕事をしたりして、修道院にとって必要な物を整える。カルトゥジア会でブドウ栽培にたずさわるのは、常に総務長と助修士である。ブドウ畑が修道院からいくらか離れた距離にあるときは、助修士たちが集団でそこで働くように送り込まれ、近くに寝泊りする。通常、彼らには誓願を立てた修道士が一人付き添う。そして修道士は彼らを指導すると共に、彼らの

▶沈黙を促す聖ブルーノ
F・リバルタ画、十七世紀
バレンシア美術館

司祭としての役目も果たす。

古典的な修道院の形態は、規則によって規定されている。共唱祈禱修道士の修室は、とても長い回廊の両側に配置されている。修道士たちには日曜日ごとに共に食事をする彼ら専用の食堂と集会室がある。通常、聖堂は鐘塔をもたない。また聖堂は回廊からの通路によって二分されており、したがって修道士たちはほとんど他者と接触することなく聖堂に行くことができる。修道士たちの区域は、この「通路＝仕切り」によって助修士の区域と分離されている。助修士たちにも彼ら専用の食堂と回廊がある。そして、修道院長の個室は、また別の回廊に接している場合が多い。

カルトゥジア会は、荒野や町に修道院を創設しながら、ゆっくりと着実に西ヨーロッパに広まっていった。カルトゥジア会の成長と存続は召命の厳しい試練によるところが大きい。共唱祈禱修道士の修練期間は五年、助修士の修練期間は十一年に及ぶ。カルトゥジア会は、各修道院をグランド・シャルトルーズの修道院総長の下に置いているが、こうした全体的な組織に関しては、ある程度までシトー会の恩恵を被っている。そして、すべての修道院長は年に一度、このグランド・シャルトルーズに集まることになっている。

ワインの割り当ては、修道士たちが集まって食事をする聖なる祝日には多くなる。そして時にはカルトゥジア会由来の、たとえば、ムジェル修道院産の特別なワインが振る舞われる。彼らのもてなしを受ける機会などめったにありそうもないが、もしあれば忘れがたいものとなるだろう。今日、フランシスコ会の修道士たちを隣人としてもてなしているカルトゥジア会修道院がある。年に一度、フランシスコ会士たちはこの修道院まで五キロほどの距離を歩いてやってくる。彼らは丁重にもてなされ、すばらしいワイン、ムジェルとともに昼食をご馳走になり、締めくくりに、グラス一杯の緑か黄のリキュール、シャルトルーズを振る舞われる。

カルトゥジア会は、時として思いがけない土地でもたくさんの良質のワインをつくってきた。かつてパリジャンたちがパリのワインが一番だと言い、フランス国王さえそれを飲んでいた時代があったが、これら消え失せて久しいヴィンテージの最良のものの一つは、パリのカルトゥジア会士がヴィルヌーヴ＝ル＝ロワでつくっていたワインだったらしい。一二五七年、聖王ルイ九世が創設したこの修道院は、当時の市壁の外側、つまり現在のリュクサンブール宮殿近くのオプセルヴァトワール通りにあった。イタリアを征服したシャルル八世（在位一四八三—九八）がこの修道院で食事をしたとき、彼はヴィルヌーヴ＝ル＝ロワのワインを大変気に入り、毎日食卓に出すよう命じたという（砲兵隊長デストレが、現在「シャルトルーズ」として知られているリキュールの製法を伝授したのもこの修道院であった。後にその秘法がグランド・シャルトルーズに伝えられたのである）。しかし一七九〇年、修道士たちは追放され、修道院は火薬製造工場となった。その後まもなく、そこは国民公会の命令で取り壊されたが、そのときにはすでに、ヴィルヌーヴ＝ル＝ロワのワインが忘れられてからかなりの時間が経ってしまっていた。

カルトゥジア会は一三四〇年代には、ボーヌに上等のブドウ畑をもっていた。ま

◀シャンモル修道院
十七世紀の銅版画

た、一三八一年に彼らはボーヌでペリエールを獲得し、同じ年、ブロションで唯一のすぐれたブドウ畑をも手に入れた。ブロション自体はジュヴレ＝シャンベルタンの隣にあるが、その点を除けばコート・ドールのごくありふれた一地区である。このブドウ畑はレ・クレ・ビヨン（十八世紀の劇作家クレビヨンの名はここからとられた）で、今でも良質のワインを生産している。

これらのブドウ畑のほとんどは、かつてはディジョン郊外シャンモルにあった壮大なサント・トリニテ修道院によって管理されていたにちがいない。この修道院は、一三八五年、ブルゴーニュのフィリップ豪胆公（在位一三六三―一四〇四）が、みずからの王朝のために祈りを捧げさせ、またその霊廟とするために創建したもので、通常の倍にあたる二十四人の修道士を抱えていた。建築家ドゥルー・ド・ダマルタンによって設計され、建てられたこの修道院はまた、美術館でもあった。というのも、大公は各修室に、シモーネ・マルティーニ、ヤン・ファン・エイク、アンリ・ベルショーズといった当代の巨匠たちの絵画を掲げたからである。またこの時代の最も有

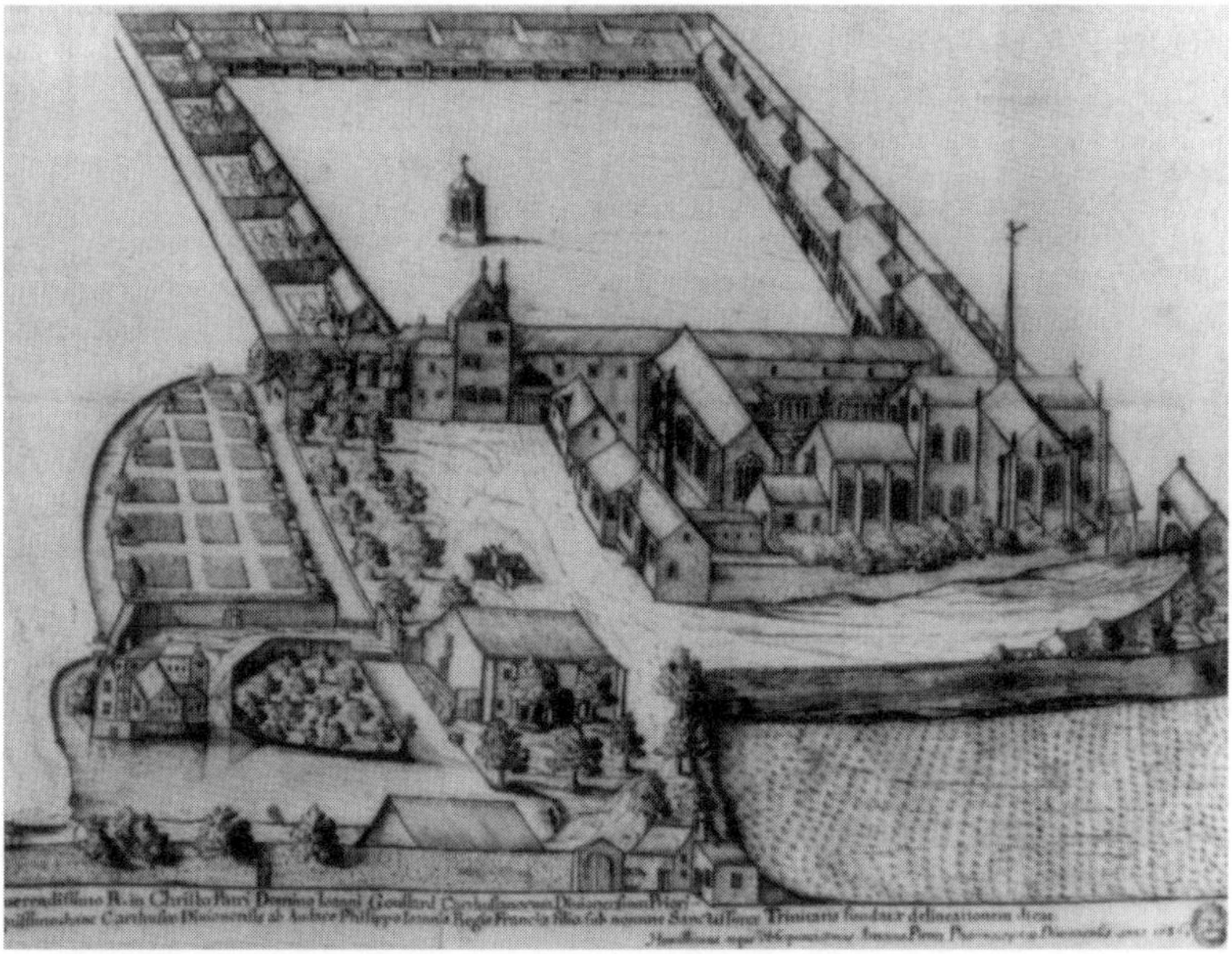

名な彫刻家クラウス・スリューテルが、聖堂の装飾を担当し、また多くの哀悼者を彫りこんだブルゴーニュ公の墓所を設計した。一方、メルキオール・ブルーデルラムは高祭壇を飾る絵画を描いた。おそらく、スリューテルの一番の傑作は「モーセの井戸」であろう。彼は回廊の中央の井戸の上に磔刑像を置いた。これは、聖体においてワインと水が混ざることとの象徴である。キリストの顔には、我々の心をかき乱すような重々しい威厳があり、とりわけ印象的である。

シャンモルの修道院は十六世紀にカルヴァン派の信徒たちによって略奪されたが、十八世紀に再建された。そして最終的には宗教改革のときに内部が略奪され、破壊された。残っているものと言えば、現在、精神病院となっている建物と、スリューテルの彫像がある西の戸口だけである。幸い、墓所と「モーセの井戸」の一部は、かつて大公の宮殿であったディジョン博物館で見ることができる。絵画もほとんど残っているが、世界各地の美術館に散在している。

大公の霊廟として建てられたカルトゥジア会修道院のもうひとつの例は、一三九六年創建の、赤レンガとテラコッタで有名なパヴィアの修道院である。ジャン・ガレアッツォ・ヴィスコンティ

――ミラノの蝮《まむし》――に、言うことを聞かなければ領内から追放するぞと脅かされてはじめて、修道士たちはこの修道院に住むようになった。しかし中世を通して、カルトゥジア会は領主たちだけでなく、一般の人々にも広く受け入れられた。グランド・シャルトルーズが一三七一年に焼け落ちたとき、再建のためにと、フランスやイタリア、それにイングランドから相当の寄付が集まった。カルトゥジア会の生活に対する称賛というよりも、代願の価値が人気の理由であった。

ボルドーワインを商う商人たちの伝統的な中心地であるケ・デ・シャルトロン（シャルトロン河岸通り）はその名に、短命に終わったさるカルトゥジア《シャルトルーズ》会修道院の記憶をとどめている。この修道院は一三八三年、ドルドーニュのヴォークレール修道

▶フィリップ豪胆公の墓碑

▲スリューテル「モーセの井戸」

院から来た修道士たちによって創建された。彼らはもともとはイングランド人の略奪者から逃れてきた人々だったので、一四六〇年に故国に戻っていった。ボルドーの第二のカルトゥジア会修道院は、ブレニャックの領主アンブロース・ド・ガスクが、一六〇五年に建てたもので、ガスク自身もカルトゥジア会士としてイタリアでその生涯を閉じている。この修道院の修道士たちは、グラーヴで名の通った白ワイン、シャトー・ラ・ルヴィエールのブドウを栽培していたようだ。この畑は、かつてベネディクト会のサン・フェルム大修道院に所属していたが、十七世紀にガスク家の者がここの空位聖職禄大修道院長となっていた。ガスクの建てたカルトゥジア会修道院はフランス革命のときに破壊されたが、ボルドー近辺では、中庭をぐるりと囲む平屋建ての風変わりなシャトーが、今なお「カルトゥジア会修道院《シャルトルーズ》」と呼び慣わされている。シャトー・ランゴア＝バルトンなどがその一例だが、この建物は確かにカルトゥジア会修道院に——たとえば一六九〇年に再建されたル・リジェ（アンドル＝エ＝ロワール県）の修道院あたりに——似たところがなくもない（実は他にも、シャトー・ド・シャルトルーズと呼ばれるソーテルヌワインがあるのだが、これについては修道士たちとの関係をいまだ確認できずにいる——何らかのつながりがあるのはまず間違いないのだが）。

　濃厚な辛口の赤ワイン、シャトーヌフ＝デュ＝パープは多くの人々に称えられている。アンドレ・シモンは、「シャトーヌフ＝デュ＝パープという赤ワインは、ことのほかトニックの風味をもっている。口の中に燃えるような熱が広がり、その熱

＊コマンドリー
所領、聖堂、病院などを擁する騎士修道会の最小単位。第七章を参照。

◀シャトーヌフ・デュ・パープ遠景

はいつまでも続く。それこそはこのワイン独自の風味であり、他のワインにまさるアルコールの強さによるものではない」と言っている。かなり広い地域で栽培されているグラナッシュ種を中心に、十三種のブドウでつくられており、名称は、教皇たちが十四世紀のアヴィニョンに滞在中に建て、ユグノーたちによって破壊された夏の宮殿の廃墟にちなんだものである。ローヌ盆地の、ブドウ畑がたくさんあるあたりなので、品質にはかなりのばらつきがあるが、銘醸の一つにクロ・デ・ラ・シャルトルーズがある。この畑ではかつて、近隣のボンパあるいはヴィルヌーヴ＝ル＝ザヴィニョンのどちらかの修道院からやってきたカルトゥジア会の修道士たちが働いていた。

　ボンパ修道院はアヴィニョンからおよそ九マイルのところにあり、その銃眼胸壁と要塞化した鐘塔の遺跡は今なおドゥランス川が流れる谷を見下ろしている。この修道院は一三一八年、テンプル騎士修道会のコマンドリー*の跡に創建された。ただし当時、そこはすでに聖ヨハネ騎士修道会の管理に移されていた。聖ヨハネ騎士修道会はこの修道院を教皇ヨハネス二十二世（在位一二四九―一三三四）に献上し、さらに教皇がこれをカルトゥジア会に与えたのである。カルトゥジア会の修道士たちは長きにわたり、聖ヨ

ハネ騎士修道会の総長であったフラ・ド・ヴィルヌーヴ（在位一三一九―一三四六）を、彼らの最も偉大な庇護者のひとりとして記憶に留めていた。

ヴァル・ド・ベネディクスィオン（祝福の谷）修道院は、ヴィルヌーヴ＝レ＝ザヴィニョンという小さな町にある。ローヌ川を挟んでアヴィニョンの対岸である。この修道院は一三五六年、教皇インノケンティウス六世（在位一三五二―六二）によって創建された。教皇はここにみずからの墓所をつくり、マッテオ・デ・ジョヴァンニに墓壁をフレスコ画で飾るよう依頼した。十六世紀にユグノー教徒によって略奪され、十七世紀に再建されたもののフランス革命期に崩壊し、最終的に一八四〇年に破壊された。それでも十四世紀の聖堂の身廊や付属礼拝堂、十五世紀の回廊と一六四九年の壮大な門など、今も多くのものが残っている。全盛期のヴィルヌーヴ＝レ＝ザヴィニョンは、カルトゥジア会のすべての修道院のなかで最も壮麗なもののひとつであり、南のシャンモルといった趣きで、アヴィニョンの無名の画派のすばらしい絵画で飾られていた。これらの絵画のひとつに、この派の巨匠アンゲラン・カルトンの『聖母マリアの戴冠』がある。これはおそらく一四五五年頃に、カルトゥジア会の修道士たちが委託したもので、今でも市内の美術館で見ることができる（同修道院の依頼によって描かれたカルトンのもうひとつの作品に、『アヴィニョン

▶ヴィルヌーヴ＝レ＝ザヴィニョン
カルトゥジア会修道院の中庭

■カルトン
『聖母マリアの戴冠』
一四五五年頃
ピエール・ド・リュクサンブール
美術館

のピエタ』があり、こちらはルーヴルにある）。

「カオールの黒いワイン」――モートン・シャンドはこれを評して「インクとほとんど同じくらい黒い」と言った――は、今日ではもはや黒くはなく、深紅色といったところである。昔の黒いワインの主要なブドウの品種は、マルベック（またはオーセロワ）であった。その最良のものは、カオールとピュイ＝レヴェクの間を流れるロット川の渓谷の斜面を削ってつくった段々畑で栽培されていた。にもかかわらず、それは古典的なフランスワインだと考えられる資格をもっており、十八世紀まで大々的にイングランドに輸入されていた。画家のアングルは、パリに住んでいたが、健康のために常にこのワインを飲んでいたし、アレクサンドル・デュマもやはりひいきにしていた。現代のカオールのワイン、フォンテーヌ・ド・シャルトルーは、一三二八年に創設されたカルトゥジア会修道院《シャルトルーズ》、ノートル＝ダム＝ド＝カオールを記念したものである。ボンパ修道院と同じように、もとはテンプル騎士修道会の修道院――有名な金融中心地――で、ついで聖ヨハネ騎士修道会に移管され、最後にカルトゥジア会に与えられた。カルトゥジア会の修道士たちは黒いワインに馴染んでいたにちがいなく、彼らが自分たちの消費のためにこれを生産していたのもほぼ確かである（ワインの名にある「泉《フォンテーヌ》」そのものは古代の水源を受け継いだもので、その精霊は、古くはガリア人やローマ人に崇拝されていた）。

グランド・シャルトルーズの本院でも、一時期ワインをつくっていたことがある

ようだ。一七三九年にそこを訪れ、その場所を「わたしがこれまで見たものの中で最も荘厳でロマンチックな、驚くべき光景のひとつ」と考えたトマス・グレイ(『田舎の教会墓地で詠まれた挽歌』を書いた)は、書簡の中で、この修道院は、「まるでひとつの小さな町だと考えなければなりません。服をつくり、小麦を挽き、ワインをつくるなど、ありとあらゆることをやる三百人の助修士のほかに、百人の修道士たちがいる」と書いている。この大きな修道院は幾度か火災に見舞われ、そのたびに再建されたが、一五六二年にユグノー教徒によって略奪された。そしてカルトゥジア会最大の試練はフランス革命時にやってきた。このとき、フランス各地のカルトゥジア会修道院はすべて解散させられ、多くの修道士が殉教した(皮肉にも、カルトゥジア会士ドン・ジェルルはダヴィッドの『球技場の誓い』に登場する)。何人かの修道士たちは、一七九三年の追放までグランド・シャルトルーズに何とか留まり続け、その後も数名が付近に隠れ住んだ。最後の助修士は一八一六年までここを離れなかった。そしてカルトゥジア会士たちは、一八一六年の栄光の日に、再びアルプスの本院に戻ってきた。ところが一九〇四年、周辺地域全体の猛烈な反対にもかかわらず、反聖職者法により、彼らは再び追放の憂き目にあった。追放の任務に当たっていた役人は、嫌気がさして自分の剣を折ったほどだったという。

十九世紀の間に、カルトゥジア会はフランスで、ときに他の修道会のかつての修道院を譲り受けながら、徐々に自らを立て直していった。フランス革命期に、十三世紀のドミニコ会の修道院が国有財産として競売に出されたことがあった。その修道院は、ラングドックのペズナスとコーの中間あたり、ムジェルのペイヌ河畔にあったローマ人の邸宅跡に建てられたもので、買手はペズナスの信心深い婦人、マダム・ド・モーリーであった。彼女は、一八一〇年に亡くなったとき、フランスに帰って来る最初の「白衣の隠修士たち」に与えるために、それを彼女の従兄弟に遺し、その従兄弟は荒れ果てたこの修道院をカルトゥジア会に与えた。カルトゥジア会は一八二五年にこれを譲り受け、ドン・パラモン・サンテイが初代の修道院長となった。カルトゥジア会はポプラとアカシアの木立の中にあった廃墟を徐々に修復、改造していった。聖堂が再建されたのは一八六五年のことであった。気持ちのよい、赤瓦の屋根の白い建物で、やがてそこは革命前と同じように、再び巡礼地となった。

　ノートル＝ダム＝ド＝ムジェルには、ローマ時代からブドウ畑があり、赤と白のワインをつくっていた。これらのワインは、際立って優れているわけではないが、飲めることは飲めた。総務長と助修士たちはあまり希望のもてない遺産を改善しようと努力した。彼らの努力は一

見したところ無駄と思われた。第一に、フィロキセラがブドウの木を食い荒らしてしまった。そして一九〇一年、修道共同体はフランスから追放されてしまったのである。この時点で誰一人として——少なくとも、おそらく一人のカルトゥジア会士を除いては——現代のムジェルのブドウ畑の並外れた発展を予見できた者はいなかったであろう。

フランスのカルトゥジア会では、猫までもがワイン製造に貢献した。ブドウが関わるところでは、大小のネズミがときに小さな鳥と同様、疫病をもたらした。ブドウが建物の近くに植えられているときは、とくにそうであった。そこで修道士たちはがっしりした、毛の短い、青灰色の猫——今では「シャルトルー（シャルトリュー）」として知られている——を飼っていた。この猫はよくネズミを捕るので、修道会のブドウ畑で、食い扶持に見合うくらいの働きはしていたにちがいない。

中世後期のドイツでは、カルトゥジア会士たちは、とりわけその大都市でかなり目立つ存在であった。ノウルズ教授によれば「厳格なカルトゥジア会は、他のすべての修道会が衰退している中、繁栄し増えていった。一三五〇年から一五五〇年までの二〇〇年は、最も広く拡散し、最も影響力があった時期——実際、教会の外的生活に及ぼした彼らの影響力が、彼らの文書や改革の情熱によって、顕著であった唯一の時期——であった」。間接的に、カルトゥジア会は、『キリストに倣いて（イミタチオ・クリスティ）』の霊性の源泉であった。彼らが示した模範のおかげで、カト

▶ジャック＝ルイ・ダヴィッド
『球技場の誓い』
一七九一—九二年
ヴェルサイユ宮国立美術館

リシズムは、宗教改革期に多くの場所で——たとえばケルンなどで——プロテスタントの猛攻に抵抗し、成功を収めることができたのである。

　これらドイツの都市にあったカルトゥジア修道院のひとつに、トリーア近郊のザンクト・アルバン修道院がある。この修道院は、一三三五年に、神聖ローマ帝国の大法院長で、大司教＝選帝侯バルドゥイン・フォン・ロイツェンブルクによって創建された。言い伝えによれば、彼は「ミトラ（司教冠）を身につけた最も優れた人物の一人であった」。彼はその修道院に、ルーヴァー川右岸のアイテルスバッハに七〇エーカーのブドウ畑を寄贈した。ブドウの木が植えられたのは、今日までカルトホイザーホーフベルク*として知られている大きな丘陵であった。そしてここでは一七九四年に修道士たちがフランス革命軍によって追放されるまで——さらに一八〇三年には俗用に供された——の五百年間にわたって、カルトゥジア会士たちがブドウ畑の世話をしてきた。この畑では、ヒュー・ジョンソンの言う「ドイツのあらゆるワインの中で、最も繊細で、忘れがたい、最も軽くてやさしいワイン」がつくられていたし、今もつくられている。中身にふさわしい名声を博しているこのモーゼルワインの特徴は、そのラベルにある。すべてのドイツのラベルの中で最も小さいのである。というのも、そのボトルが大きな腰ラベルではなく、首ラベルを使っている最後のボトルだからである。そしてもう一つ、これは一番長い名前——「アイテルスバッハー・カルトホイザーホーフベルガー」——をもったドイツワインでもある。

＊「カルトホイザー（カルトイザー）」はドイツ語で「カルトゥジア修道会士」の意。

スイスのトゥルガウでつくられるワインの中で、「良質と言える」唯一のヴィンテージは、「赤のカルトホイザー」であるとアンドレ・シモンはいう。このワインは、フラウエンフェルト近郊、イッティンゲンのトゥル河畔にあり、コンスタンツ湖からそれほど遠くない、元々はザンクト・ローレンツ修道院が所有していたブドウ畑でつくられているものである。イッティンゲンのカルトゥジア会修道院は、一四五八年、かつてはアウグスチノ修道参事会のものであった修道院の跡地に、ピウス二世（在位一四五八―六四）によって設立されたものだが、宗教改革の間にプロテスタントの軍隊によって略奪され、十九世紀の初めに決定的な弾圧を受けた。現在は楽しげな私邸に改造されたが、修道院の施設の多くは良好な状態で残っており、見事なバロック様式の高祭壇や、一七〇三年につくられた聖歌隊席を備えた、立派な後期ゴシック様式の聖堂がある。しかしこの家は最近再び売りに出されたようである。

ブドウを栽培していたもうひとつのスイスのカルトゥジア会修道院は、ヌーシャテル・ジュラのラ・ランス修道院であった。この修道院は一三一八年に設立された。現在はイッティンゲンと同じように私邸に変わってしまったが、ゴシック様式の回廊は残っている。そして、ラ・ランスの修道士たちがコルタイヨをつくっていたことはほぼ確実である。アンドレ・シモンは、これを「ブルイイかボージョレに似ていなくもない」、最良の赤のヌーシャテルワインと考えた。カルトゥジア会修道院はまたシエルのジェロンド湖のそばにも建てられた。この地の修道士たちが地元の

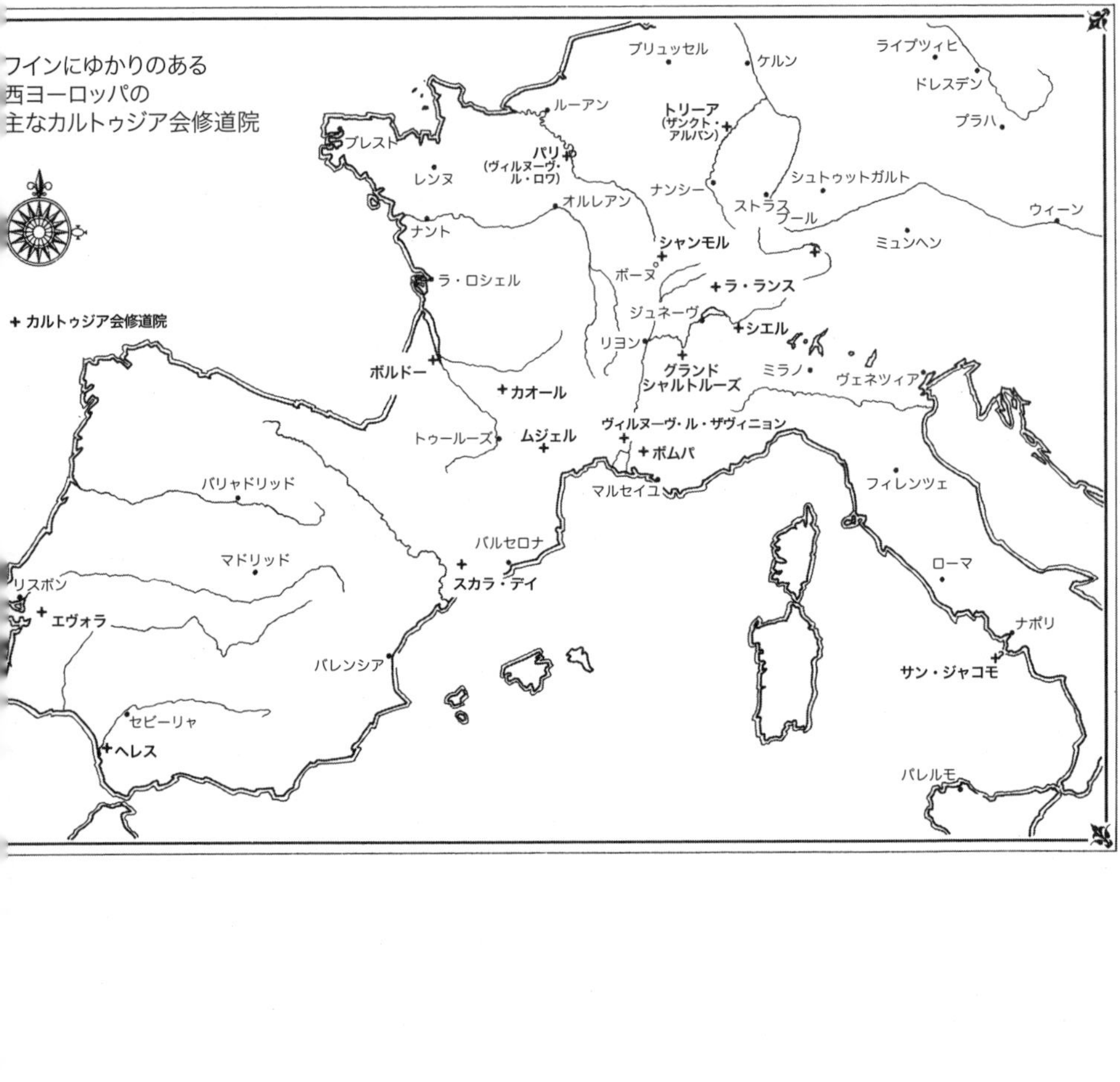
フインにゆかりのある
西ヨーロッパの
主なカルトゥジア会修道院
✚ カルトゥジア会修道院
ブリュッセル
ケルン
ライプツィヒ
ドレスデン
プラハ
ルーアン
トリーア
(ザンクト・アルバン)
ブレスト
パリ
(ヴィルヌーヴ・ル・ロワ)
レンヌ
ナンシー
シュトゥットガルト
ストラスブール
ウィーン
オルレアン
ナント
シャンモル
ミュンヘン
ボーヌ
ラ・ランス
ラ・ロシェル
ジュネーヴ
シエル
リヨン
ボルドー
グランド
シャルトルーズ
ミラノ
ヴェネツィア
カオール
ヴィルヌーヴ・ル・ザヴィニョン
トゥールーズ
ムジェル
ボムパ
マルセイユ
バリャドリッド
フィレンツェ
バルセロナ
マドリッド
ローマ
リスボン
スカラ・デイ
エヴォラ
ナポリ
バレンシア
サン・ジャコモ
セビーリャ
ヘレス
パレルモ

ワインをつくりはじめたのはもっともなことだが、そのワインは中世の人たちの口にとても合っていたにちがいない。たとえばそれは、ミュスカ種のブドウからつくられる甘いデザートワインであり、フルミント種とマルヴァジーア種のブドウからつくられるヴァン・ド・パイユ（藁ワイン）である。このワインは天候が良い年にしかつくられないため、「シエルの太陽」と呼ばれる。

スペインでは、リオハ以外に真摯に受けとめなければならない数少ない赤ワインのひとつに、プリオラートがある。これはタラゴーナ地方の飛び地で栽培され、ガルナッチョ・ネグロ種のブドウでつくられている。タラゴーナのワインと違い、プリオラートは、色がほとんど黒で、辛口で、とても強い。アルコール分は一八パーセント以上ある。これらの特徴は、ブドウの木が栽培されている、火山の斜面の腐蝕した溶岩によるものである。実際、プリオラートはあまりにも辛口なため、その多くはブレンド用に使われる。ジョージ・セインツベリーはこれを「決して軽蔑できない」と評したが、彼はポルトガルのワインだと思っていたようだ。白のプリオラートは、ガルナッチョ・ブランコ種とペドロ・ヒメネス種のブドウからつくられているが、とても甘い。さらに、ビノ・ランシオがある。これはボンボナスと呼ばれる大きな梨型のガラス瓶の中に入れて戸外で熟成させたもので、シェリーのような味がするという。

プリオラートでは、廃墟と化した巨大なスカラ・デイ（神のはしご）修道院の名を冠したワインをつくっている。このカルトゥジア会修道院は、一一六三年、アラゴン王アルフォンソ二世（在位一一六二―一一九六）によって、モンサンの聖山の裾野の低い斜面に建てられた。この修道院は、六つの村とそのブドウ畑（今ではその地域は拡大されている）を所有し、ワインをつくりはじめた。そしてこの風変わりなワインをもたらしたのが、カルトゥジア会士たちの忍耐であったことは疑いない。一八三五年、「リベラルな」スペイン政府によってこの修道院は解散させられ、ドン・アルバロ・ゴメス・ベセーラ（一七七一―一八五五）がその最後の院長となった。今日では、プリオラートの古風なラベル――ブドウの房の上に立つ二人の天使の間に、十字架を冠したはしご、すなわち「神のはしご《スカラ・デイ》」を配した図――に、その名残りをとどめるのみである。

　最盛期のスカラ・デイ修道院は、少し名の知れた画家を抱えていることを誇りにしていた。その画家はドン・ホアキム・フンコーサ（一六三一―一七〇八）であった。彼は一六六〇年にカルトゥジア会に入り、モンテ・アレグレ修道院で数多くのスペイン人の院長や幾人かの聖人の肖像、それに聖母マリアの生涯のいくつかの場面を描いた。フンコーサが高齢になると、彼に好意的でなかった院長は、規則をきちんと守るよう主張した。そこでフンコーサはローマに逃れ、教皇に訴えた。教皇は、フンコーサはカルトゥジア会の聖務日課を告げる鐘に煩わされるべきではないとの見解を示し、日課を免除した。ドン・フンコーサはそのままローマの隠修士庵にとどまり、一七〇八年に亡くなった（サラゴッサ近郊のアウラ・デイ修道院の壁画を見れば、

ゴヤに劣らぬ画家がこれを描いたと感じることだろう)。

ヘレス郊外の大きな修道院は、早くも一五〇六年には町に小さなボデガをもっていた。そして一六五八年には、そのワインが秀逸であるとの評判をとっていた。修道院の建物は、すでに人手にわたってはいるが、今なおカッレ・ナランハスに残っている。ボデガという言葉は、「ワイナリー」と訳すのが一番よいだろうが、これを所有していたということは、修道士たちが大きな投資をしていたこと、また相当の労働を強いられていたことを意味している。というのもそこでは、ワインをつくり、販売するのに必要なすべて――ブドウの搾り、樽製造、貯蔵、それに販売などの業務――が行われるからである。さらに、さまざまなブドウ(主にパロミノ種)をブレンドして、ブランデーによって強化するシェリーは、シャンパンと同様、つくるのに手がかかる。特徴であるフロール、すなわち酵母膜はワインを長期間発酵させ続ける。そしてそれぞれの樽によって品質も異なる。ブレンドするには、ソレラ方式のような特別な技術、即ち、ブレンドした樽に絶えず新しいワインを補塡する技術も必要である。

シェリーを強化するのにブランデーが最初に使われたのがいつのことであったかは、誰も知らない。蒸留技術が「ムーア人から継承された」という乱暴な説を根拠に、早くもチョーサーの時代には使われていたという説があるが、これはナンセンスである。もしもそうだとしたら、スペインのブランデーはシェリーよりもずっと前に輸出されていたであろう。大量のブランデーが手に入るようになったのは、蒸留の改良技術が発明された後の十七世紀になってからである。ヘレスでは十六世紀に蒸留酒に税金を課したが、大量のシェリーが一六〇〇年以前につくられていたとは信じがたい。ヘレスには、カルトゥジア会の大きな修道院があった。そして、カルトゥジア会士たちは、蒸留技術が労力の要る、時間のかかる技術であったときに、最初に蒸留を手掛けた人たちとして知られていたので、彼らが最初にシェリーを強化し、今日のようなワインをつくった可能性もなくはないだろう。

この「聖母マリア御守り」修道院は、一四七五年ヘレスに設立されたが、その後三年間は修道士が住んでいなかった。この修道院は、シェリーのほかに、アンダルシアン種の馬の飼育でも有名であった。またかつてそこには、カルトゥジア会士たちの白い修道服に魅了された変わり者の天才スルバラン（一五九八―一六六七）が描いた多くの絵画があった。この修道院の今に残る栄華は、カルトゥジア会の七人の聖人の等身大の彫像を配したアプリア様式のファサード（正面）がある、壮大なゴシック様式の聖堂である。この聖堂はアンドレス・デ・リベラの作品で、一五七一年に建てられた。ヘレス修道院は一八三五年に政府の命令によって解散させられ、長年騎兵隊の兵舎として使用されていた。修道士が戻ってきたのは一九四八年のことである。

ポルトガルには、カルトゥジア会修道院はふたつしかなかった。リスボンにひとつ、エヴォラにひとつで、後者はヴィーニョ・ヴェルデをつくっていたことで知られている。

皇帝ティベリウスの暗い思い出が澱み、また豪奢な別荘が並ぶカプリ島は、カルトゥジア会士たちとはおよそ縁のなさそうな土地である。しかし彼らはそこにいた。十八世紀にモンテスキューは、彼らのもとを訪ね、すばらしいワインを賞味したことなどを日記に記している。味わったのはおそらく、薄い色をした辛口の白カプリであったことだろう。しかしこのワインはその後、希少品となった。今日、島にはほんのわずかなブドウ畑しかない。そしてカプリとして売られているほとんどのワインは、イスキア島かナポリ近郊のものである。しかし、ナポリのさる廷臣によって一三七一年に建立されたカルトゥジア会のサン・ジャコモ修道院は、「青の洞窟」からさほど遠くないところにあり、中世から残る数少ない建物のひとつである。島の修道士は常に静穏な生活を送っていたわけではなかった。十六世紀には海賊バルバロッサが島を侵攻し、修道院をその本拠地とした。そしてジョアシャン・ミュラ*がナポリ王として短期間この島を統治していたときに、すべての修道士が追放された。現在、修道院の一部は公立の図書館に、一部は学校に、一部は美術館（ディーフェンバッハ氏の奇妙な作品が展示されている）になっている。また、大回廊に接していない離れの修室のほとんどすべては廃墟と化している。にもかかわらず、修道院の建物自体は、セイヨウキョウチクトウの木立の中に奇跡的に無傷で残っている。最近、学校を経営しているアウグスチノ修道参事会の司祭たちが、美しいゴシック聖堂の修復を行った。バロック時代の多くの壁画と共に聖歌隊席はなくなっているが、

*ジョアシャン・ミュラ（一七六七―一八一五、在位一八〇八―一八一五）　フランスの軍人、元帥。ナポレオンの妹カロリーヌと結婚し、一族として厚く遇せられる。一八〇六年よりベルク大公、また一八〇八年よりナポリ王。

それでもそこにはカルトゥジア会の静謐と聖性のえもいわれぬ雰囲気が漂っている。イタリアにはこれ以外には、カルトゥジア会と関係した評判のよいワインはない。しかし、ピサを訪ねた人の中には、美しいカルトゥジア会修道院の隣でブドウの木が栽培されているのに気づいた人もいるかもしれない。

極めて厳しい修練期間があるにもかかわらず、カルトゥジア会には折にふれて多彩な不適合者が現れる。ノウルズ師の言葉によれば、カルトゥジア会は常に「多くの極めて熱心な、あるいはひどく神経質な志願者」を魅きつけているが、「その中の何人かは、今も昔も、困難な修練期の少なくとも初期の段階で、権威ある者すべてにとって絶えず悩みの種となる」。いささか荒唐無稽ながら、こうした系譜に名を連ねそうな人物の話をサン゠シモン（一七六〇―一八二五）が紹介している。修道院長を射殺してトルコに逃れたこの元カルトゥジオ会士は、イスラム教に改宗し、やがてモレア（ギリシア南部）の長官となる。しかし教皇とルイ十四世から特赦を受け、その見返りとしてモレアをヴェネチア人に明け渡す。老齢になってフランスに戻ったが、カルトゥジア会士時代の肉のない生活の思い出があまりにも辛かったため、その修道院が一望できるところにテーブルを据え、かつての助修士たちが自分の姿を見ていることを期待しつつ、牛の肋肉を腹に詰め込んだのだという。

しかし皮肉なことに、カルトゥジア会の食事は健康と長寿にはよさそうだ。イギリスの厚生省は一九四八年、死亡証明書の記載から、国内にたった一つしかないカ

＊アンリ・ド・サン・シモン　フランスの空想的社会主義者、作家。

ルトゥジア会修道院の修道士たちが長命揃いであるのに感銘を受け、調査のためのチームを送り込んだ。しかしはかばかしい調査結果は得られなかったようである。

もう一人の風変わりなカルトゥジア会士に、サセックス出身の放浪医師ダン・アンドリュー・ボード*がいる。初めて英語によるヨーロッパのガイドブックを書いた人物である。サマセットのヒントンの修道院で二十年過ごした後、彼はおもむろに「あなたの修道会の厳格さには耐えられない」とバットマンソン院長に切り出した。それでも立ち去り際に「わたしの心は絶えずあなたの修道会に向けられているし、あなたの修道会を愛している」とつけ加えるのを忘れず、もの分かりのよいダン・バットマンソンは、グランド・シャルトルーズから彼のために免除*を得てくれた。医師ボード（以後彼は医師として知られることを望んだ）は、水を怖がった。『健康要諦』の中で、彼は水を決して飲まないと言い、その代わりエールを飲むか、さもなければ「良質のガスコーニュワインは飲むが、マムジー、ロムニー、ロマニスクワイン、コルシカワイン、ギリシアワイン、サックワインといった強いワインは飲まず」、代わりに「マスカデル、バスタード、オーセイ、カプリック、アリカンテ、ティール、ラスピスなら、一口や二口は拒まない。しかし、アンジューの白ワイン、オルレアンワイン、ラインワインの赤と白はだれにとっても健康によい」と言っている。また一五四二年に出版した『食事療法』では、ワインに関して次のように述べている。

*アンドリュー・ボード（一四九〇頃—一五四九）英国の旅行家、医者、著作家。サセックス、ボーズ・ヒル生まれ。著書に *Fyrst Boke of the Introduction of Knowledge, Apology against Bishop Gardiner* などがある。

*合法的権威者によって、正当な理由に基づいて、一時的にまた恒久的に教会法の遵守義務から解放されること。

ワインは、適度に飲めば、人間の頭を活発に働かせ、心を癒し、肝臓を洗い清める。とくに、白ワインは、人間のすべての力を発揮させ、その力を養う。それはよい血をつくりだし、脳や体全体を癒し、養う。また痰を消散させる。それは熱を生み出す。また気だるさや沈鬱にも効く。それは機敏さに溢れている。ゆえに、とくに白ワインは治癒力がある。ただれや傷を洗浄し消毒してくれるからだ。さらに、よい体液を生み出してくれればくれるほど、それはよいワインである。

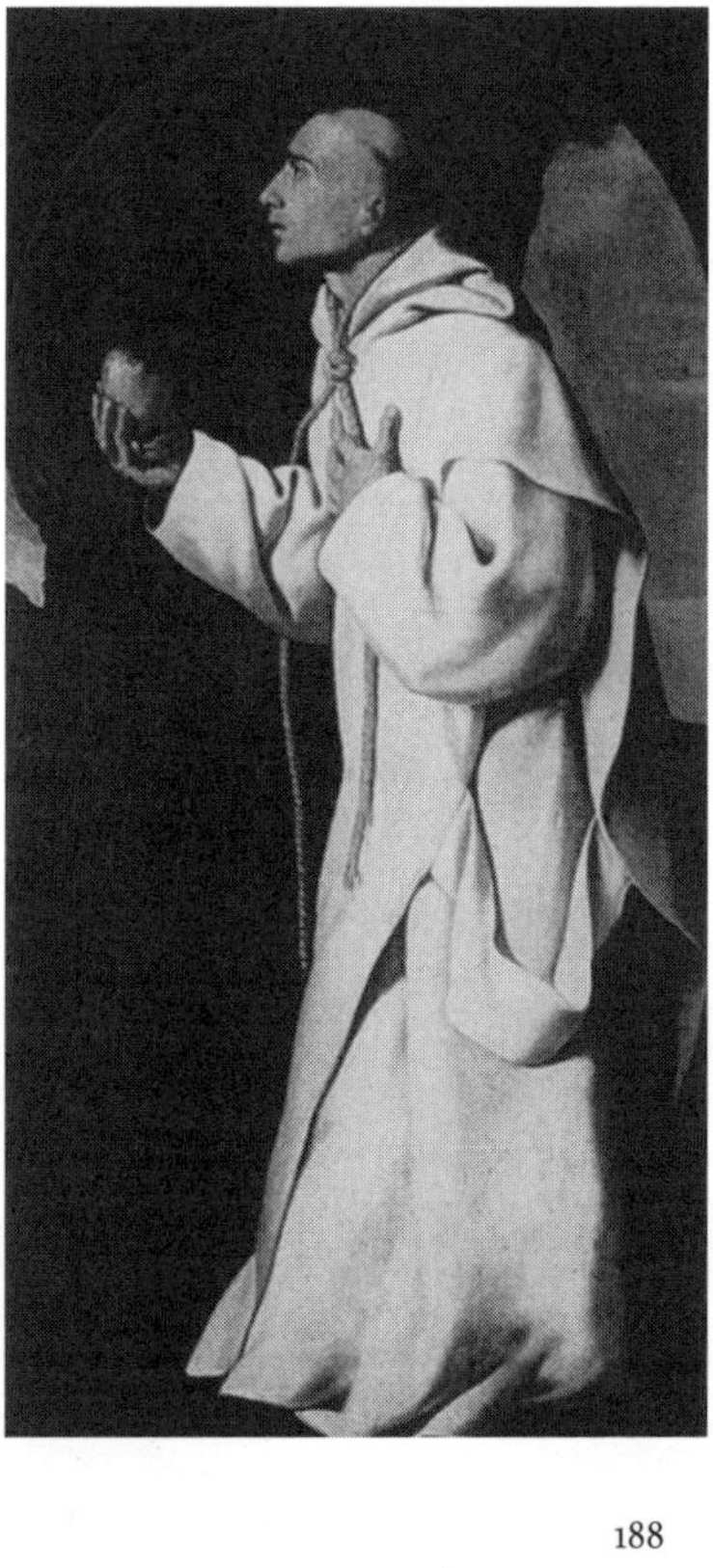

▶スルバラン『ジョン・ホートンの肖像』カディス美術館

しかしこうした面々は言うまでもなく、すべての修道会の中で最も厳格なこの修道会の典型的な人物ではない。イングランドのカルトゥジア会士の代表としてはるかにふさわしいのは、ロンドン修道院のジョン・ホートン院長であろう。彼は、ヘンリー八世が宗教上の首長であることを認める誓いを立てるのを拒絶したために、他の院長たちと共に絞首刑にされ、内蔵を抜き出され四つ裂きにされた。結局、十八人のカルトゥジア会士たちがみずからの良心に殉じることとなった。十八人というのは、イングランドのカルトゥジア修道会にとっては大きな割合を占める数である。ジョン・ホートンは一九七〇年に聖人の列に加えられた（スルバラン作のホートンを描いた忘れがたい絵画がある）。修道士への軽蔑を口にして憚らなかった熱心なプロテスタントの歴史家J・A・フルードでさえ、イングランドのカルトゥジア会士たちの抵抗を、テルモピレーでのスパルタ人の抵抗にたとえている。

地上のブドウ畑におけるカルトゥジア会士たちの働きは、以上のように、決して印象の薄いものではない。隠修士がワインをつくるということにはいささか驚きがあるもしれないが、彼らは、たくさんの良質のシェリーのほかに、良質のブルゴーニュワインと上等のシャトーヌフ＝デュ＝パープ、最高級のカルトホイザーホーフベルク、力のあるカルトホイザー、そして並外れてコクのあるプリオラートをつくってきた。しかしそもそも、カルトゥジア会士たちのなすことに驚いたりするのが誤りというものだろう。彼らはおそらく、すべての修道士の中で最も非凡で神秘に満ちた修道士なのである。

第七章　騎士修道会のワイン

高貴なる人は美味しいワインを決して憎むことはない。
——フランソワ・ラブレー

狂信が思いつかせたのかもしれないが、
政策上認めなければならない
修道生活と軍隊生活を共にする奇妙な結社。
——エドワード・ギボン

テンプル騎士修道会、聖ヨハネ騎士修道会などの軍事的修道会は、やむことのない聖戦に参加し、異教徒との戦闘に身を捧げる「戦う修道士」を主たる構成員としていた。彼らは、清貧、貞潔、服従の三つの修道誓願を立てていた。そして、聖務日課を共唱し、食堂において共同で食事をし、修道服を着用した。つまり従軍していないときは、コマンドリー*で普通の修道士《モンク》とほとんど変わらない生活をしていたのである。ただしより正確には、彼らは修道士よりも托鉢修道士《フライアー》に近い。実際、テ

*コマンドリー　管区内の、所領・聖堂・病院などを擁する騎士修道会の拠点で、その組織上の最小単位。

ンプル騎士修道会の古い英語名は、レッド・フライアーズ、即ち「赤い托鉢修道士たち」であった。また、誓願を立てたマルタ騎士修道会の騎士修道士は、今日なお「フラ」の肩書をもって呼ばれる。*

これら騎士修道会の最初のものは、「キリストとソロモン神殿《テンプル》の貧しき騎士修道会」、即ちテンプル騎士修道会であり（因みにこの神殿《テンプル》はエルサレムの、岩のドームとアクサーのモスクがある地に建っていた）、一一一九年、新たに占領したばかりの聖地に設立された。会則は聖ベルナールがシトー会の会則をもとに起草した。彼らの第一の仕事はエルサレムへ向かう巡礼者を保護することであり、次にラテン王国を防御することであった。一方、ライバルである聖ヨハネ騎士修道会――今日では一般にマルタ騎士修道会と呼ばれている――は、テンプル騎士修道会より少し先に設立された。彼らの当初の目的は、巡礼者に救護宿泊施設を提供することと、病人を看護することであった。後になって、おそらく一一二〇年代に、明らかにテンプル騎士修道会に触発されて、十字軍が占領したパレスチナを防衛するために武器をとるようになった。第三の騎士修道会は、ドイツ騎士修道会（チュートン騎士修道会）で、一一九八年にアッコンに設立された。彼らは聖地を守護すると同時に、プロイセン、ラトヴィア、リトアニア、エストニアの異教徒を改宗させる新たな召命を見出した。そこに彼らは「騎士修道会国家」をつくった。この国家は、十四世紀末には、ブランデンブルクからフィンランド湾にまで拡大したが、結局、ポーランド人とロシア人に破壊された（ドイツ騎士修道会の最も有名な遺物は「鉄十字勲章」で、これはいわゆる「ド

＊修道士を「フラ」の称号とともに呼ぶのは托鉢修道会での慣習である。なお「修道士」と「托鉢修道士」との違いについては次章を参照。

テンプル騎士修道会（赤色）　聖ヨハネ騎士修道会　ドイツ騎士修道会

三大騎士修道会の十字章

イツ騎士団十字」をもとに考案されたものである)。またイベリア各地にも、スペインにはサンチャゴ、カラトラバ、アルカンタラの各騎士修道会が、ポルトガルにはアヴィシュ騎士修道会があった。さらに、聖ラザロ騎士修道会——癩病者の保護を天職とした騎士修道士たち——や、イングランド人だけからなるアッコンの聖トマス騎士修道会のような、小規模の騎士修道会がいくつかあった。

戦う騎士修道士は、健康と体力を維持するために十分なワインを飲まなければならない、とほとんどすべての軍事的修道会の会則は明記している。ナポレオンが言ったように、「ワインがなければ、兵士もいない」のである。さらに聖ヨハネ騎士修道会のような救護修道会も、医療のためにワインを必要とした。結局、彼らはパレスチナやレバノンだけでなく、ヨーロッパ各地にブドウ畑を保有することになった。聖ヨハネ騎士修道会は、「海の彼方」つまりトリポリ(現レバノン)の郊外に最大のブドウ畑を所有していた。一二三六年、トリポリのコマンダー*は、生産されたワインの三分の一を見返りに、モン・ペルラン*のコマンドリー所属の農夫にブドウ栽培の許可を与えた。同様の契約の記録はたくさんある。一一八七年、パレスチナがアラブ人によって再征服された後——このとき、十字軍占領区域はかなり減少した——

*コマンダー
騎士修道会の最小単位であるコマンドリーを統括する人。

*モン・ペルラン
スイスのワイン産地。

◀最後のテンプル騎士修道会総長、ジャック・ド・モレー
十九世紀の銅版画

聖ヨハネ騎士修道会は、自分たちの地域でつくっているワインだけでは足りずに、キプロス島やシチリア島から大量のワインを輸入し、補充しなければならなかった。このことは文書によって知られている。アッコンだけで、彼らは千のベッド数を擁する病院を維持しなければならなかったのである。

一二九一年、エルサレム王国が完全に滅亡し、十字軍もまた完全に撤退すると、聖ヨハネ騎士修道会とテンプル騎士修道会は、本部をキプロス島に移した。しかしながら、テンプル騎士修道会の富はフランスのフィリップ四世（在位一二八五―一三一四）の貪欲を刺激した。一三〇七年、フィリップ四世は修道会の指導者たちをパリに招き、いきなり逮捕した。その後、でっち上げの容疑で修道会そのものを滅ぼした。総長ジャック・ド・モレーは、七年に及ぶ監禁、拷問、強制自白の後、異端の宣告を受け、燃え方の弱い火で生きながら火刑に処された。テンプル騎士修道会の遺物といえば、奇妙な円形の聖堂――エルサレムの聖墳墓教会をモデルにしたもの――がいくつかと、ロンドンの「テンプル」などの地名のみである。

しかし、テンプル騎士修道会の名は、実はブドウ栽培を行ったことでも記憶されている。中世において、「テンプル騎士修道士のように飲む」といえば、大酒を飲むことを意味した。シャンパーニュに彼らはたくさんのブドウ畑をもち、またランスにコマンドリーをもっていた。不運にも、テンプル騎士修道会の特許状台帳は失

▶テンプル騎士修道会士の処刑
十四世紀の写本
ブリティッシュ・ライブラリー

われてしまったが、彼らがエペルネーにブドウ畑をもっていたことはほぼ確実である。そこでは、現代のブージーに似たシャンパーニュワインと、中世の数あるヴィンテージの中でも、人々が最も欲しがったヴィンテージをつくっていた。迫害の間、彼らはシャロン＝シュル＝マルヌの洞窟に隠れていた。またロマネスク様式の窓のあるテンプル騎士修道会の礼拝堂は、今でもディジョンのサン＝ジャック郊外で見ることができる。クラレットの地つまりボルドーで彼らは、クロ・ド・タンプリエ（ポムロール）、シャトー・レ・タンプリエ（サン＝テミリオン）、シャトー・タンプリエ（ポムロール）といったように、ブドウ畑に自分たちの名前をつけた。*ポムロールのシャトー・ド・レグリースの名は、十三世紀に彼らがポムロールの隣のラランド村を所有していたときに建てた教会《エグリース》に由来している。またシャトー・ガザンは、テンプル騎士修道会がポムロールにもつもうひとつのブドウ畑である。彼らはさらに、サン＝テミリオンのサル＝ド＝カスティヨンに、シャトー・モン＝デスピックをもっていた。ロワール渓谷のすばらしい赤ワインの産地であるシャンピニーにも、クロ・ド・タンプリエと呼ばれるブドウ畑が今なお存在する。ブドウの品種はカベルネ＝ソーヴィニョンとカベルネ・フランであり、そのヴィンテージはイングランドのヘンリー三世（在位一二一六―七二）のお気に入りのひとつであった。ルシヨンではコリュール近くのマスデュ（カタルーニャ語で「神の農場」の意）のブドウ畑を、かつてはテンプル騎士修道会が所有していた。

＊タンプリエ Templier とはフランス語でテンプル騎士修道会士のことである。

イタリア、プッリャ州のブリンディシには、テンプル騎士修道会が建立し、聖ヨハネに奉献した円形の聖堂がある。その聖堂は、十字軍が聖地へ向かう前に馬に水を飲ませたと言われる恵み深い古い泉の近くにある。常にワインを欲しがっていた騎士修道士たちは、その地方のヴィンテージ――ロコロトンド――に助けを求めたであろう。これは、緑色がかったワインで、辛口でコクがある。ヴェルデーカ種とビアンコ・ダレッサーノ種のブドウを混合したものでつくられる。

ポルトガルのキリスト騎士修道会は、テンプル騎士修道会の財産の一部を継承したので、テンプル騎士修道会の後継者とみなされる権利がある。この騎士修道会の記念物は、異国風のマノエリーノ参事会堂をもつ本部のトマールのコマンドリーである。彼らの総長の一人はエンリケ航海王子（一三九四―一四六〇）であった。彼は、異教徒との戦いに加勢してくれるキリスト教国を見つけようと、西アフリカの海岸を探検した。そして一四二五年に彼は、カナリア諸島とマデイラ諸島を植民地にした。カナリア諸島では、彼らは最後のクロマニヨン人であったかもしれない未知の白人種を絶滅に追い込んだ。しかしマデイラ諸島では、彼らは慈悲深かった。そして、マルヴァジーア（マムジー）種のブドウをモレア（ペロポネソス）半島のモネムヴァジーアやクレタ島から持ち込んだ。このブドウは今でも島ではマルヴァジーア・カンディーダ種として知られており、アンドレ・シモンの言葉によれば、「熟すると鮮やかな金色になり、うっとりするような独特の香りを放つ白ワインを産み出している」。マムジーがトルコ人のギリシア征服を乗り越えて生き延びたのは、キリスト騎士修道会とその総長のおかげである。おそらく、現代的なマデイラワインを最初に大量に飲んだのは、トマールのキリスト騎士修道会の騎士修道士たちであったろう。

テンプル騎士修道会解散の後、聖ヨハネ騎士修道会は賢明にも、テンプル騎士修道会と同じ運命を避けるために、本部をキプロス島――ここでは彼らはあまり歓迎されなかった――からロードス島へ移した。しかしながら、彼らはキプロス島のブドウ畑を、とくにコロッシー周辺のブドウ畑をもち続けた。コロッシーは一二九〇年代にキプロス島のグランド・コマンドリーになった。これらのブドウ畑では、マヴロ種とクシニステリ種のブドウを栽培し、コマンダリアと呼ばれる甘くて褐色のワインをつくっていた。このワインは、中世ヨーロッパで最も高く評価されたヴィンテージのひとつであった。現在では、無数の協同組合が生産しているので、そうした評価はちょっと驚きかもしれない。しかし、砂糖のない中世においては、甘さは他の何よりも重んじられた。また希釈の技術もあった。コマンダリアは常にワイン一と水四の割合で飲まれ、何人かのイングランド人騎士修道士たちはこれをストレートで飲んで命を無駄にした。十三世紀の十字軍遠征の途中、聖王ルイはキプロス島で、ド・ジョアンヴィルになぜワインを水で割らないのかと尋ね、「若いときはワインを水で割ることを知らず、年をとってからそうしようとしても、通風や胃の病気が私を苦しめ、そうなれば健康も楽しめなくなるだろう。さらに、年をとっ

てから水で割らないワインを飲み続ければ、毎晩酔っ払うだろうし、身分のある人物がそのような状態に陥るのは実に見苦しいからね」とつけ加えた。コロッシーのコマンドリーは、今も驚くほど良好な状態を保っている。

聖ヨハネ騎士修道会は、壮大な修道院都市を建設しながら、ロードス島に二〇〇年以上留まった。その多くはまだ残っており、とくに、「騎士修道士通り」はよく保存されている。ここで彼らは、エーゲ海諸島産のものでは最高のワインのひとつであり、また古代より名を馳せていたロードス島の赤ワインを飲んでいた。白ワインもリンドス島のアクロポリスにあった修道院の廃墟の下から育ってきたブドウで今なおつくられている。無論、彼らはガレー船で、コマンダリアだけでなく、中世人がとても愛したギリシア、キプロス島、クレタ島のすべての強いマスカットワイン――ペロポネソス半島のモネムヴァーシア産やカンディア（イラクリオン）産のマムジーや、パトラスやリオンのものを輸入した。彼らのコマンドリーがあったエウボイア（ネグロポント）島からは白のカルキスを手に入れたであろう。また十四世紀末の短期間、モレアのコマンダーは、アクロコリント*の山の城

▶聖ヨハネ騎士修道会士、ニコラス・アリンギエーリの肖像
ピントゥリッチオ画、十五世紀末
シエナ大聖堂

*アクロコリント
コリントのアクロポリスのこと。

砦を占領したことがあったが、このときにはコリントの赤ワインであるネメアが、大量に、ロードス島に運ばれたにちがいない。

聖ヨハネ騎士修道会は、またブルゴーニュにもブドウ畑をもっていた。彼らは一二〇七年までにはヴォルネーにいた。彼らは、自分たちのためばかりではなく、旅人にもてなしや医療を提供しつつヨーロッパのカトリック圏全域で維持していた最前線の病院のためにもワインを必要とした。このような病院はときにコマンドリーに付属しており、一人の騎士修道士のコマンダー、一人の司祭、それに二、三人の従士が配置されていた。病院は、ときには、雇われた管理人が運営する「寛大で恵み深い家」であった。こうした病院は隣接のブドウ畑を運営している場合が多かった。というのは、ワインは接待や看護に不可欠であったばかりでなく、修道会の艦隊や軍事作戦を維持するのに大事な収入源でもあったからである。宗教改革以前のイングランドでは、「レスポンションズ上納金」、即ち収入は、一旦国内の拠点（クラーケンウェル）に集められたのち、まとめて本部に送られた。騎士修道士たちは農場で働かなかったとしても、地所管理者としてワインづくりには深い関心をもっていた。

しかしながら、聖ヨハネ騎士修道会は、一二〇七年のヴォルネーや一二三四年以降のポマールのブドウ畑は別として、ブルゴーニュのほとんどのブドウ畑を、他の修道会よりも遅い時期に取得した。一六三五年に彼らはボーヌの、とくにサヴィニーのブドウ畑を買い、そこで彼らはル・マルコネを所有した。シャサーニュでは、アベイ・ド・モルジョを所有した。そこで彼らは、後に、マルタ島のブドウ品種、ピノ・マルテ種かピノ・モルジョ種を導入した。このブドウは、普通のピノ・ノワール種のそばに栽培されたが、収穫量は多いものの品質は劣っており、成功にはほど遠いものであった。シャサーニュでは、クロ・サン・ジャン（聖ヨハネ）という畑の名だけが、騎士修道会の名残を留めている。

ボルドーでも、彼らはテンプル騎士修道会の財産の多くを継承した。サン＝テミリオンでは今でも、ロマネスク様式の窓をもつ聖ヨハネ騎士修道会のコマンドリーを見ることができるだろう。ポムロールにあるシャトー・ラ・コマンドリー――ここにはマルタ十字のついた境界石がある――とクロ・デュ・コマンドゥールは、両方とも聖ヨハネ騎士修道会の所有であった。アルザス地方ではベルクハイムで最良のブドウ畑を所有していた。ルション地方ではマスデュにあったテンプル騎士修道会のブドウ畑を獲得した（ルションワインを軽んじてはならない。とくにコート・ダグリーは）。

ドイツやオーストリアでは、はるか南のシュタイアーマルクで、彼らは盛んにブドウ栽培を行っていた。彼らは、北オーストリアのマイルベルクのコマンドリーに今なお住み、そこですばらしいワインをつくっている。

チューリッヒ湖右岸のキュスナハトの後期ゴシック様式の聖堂は、かつては聖ヨハネ騎士修道会のコマンドリーの礼拝堂であった。キュスナハトを出発点として、チューリッヒ湖岸沿いにはブドウ畑が九マイルも続いているが、その中のいくつか

のブドウ畑は聖ヨハネ騎士修道会が所有していたようだ。ブドウの品種はピノ・ノワール（この地方ではクレヴナーとして知られていた）で、やや酸味のある赤ワインがつくられる。（シュテッファへ向かう途中の）マイレン村では、もっと良質のヴィンテージがつくられている。マイレンには、見事に復元された騎士修道院《リターハウス》、即ち、一二〇〇年頃の極めて興味深い聖ヨハネ騎士修道会のコマンドリーがある。

ポルトガルの聖ヨハネ騎士修道会は、十二世紀以降レサ・ド・バリオにあった。総本部のコマンドリーの礼拝堂は、修道院の監督官で、一三三六年に亡くなったエステヴァン・ヴァスケス・ピメンテルによって建立された。その礼拝堂は、三つの身廊、一つの見事なばら窓、十六世紀初期のマヌエル様式の見事な磔刑像がある、力強いゴシック様式の建物である。この建物は城砦化されており、城壁には銃眼や張り出し狭間が設けられ、建物の張出し部の両側には支えとしての物見塔がある。礼拝堂内部の騎士修道士たちの墓の上には、いくつかの立派な記念の彫像を見ることができる。彼らはまず間違いなく近くのポルトにブドウ畑を所有し、二種類のまったく異なるワインをつくっていた。即ち、一つは今日ポートワインと呼ばれている甘口の赤のヴィンテージで（当時は強化されていなかった）、もう一つはヴィーニョ・ヴェルデ――ポルトの手前にあるミーニョ地方の軽い白ワインと、それほど飲み口のよくない赤ワインである。

一五二三年、聖ヨハネ騎士修道会は、トルコ軍によってロードス島から追い出され、一五三〇年から一七九八年まで本部をマルタ島に置いた。* マルタ島にはフェニ

＊一五三〇年以降、「聖ヨハネ騎士修道会」は「マルタ騎士修道会」と改称。

キア時代からブドウ畑があった（ただし一九〇〇年代初期にフィロキセラによって一時壊滅した）。しかし、現在と同様、騎士修道会時代も、薄口のマルタヴィンテージは、おそらく白が主流であったろう。修道会の「海のキャラバン隊」は戦果として、ロードス島ですでにおなじみであったギリシアワインをたっぷり持ち帰っていたにちがいないが、それでも大量のワインが明らかにシチリア島から輸入されていた。大量のワインが、「宿舎」の騎士修道士たちのためだけでなく、大きな病院の患者たちのためにも必要だったのである。患者たちは、修道会の習慣により、銀器でワインを飲んだ。またワインは戦場でも必要であった。一五六五年の凄まじいマルタ包囲戦のとき、総長ジャン・ド・ラ・ヴァレット（一四九四—一五六五）は、サンテルモ城砦の破滅の運命にあった守備隊にワイン樽を船で届けさせた。戦場で最も手早くでき、かつ活力を与える食べ物はワインに浸したパンであった。そしてこのパンは時折、櫂を漕ぎながら気絶しないように、ガレー船の奴隷にも与えられた。

　マルタ騎士修道会はイタリアにたくさんのブドウ畑を所有していた。ウンブリアのマッジョーネでは、今でも騎士修道会用のワインをつくっている。ムルージェ山脈の先端に位置するバシリカータのマテーラという古代の町近郊のものをはじめとして、他のブドウ畑はほとんど忘れ去られているが、少なくとも

▶ロードス島でトルコ軍と戦う聖ヨハネ騎士修道会士たち
十五世紀の写本
ピエポント・モーガン図書館

◀マルタ騎士修道会総長アロフ・ド・ヴィニャクールの肖像
カラヴァッジョ画
フィレンツェ、ピッティ宮殿

ブリュッセル
ケルン
ライプツィヒ
ドレスデン
プラハ
ルーアン
ランス
レンヌ
オルレアン
マイルベルク
ストラスブール
ミュンヘン
ウィーン
ブダペスト
ナント
ディジョン
ボーヌ
モルジェ
リヨン
ミラノ
ヴェネツィア
ボルドー
サン＝テミリオン
ベオグラード
トゥールーズ
レサ・ド・バリオ
マルセイユ
フィレンツェ
サラエヴォ
バリャドリッド
サン・ジミニャーノ
ソフィア
マッジョーネ
マドリッド
ローマ
スボン
バルセロナ
ナポリ
モノポリ
マテラ
マルッジョ
バレンシア
セビーリャ
パレルモ
クレタ島
マルタ島
リンドス
ロードス島
コロッシー
キプロス島
クレタ島
コマンドリー所在地
ワインにゆかりのある
マルタ騎士修道会の
主なコマンドリー

一二六八年以来、騎士修道士たちがここにいたことは確かで、コマンドリーについて最初に言及されたのは一三九二年である。十七世紀にツルッラという騎士修道会士が、鐘塔をマルタ十字で飾るなどして、聖堂を再建した。ブドウ畑は数マイル離れており、おそらく、ほとんど黒色の、強くて苦味のある赤ワインをつくっていただろう。これを騎士修道士たちは水で割って飲んでいたにちがいない。今日、このような「黒ワイン」は、ほとんどブレンド用に北方へ送られている（ワインはそれほどでもないが、マテーラは魅力的な町である。町中に岩石を掘削して作られた洞窟のような住居が互いに張り出している）。アドリア海沿岸のブリンディジとバーリの間にあるモノポリのコマンドリーは、小さな丘陵の町チステルニーノにブドウ畑を所有していた。ここでは、近くのマルティーナ・フランカのように、重々しくて辛口の緑色がかった白ワインがつくられていたと推測できよう。現在、このマルティーナ・フランカのほとんどは、ベルモットをつくるために使われている。また、このコマンドリーはおそらく、隣町のファサーノとプティニャーノにもブドウ畑をもっていたであろう。ここではいくつかの建物の上にマルタ十字を見ることができる。二つの町は、何世紀もの間、この騎士修道会のものであり、プティニャーノの畑は一三五八年から一八〇八年まで騎士修道会の所有であった。もうひとつのコマンドリーがあった町マルッジョは、イタリア半島の「踵《かかと》」の内側にあり、ターラントの西南の沿岸からは遠くはない。十七世紀に、フラ・ジョヴァンニ・バティスタ・ナーリ（名義上のイングランド管区長）は、コマンドリーの聖堂の前の広場にあった一軒の家と酒庫をこの町に寄贈し、収入の増加をはかった。そして、この家と貯蔵庫は、町の人たちによって「閣下の酒庫」として知られるようになった。マルッジョワインも「黒かった」ようだ。近くのプリミティーヴォ・ディ・マンドゥーリアと似ていた。このワインは、熟成すると驚くほど美味しくなると言われている。これらの小さなブドウ畑はみな港から近い距離にあり、そのヴィンテージは、量は多くはなかったが、定期的に小さな帆船に積まれ、マルタ島へと運ばれていった。

ドイツ騎士修道会（チュートン騎士修道会）は、東プロイセンで――おそらくラトヴィアでも――ブドウを栽培し、ワインをつくっていたが、このワインはとても薄口で酸味が強かったため、蜂蜜で甘くし、砂糖や香料を入れて飲まなければならなかった。しかし、彼らはそのワインを、ラインラントやオーストリアの管区やフランス、イタリア、ギリシアの数少ない管区でつくられるもっと美味しいワインで補うことができた。ライン河畔の現代の有名ないくつかのブドウ畑は、この侮りがたい修道会と間接的な関係がある。たとえば、ライヒスグラーフ・フォン・プレッテンベルクの実に有名なワインをつくっているブドウ畑である。フォン・プレッテンベルク伯爵は、偉大な総長であったヴォルター・フォン・プレッテンベルク（一四五〇―一五三五）と同じ家系の出であった。ヴォルターは、一四九三年から一五三三年までリガで、ラトヴィア、リトアニア、エストニアのドイツ騎士修道会――刀剣騎士修道会の最後の後継者――を統括していた。またヴュルテンベルクのネッカー

河畔のホーネック城の下方に広がるグンデルスハイマー・ヒンメルライヒのブドウ畑は、城と同様、かつてはこの騎士修道会のものであった。疑いもなく、このブドウ畑は、ヴュルテンベルク内の小さな独立国家であったメルゲントハイムのグランド・コマンドリーによって手入れをされていた。ドイツ騎士修道会総長は、一五二〇年代にプロシアから追放された後、ここメルゲントハイムに白衣の騎士修道士からなる護衛隊を配した小さな宮廷を築いていた。ナポレオンは、メルゲントハイムからも総長を追放したが、一六九五年からハプスブルク家の終焉まで、神聖ローマ帝国の（後にはオーストリア帝国の）歩兵連隊ホッホ・ウント・ドイチェマイスターとして、ハプスブルク家の後援を仰いでいた。その軍楽隊は今日も生き残っている。オーストリアのバーデンからウィーン間の道路の南側、アルプスの最後の傾斜地の森の中に、グンポルツキルヘンというほほえましい村がある。この村は大きなワイン生産地域の中心地で、おもにリースリング種とロートギプフラー種のブドウで甘口の白ワインをつくっている。ここにはまたドイツ騎士修道会の手入れの行きとどいた強大な城砦があり、この地域の四つの最良のブドウ畑の

◀ドイツ騎士修道会士の姿で描かれた、伝説的歌人タンホイザー　十四世紀の写本　ハイデルベルク大学図書館

ひとつ――グンポルツキルヒナー・ヴィーゲ（「揺りかご」）のブドウ畑――を護衛している。

スペインの騎士修道会の広大な所領のほとんどは、彼らがムーア人から取り戻した乾燥したメセタ（高原）にあった。しかし、彼らはおそらくタラゴナにブドウ畑をもっていたし、また間違いなくヘレスにも所有していた。サンチャゴ騎士修道会はリオハにブドウ畑をもち、そのポルトガル支部は、テージョ川の南、リスボンからも容易に行けるパルメラの、アラビダ山脈の斜面の城砦コマンドリーを本拠としていた。十四世紀の城砦は、「聖ヤコブ」（同修道会の守護聖人）に奉献された十五世紀の立派なゴシック様式の聖堂とともに今も残っているが、コマンドリーの他の建物は、ホテルに改造されてしまった。かつて騎士修道会の財産であったパルメラのブドウ畑は、なかなか強くて美味しい赤ワインとデザートワインのムスカテルをつくっている。

純粋にポルトガルの騎士修道会といえるのはエヴォラ騎士修道会で、後にアヴィシュ騎士修道会として知られるようになった。この修道会は、リスボンの南一〇〇マイルのところにあるエヴォラに一一六〇年に創設されたが、一二一一年に国王からアヴィシュの町を賜り、名称を変えた。修道服は緑の十字をあ

▶パルメラのコマンドリー

◀アヴィシュ騎士修道会総長ジョアン（後のポルトガル王）
ブリティッシュ・ライブラリー

しらった白衣であった。一三八四年には、時の総長ドン・ジョアン（王家の庶子であった）が、空席になっていたポルトガル王位を奪取し、新たにアヴィシュ王朝*を創設している。修道会は一八三四年、ペドロ王によって解散させられた。とりわけエヴォラ（今でも美しい町である）に多くの地味豊かな地所をもっていたが、そこでつくっていた唯一のワインは、ヴィーニョ・ヴェルデであった。

聖ラザロ騎士修道会は、それほど有名ではないが古い歴史をもっている。ただしその起源は明らかではなく、もっともなことではあるが、彼らは聖ラザロ自身が創設したと主張している。すでに一一二〇年頃にはパレスチナで活動していたことが知られているが、彼らは癩病者を看護し、守ることを誓約し、初期の騎士修道士たちの何人かも癩病者であった。彼らは、バシレイオスの修道戒律に従っており、これは、この騎士修道会の起源が南イタリアにあることを示している。後に彼らは、聖地だけでなく、イングランド、スコットランド、フランス、ナポリなどを含めた、癩病院の国際的なネットワークを展開した。プルミエ・グラン・クリュ・クラッセの格付を得ているサン＝テミリオンのシャトー・ラ・ガフリエールは、かつてこの会に属する「レイザー・ハウス」（癩病院）であった可能性があるという。

*この王朝は一五八〇年まで続いた。

第八章

その他の修道会のワイン

朝になったらぶどう畑に急ぎ
見ましょう、ぶどうの花は咲いたか、
花盛りか……。
——「雅歌」(七：一三)

山々はぶどうの汁を滴らせ、
すべての丘は溶けて流れる。
——「アモス書」(九：一三)

厳密に言えば、ワインづくりに本当の意味で重要な貢献をしてきた修道会は、ベネディクト会とシトー会だけである。あるいは、いくつかのワインをつくったカルトゥジア会やマルタ騎士修道会もまた、その栄誉を受ける権利があるかもしれない。しかし、断片的で、多くの場合ある特定のブドウ畑に限られているような貢献をも含めて考えるならば、他の修道会もまた、驚くほど広範囲にわたってかかわりをもっており、一通り確認しておく価値は十分あると思われる。

カマルドリ会は、古い修道会のひとつである。この会の隠修士たちは、カルトゥジア会士たちよりいっそう孤独な生活をしている。彼らの修道院のひとつにサクロ・エレモ・トゥスコラーノ修道院があり、そこでは隠修士たちが、共住（共同で生活している）カマルドリ会士たちによって支えられている。フラスカーティ近郊にあるこの大修道院の修道士たちは、千年近くもの間、辛口の美味しい白ワイン、フラスカーティをつくっている。カマルドリ会には、あまたの聖人の中でも一、二を争うほど興味深い人物がいる。ウンブリアで崇敬されてきたトマーゾ・ディ・カスタチャーロ（一三三七没）で、彼は貧しい両親の息子として十三世紀にカスタチャーロで生まれた。修道院に入って間もなく隠修士となり、他の隠修士たちからほとんど忘れ去られてしまうほど孤独な生活をしていた。しかしサン・トマーゾ（聖人として崇敬されたのは地元だけだった）は、かなりの老齢になった後、おもむろにその庵から姿を現すと、最も尊敬すべき先人と同じ奇跡を行った。即ち、水をワインに変えたのである。彼は一三三七年に亡くなり、祝日は三月二十五日である。

もうひとつの初期の修道会は、アルバーノ丘陵地帯のグロッタフェラータの修道士たちの修道会で、南イタリアがビザンティンの勢力下にあった時代の生き残りである。西暦一〇〇〇年以前にカラブリアの聖ニーロス*（ニールス）によって創設された。彼らは今でもバシレイオスの修道戒律に従い、ギリシア典礼に従ってミサを行

＊カラブリアの聖ニーロス（九〇五／九一〇頃―一〇〇五）イタリアでのギリシア系修道制の普及に貢献した聖人。その修道会は通例「バシレイオス会」と呼ばれる。

◀カマルドリ会、サクロ・エレモ・トゥスコラーノ修道院

っている。彼らの村のワインは、明らかに修道会起源のものである。カステッラ・ロマーニという共通の名前で近隣のヴィンテージと共に販売されており、もうひとつのすばらしいフラスカーティである。

ベネディクトゥスの『戒律』に従ってはいるが、フォントヴローの修道士と修道女は、独自の修道会をつくっている。ソーミュール近郊にあるフォントヴローの大きな母修道院の妙な形をした厨房は、グラストンベリー大修道院の有名な「アボッツ・キッチン」のフランス版である。この修道院は、かつてはフランスで最も名高い修道院のひとつであり、イングランド王ヘンリー二世（在位一一五四―八九）とその后アキテーヌのエレオノール（一一二二?―一二〇四）、それに息子のリチャード獅子王（在位一一八九―九九）の墓がある。修道士・修道女併存の修道院で、一〇九九年、ロベール・ダルブリッセル（一〇四五頃―一一一六）によって、修道会とともに創設された。十八世紀には六十人以上の修道士と二百人の修道女を擁し、身分の高い、ときには王家の血筋の女子大修道院長が統括していた。修道女たちもたいていは名家の出で、その刺繍で有名である。ルイ十五世は教育のため、娘たちをここに送り込んだ。クーポラ（円天井）のある立派な聖堂は、そのす

ばらしい厨房と同様、かなり修復されてはいるが現存している。その厨房にはもちろん、大修道院所有のブドウ畑、フォントヴロー・ラベイユからつくられたソーミュールの瓶がたくさんあったことだろう。初期には助修士たちがこのブドウ畑で働いていた。この美味しい蜂蜜色のワインを最初につくったのも、おそらく彼らだろう。

▶フォントヴロー修道院の厨房

十二世紀に詩人ギュイヨ・ド・プロヴァン（一二〇八以降没）は――社会風刺詩『ギュイヨ聖書』の中で――アウグスチノ修道参事会の食堂で見つかった美味しいワインについてコメントしている。しかし、この「黒衣《ブラック》の修道参事会士たち《キャノンズ》」は、比較的わずかなブドウ畑しかもっていなかったようだ。とはいえ、中世のすべての修道会の中で、最も重要なもののひとつであり、また廃墟と化してはいるが、多くの修道院を残した修道会として、ここで言及しておく価値はあるだろう。聖アウグスティヌスの戒律（少なくとも彼が編纂したと考えられている戒律）に従い、彼らは小さな修道院で、半ば修道士として、半ば聖職者として生活していた。また学校、病院、癩病院、墓地の管理運営も行っていた。すべての修道会の中で最も緩やかな修道会と考えられていたが、彼らはトマス・ア・ケンピス*やウォルター・ヒルトン*のような神秘家を生み出した。また彼らは優れた農夫で、広大な地所を所有していたが、驚くべきことに、彼らのものとはっきりわかっているブドウ畑はほとんどない。おそらくブドウ畑を所有していたと思われるフランスの修道院に、ボージョレ

＊トマス・ア・ケンピス（一三七九／八〇―一四七一）オランダの修道士。ケンペン生まれ。伝統的に彼が著したとされる、俗世の修道院化を唱えた『キリストに倣いて（イミタティオ・クリスティ）』は、一般信徒に禁欲的修道生活の指針を与える修養、修徳の書としてベストセラーとなり、各国語に翻訳され、世界中に広まった。

地方の端にあるベルヴィル修道院がある。一方、ドイツのモーゼル川中流にあるアウグスチノ修道参事会のシュトゥーベン大修道院——ここの修道女は、貴族の出であることを証明するものを十六提示しなければならなかった——は、一一三六年から一七八八年までフラウエンベルクのブドウ畑を所有していた。今日ここでは見事なリースリングをつくっている。また、一一三六年に設立され、一八〇二年に解散させられたマリエンタール女子修道院の興味深い廃墟は、リンツ近くの美しいアール渓谷のブドウ畑に囲まれている。そして、そのブドウ畑では、今でも美味しい赤のラインワインをつくっている。一方、バッハウ渓谷の、サー・サシェヴァレル・シットウェルが「オーストリアでおそらく最も楽しい町」と評するデュルンシュタインのブドウ畑は、言うまでもなく、この美しいバロック様式の大修道院に住むアウグスチノ修道参事会士たちが手入れをしていた。ポルトガルでは、トレシュ・ヴェドラシュ——ウェリントンが彼の「要塞線」を築いたところ——に、十六世紀の興味深い修道院がある。この修道院は、今は警察の宿舎に改造されているが、大部分が残存している。ここのアウグスチノ修道参事会士たちは、おそらく、近隣ですばらしいの赤のエストレマドゥーラをつくり、味わっていたであろう。

プレモントレ会、もしくは「白衣の修道参事会士たち《ホワイト・キャノンズ》」は、また、クサンテンの聖ノルベルトゥス*（一〇八〇頃—一一三四）に因んで、ノルベルト会としても知られている。聖ノルベルトゥスは、十二世紀初頭にラン近くのプレモントレに修道参事会を設立した。アウグスティヌスの戒律に従った律修共住司祭の修道会で、手仕事

＊ウォルター・ヒルトン（一三四〇／四五?—一三九六）英国の神秘主義的宗教家、詩人。*The Scale of Perfection*（『完徳の階梯』）などの著作がある。

で生計を立てながら、観想生活と司牧の仕事を両立させた。十二、三世紀において彼らは、シトー会についで大きく拡大し、ウェルベックを含め、イングランドにもいくつかの修道院があった。この会が北ヨーロッパに設立したいくつかの大修道院、とくに低地諸国（現在のオランダ、ベルギー、ルクセンブルグ）、ハンガリー、ボヘミアの大修道院は、最大級の規模を誇っている。彼らはすべての修道士の中で最も美しく着飾っていたし、今もそうである。白いカソック（司祭平服）とケープ、白いビレッタ*、それに白いレースのロシェトゥム（短白衣）を身に着け、大修道院長と小修道院長はさらに、白の毛のケープをまとう。異国情緒豊かな中世キプロス王国のベルパイス修道院は、王国内で最も有名で美しい修道院であった。ベルパイスのワインは、コマンダリアのワインにつぐものである。今日、そのゴシック様式の大修道院の廃墟は、キプロスで最も重要な協同組合が所有するブドウ畑の真ん中に佇んでいる。

▶クサンテンの聖ノルベルトゥス（聖母より修道服を、聖アウグスティヌスより戒律をそれぞれ賜っている）十七世紀の絵画

カトリック教徒でない者はたいてい、修道士《モンク》と托鉢修道士《フライアー》を区別することができ

＊聖職者が用いる四角形の帽子のこと。

ない。基本的に修道士《モンク》というのは、清貧、貞潔、服従という三つの誓願と一所定住（生涯の残りを同じ修道院に留まること）の誓願を立てる人である。修道院での主たる任務は、決まった日課に従って他の修道士たちと神の賛歌を共唱することである。一方、托鉢修道士《フライアー》は、三つの誓願は立てるが、一所定住の誓願は立てない。彼らの主たる任務は神の賛歌を共唱することではなく、説教によって神のみ言葉を伝えることなのである。

十三世紀のローマ教会では、福音書に記された通りの質素な生活に戻ろうという運動が活発になり、「リヨンの貧しき人々」のような多くの団体は教皇によって禁止された。アッシジのフランチェスコ（一一八一—一二二六）と彼の信奉者たちもまた、こうした団体のひとつであったが、フランチェスコの聖性とその宗教的才覚のゆえに、彼らは生き残ることができた。だが、フランシスコ会の修道士たちは常に分裂する傾向にあり、「灰色の托鉢修道士たち《グレイ・フライアーズ》」はやがて多くの分派に分かれていった。今日でさえ、少なくとも三つの異なるフランシスコ会*がある。

聖フランチェスコの同時代人であったスペイン人ドミニクス・デ・グスマン（一一七〇以降—一二二一）は、南フランスのカタリ派の異端者たちと戦うために、「説教者兄弟会」を組織した。「神の猟犬《ドミニ・カニス》」とあだ名されたドミニコ会は、大学でアルベルトゥス・マグヌス（一一九三頃—一二八〇）やトマス・アクィナス（一二二五頃—一二七四）のような才能ある神学者を通して福音を広めた。後にドミニコ会士たちは異端審問所（宗教裁判所）に人材を提供し、それを運営した。また有名なドミニコ会士に、

*三つの異なるフランシスコ会
フランシスコ会、コンヴェントゥアル会、カプチン会を指す。

「フィレンツェの鞭」サヴォナローラ*がいる。彼は結局、教皇アレクサンデル六世（在位一四九二―一五〇三）の命令によって火刑に処せられた。

フランシスコ会にもまた逸材がいた。ロジャー・ベーコン（一二一二頃―一二九二頃）、ドゥンス・スコトゥス（一二六四頃―一三〇八）、ウィリアム・オッカム（一二八〇頃―一三四七）といった傑出した大学教師たちである。フランシスコ会とドミニコ会の共通点は、異端の徒を信仰に引き戻し、津々浦々にまでキリストの生きた真実を伝えるという理想であった。

同じような托鉢修道会は他にもあった。カルメル会は、カルメル山の隠修士として聖地において始まったが、十三世紀半ばにイングランド人聖シモン・ストック*によって托鉢修道会として組織された。イギリスでは一九四九年、彼らは奇跡的に保存されていたケントの中世の修道院に戻ってきた。彼らは跣足カルメル会と履足カルメル会の二つに分かれ、跣足カルメル会の最も偉大な人物は十字架の聖ヨハネ*である。アウグスチノ隠修士会も、当初はばらばらの隠修士の集まりであったが、ローマ教会によって修道会を結成するよう仕向けられた。彼らの中で最もよく知られた人物はマルティン・ルター（一四八三―一五四六）である。その他、マリアのしもべ会、ミニミ会（フランシスコ会に近い）、十字架修道会、そしてサッカーティ――かなり早い時期に解散させられたが――などがあった。

ドミニコ会士たちは、白い修道服の上に黒いマントを身につけていたことから、「黒衣の托鉢修道士たち《ブラック・フライアーズ》」と呼ばれた。同様に、カルメル会士は、茶色の修道服の

*サヴォナローラ（一四五二―一四九八）　イタリアのドミニコ会士。フェルッラーラに生まれる。教会と社会の腐敗を攻撃する情熱的な説教で人々を魅了した。著書に『十字架の勝利』*Il Trionfo della Croce*がある。

*シモン・ストック（一一六五頃―一二六五頃）　英国のカルメル会総長。フラヘットのゲラルドゥスによれば、ケント伯領に生まれた。彼は袖無肩衣を着た聖人として有名。彼がマリアに祈ると、「これを着て死んだ人は誰でも救われる」と言ったと伝えられ、聖母崇拝と結びついている。

*十字架の聖ヨハネ（一五四二―一五九一）　スペインの神秘家、詩人、聖人。アビラ近くのフォンティベロスに生まれる。サラマンカ大学で学ぶ。カルメル会の改革運動に参加。カトリック教会最大の神秘家の一人とされる。著書に『カルメル山登攀』、『魂の暗夜』などがある。

上に着ていた白いマントのゆえに、「白衣の托鉢修道士たち《ホワイト・フライアーズ》」、フランシスコ会士たちは、十四世紀まで灰色の修道服を着ていたために「灰色の托鉢修道士たち《グレイ・フライアーズ》」と呼び慣わされた。ただしフランシスコ会士は後に、黒色か茶色の修道服を着るようになった。

托鉢修道士たちは、食堂で食事を共にし、共同の大寝室で眠ったが、托鉢修道士にとって、修道院はそれほど重要ではなかった。彼らの会則は、むしろ彼らが絶えず動くように、常に異なる屋根の下で眠るように命じている。彼らの収入源は、理論上は施しのみであって、地所からの上がりなどは含まれなかった。建築の面でも、他の修道会の大修道院に匹敵するような修道院はあまりもたなかった。ただし例外もあり、とりわけイタリアの修道院では、聖餐の象徴的意味をもつ大食堂は精巧に、入念につくられていた。ミラノのドミニコ会修道院サンタ・マリア・デッレ・グラーツィエのように、『最後の晩餐』のフレスコ画――これは最高の例で、レオナルド・ダ・ヴィンチ（一四五二―一五一九）の作である――が掲げられている修道院もあった。

初期のフランシスコ会士は、ワインをつくることを厳しく禁じられていた。十三世紀の高位聖職者、説教師、年代記作者であったジャック・ド・ヴィトリ*は、「エレミヤ書」の言葉――「家を建てるな。種を蒔くな。ぶどう園をつくるな。それらを所有せず……」――を彼らに当てはめた。しかし、十三世紀末には、大きな町の郊外や町中にさえあった果樹園やブドウ畑が、真の清貧を実行したいと願う兄弟た

＊ジャック・ド・ヴィトリ（一一六〇／七〇―一二四〇）フランスの神学者、年代記作者、枢機卿。

ちの妨げとなっていた。チョーサーの描いた、身持ちの芳しからぬ托鉢修道士のようなフランシスコ会士を生み出す衰退期がすでに始まっていたのである。

十三世紀のフランシスコ会には、現代的な意味での「ワイン著作家」ではないが、同時代のワインについて極めて啓発的な逸話をいくつか語っている人物がいる。一二二一年生まれのパルマの修道士サリンベーネ*である。彼の年代記は一種のピカレスク風の自伝である。彼はイタリア全土のみならず、フランスをも渡り歩いた。「フランシスコ会のフランス管区には八つの管区があるが、そのうち四つはビールを飲み、他の四つはワインを飲んでいることに注意せよ」と彼は言う。さらに、
またフランスにはワインをたくさん産する地方が三つある。即ち、ラ・ロシェル、ボーヌ、それにオセールである。イタリアの赤ワインにはかなわないから、赤ワインの評価は低い［これはまったくの個人的見解かもしれない］。オセールのワインは白く、ときには黄金色で、香りがよく、元気の出る、辛口で、とても味がよい。それを飲んだ人たちを喜ばせ、また楽しくさせてしまう。だから、このワインに関して、ソロモンと共に、「悲しんでいる人に辛口のワインを与えよ。心を痛めている人にもワインを与えよ。彼らにワインを飲ませ、困窮を忘れさせ、そして悲しみを思い出させないようにしよう」と言ってもいいかもしれない。またオセールのワインはあまりにも辛口なので、しばらくすると、瓶の表面に露が出てくることを知りたまえ。またフランス人は、最高のワインに
▶托鉢修道会士たち
（右下にフランシスコ会士、
左下にはカルメル会士。
また中段右にドミニコ会士、
同左には
アウグスチノ隠修士会士が
見える）
十五世紀の写本
パリ国立図書館
＊パルマのサリンベーネ（一二二一―一二八七）　イタリアのフランシスコ会士、年代記作者。フランス各地を旅し、リヨンでインノケンティウス四世と会見。以後パリ、サンス、アルル、ヴェズレ、イエールに旅行・滞在し、見聞を広げる。その『年代記』は一一六八年―一二八七年を扱っており、十三世紀の資料として貴重。

は三つのBと七つのFがついているとよく言う。すなわち、彼らは戯れに次のように言うのである。

上質で、見事で、白く、
　Et bon et bel et blanc,
辛口で、威厳に満ちて、極上で、純生、
　Fort et fier, fin et franc,
冷えていて、さわやかで、生き生きしている。
　Froid et frais et frétillant.

このように紹介して、「フランス人は良質のワインを喜ぶが、驚くには及ばない。『士師記』の九章に書いてあるように、ワインは『神と人を喜ばせる』からだ」と結論づけている。

サリンベーネ修道士自身がワインを飲むのが好きであったことは明らかだ。彼はまた、「パドヴァで文法を教え、自分の好みに従ってこのようにワインをすすめたモランド先生」の歌を面白そうに引用している。

あなたはかくも美味しい、蜂蜜入りのワインを飲みますか。
飲めば体は丈夫になり、顔も輝くでしょう。

そして大いに吐くでしょう。

長年寝かせたワインの味はコクがありますか。
それなら、あなたの魂は愉快になるでしょう。
頭の回転が速くなり、鋭敏になるでしょう。

それは辛口で、混じりけがなくて、澄んでいますか。
それなら、たちまち心労を追い払ってくれるでしょう。
悪寒を除去してもくれるでしょう。

コクがなくとも、赤ワインを軽んじてはいけません。
赤いワインはあなたを赤く染めるでしょう。
だから汝は浸かるだけでいい。

黄金色とシトロン色の果汁は
私たちの大事な臓器を強め、
そして、病を絞め殺してくれます。

しかし、正直者はひどくまずい白色の

水を飲むのを禁じるでしょう。
それが鬱憤を掻き立てたりしないように。

他にも彼は、愛情を込めて同じような飲酒の詩をいくつか記録している。さらに、この好奇心の強いこの修道士は、他国民の飲酒の習慣にも大いに関心を向けている。

フランス人やイングランド人は、ゴブレットになみなみとワインを注いで飲むのが流儀だと言ってさしつかえなかろう。ゆえに、フランス人の目は血走っている。彼らは絶えずワインを飲んでいるため、目の縁が赤く、かすんで充血している。ワインを飲んで寝た後の早朝、彼らはそんな目をしてミサをあげている司祭のところに行き、司祭が手を洗った水を目に注いでくれるように頼む。［著者はイングランド人の大酒飲みには寛大なようで］イングランド人が良質のワインを飲んで喜ぶのであれば、許さなければならない。イングランドではワインは、ほとんどつくられていないのだから。

サリンベーネ修道士はまた、ラヴェンナの大司教フィリッポをたいそう称えて次のように語っている。

このフィリッポ卿は、ポー河畔のアルジェンタと呼ばれる別邸に滞在し、邸内の四隅を歩き回りながら、聖母マリアの栄光を称えて応唱や交誦を歌うのが常であった。そして夏にはそれぞれの四隅で喉をうるおした。それというのも、邸内のそれぞれの隅に極上のワインが入った水差しが、とても冷たい水の中に置かれていたからだ。大酒飲みの彼は水割りワインを好まなかったのだ。

フランシスコ会のブドウ畑の一つに、サン＝テミリオンのシャトー・ル・プリュレがある。これは改革派のコルドリエ会のもので、クロ・デ・コルドリエという名の畑もあったと言われている。ドゥ・メールには、クロ・デ・カプシーヌ（カプチン会もフランシスコ会の改革派である）があり、ソーヴィニョン種のブドウで白のボルドーワインをつくっていた。ドイツでは、フランシスコ会士のニコラス・カローリ枢機卿が、一四二六年、バーデン地方に修道院とブドウ畑を設けた。

このブドウ畑ではいまでも上質の軽いフランケンワインをつくっており、修道院の建物の方は、ドメーヌ・シェンクスというスイスの代表的なワイン商の本拠地となっている。オーストリアではバッハウ渓谷のシュタインにフランシスコ会の小さな聖堂があり、かつて修道士たちに、著名ではないが、美味しく飲めるワインを提供していたブドウ畑に囲まれている。またハンガリーでは、バラトン湖近くに生育している評判の高いブドウが、「シュルケバラート」即ち「灰色の修道士」と呼ばれている（フランスのオーヴェルナ・グリにあたる品種らしい）。ポルトガルには、聖フランチェスコに奉献された、ことのほか美しい聖堂がポルトにある。この聖堂は、十六世紀に増築され、その優雅な内装は主として十七、八世紀のものである。この町には同じフランシスコ会のサンタ・クララ女子修道院もあり、こちらは一四一六年に創設され、十六世紀に再建されたものである。これらの修道院はいずれも、かつてはブドウ畑を所有しており、ポートワインかヴィーニョ・ヴェルデ、あるいはこの両方をつくっていたのはほぼ確実である。

ドミニコ会士たちはフランスでは、その黒と白の修道服のゆえに、ジャコバン──「頭巾ガラス」*──として知られていた。サン＝テミリオンのブドウ畑の真ん中にあったドミニコ会の修道院は、四角の古い鐘塔やルネサンス風の戸口がつる草やつる性灌木に覆われ、ロマンティックな廃墟となっているが、そのセラーは、今でもワイン貯蔵のために使われている。十三世紀に創設され、十八世紀の間に放棄されたこの修道院は、かつてはクロ・ド・ジャコバンを所有していた。またポルトガルのヴィラ・レアルの大聖堂は、かつてはドミニコ会修道院の聖堂だった。ヴィラ・レアルはマテウスがつくられているところである。マテウスには赤、白、ロゼがあるが、いずれも「子供向けの炭酸飲料と大人のワインの中間の存在」といった受け止め方をされがちなようである。

茶色と白色の修道服を身に着けたカルメル会士たちは、非常に多くのブドウ畑をもっていたようだ。中世において、彼らはサヴィニー＝レ＝ボーヌをシトー会士たちと共有していた。彼らが、今に残るボーヌのこの上なく美しいカルメル会の修道

＊正式和名はハイイロガラス（学名 *Corvus cornix*）

院からそれを管理していたのは確かである。ボーヌのカルメル会が所有していたもうひとつの畑は、レ・グレーヴで最良のブドウ畑であり、聖母マリアがイエスを抱いたボーヌの紋章に因み、「ラ・ヴィーニュ・ド・ランファン・ジェズ」（幼子イエスのブドウ畑）と名づけられた。クラレットに関しては、彼らはグラーヴに、ル・カルム＝オー＝ブリオンを所有し、プレミエール・コート・ド・ボルドーに、クロ・ド・ラ・モナステール・ド・ブルシーを所有していた。さらに、ソーミュールの白ワイン、クロ・ド・カルメがある。ドイツでは、フランケンのフォーゲルスブルク城は、何世紀もの間、カルメル会の修道院であったが、その修道士たちは有名なエッヘルンドルファー・ルンプを所有していた。そこでは、最良かつ最も高価なフランケンワインのいくつかを今もつくり続けている。またフランクフルトのカルメル会は、現在もラインガウのホーホハイム（英語でいう「ホックワイン」の「ホック」はこの名に由来するという）に今なお生きている名高いブドウ畑を所有していた。

イエズス会は、反宗教改革の先鋒となるべく、十六世紀にバスク人の軍人イグナティウス・デ・ロヨラ（一四九一頃―一五五六）によって創設された。学校の教師として、イエズス会士たちはカトリック・ヨーロッパを席巻し、聴罪司祭として国王や皇帝を導いた。また宣教師として、アイルランドからロシア、インドからテキサスに至るまで、世界各地で広く活動した。中国においては、明の最後の皇帝を改宗させ、清朝の宮廷の天文学者、時計製造者、数学者、庭師となった。専門的に言え

ば、「律修聖職者」*に分類されるイエズス会士たちは、聖務日課を共唱しない。また厳密に言えば、有名なイエズス会の教会はいくつかあるが、他の修道会のような修道院はもたない。しかし、彼らもやはりワインをつくっていた。ドイツでは、フェルスター・ジェスイーテンガルテンとヴィンクラー・ジェスイーテンガルテンがその記念である。トリーアのフリードリヒ・ヴィルヘルム校は一五六三年にイエズス会によって創設され、その後修道会は一七七三年にそこを立ち去ったが、学校は現在も続いている。そしてその収入のいくらかを、かつてイエズス会のものであったブドウ畑から得ている。

　十七世紀のナポリで、イエズス会は町のワインの小売や卸売を盛んにやっていた――そしておそらくはそのほとんどを支配していた。彼らは利益をあげていたので、たいそう妬まれた。悪賢いスペイン人太守、気まぐれなオスナ公爵（一五七四―一六二四）はあるとき、最良のワイン一樽はいくらかと彼らに訊ねた。イエズス会士たちが無防備にもたったの四ダカットだと返答すると、公爵は直ちに海軍のために全部買おうと切り出した。そしてそのワインを、ひそかに一樽二十ダカットで転売したという。ナポリのイエズス会士はまた、ヴェスヴィオ山の斜面にブドウ畑を所有し、そこでラクリマ・クリスティ（「キリストの涙」の意）として知られるワインをつくっていた。辛口で薄黄色の、ときに花のように香りのよい白のラクリマ・クリスティは、三種のブドウ――即ち、ビアンコレッラ種、コダ・ディ・ヴォルペ種、グレコ・ディ・トッレ種――でつくられ、毀誉褒貶半ばするようだが、赤の方は明

＊修道誓願を立て共同生活をする修道会の修道司祭で、各種の司牧活動にも従事する。

らかに名前負けである。というのも、それは溶岩土壌で育った近隣のさまざまな劣ったヴィンテージでできているからである。ラクリマ・クリスティというバロック風の名称は、キリストがヴェスヴィオ山に登り、ナポリの町を眺め、住民の貧しさをみて涙を流したとの言い伝えに由来するが、この伝説にはいささか冒瀆的な現代版があり、それによると、キリストは確かにヴェスヴィウス山に登り、涙を流したのだが、それはワインの品質が悪かったせいだという。

イエズス会士たちはイタリアで、長い間上質のフラスカーティをつくっていたが、最近になってまた、再びつくりはじめたようである。十七、八世紀に、彼らはアメリカで聖餐のためにワインをつくっていた。パラグアイやバハ・カリフォルニア、ルイジアナ州でも同様だった。ルイジアナ州では、彼らがアメリカ原産のブドウを利用した最初のブドウ栽培人であった証拠もある。

＊『聖バンサン』一九四七年に制作されたフランス映画。監督はモーリス・クロシュ。

もう一つの「律修聖職者」の修道会に、ヴィンセンシオの宣教会（ラザリスト会）がある。この修道会は、都市のスラム街だけでなく、孤立した田舎の貧しい人々に信仰をもたらすために、聖ヴァンサン・ド・ポール（一五八一―一六六〇）によって十七世紀に創設された（一九四〇年代のあのすばらしい映画『聖バンサン』*を思い出す人もいるかもしれない。この映画では、不可知論者の故ピエール・フレネーが感動的な演技を見せてくれた）。名高いブドウ畑のひとつである、シャトー・ラ・ミッション＝オー＝ブリオンは、グラーヴのヴ

ィンセシオ会士たちがつくりあげたものである。ボルドーワインの権威、C・コックスとE・フェレは、この地の修道士たちを絶賛している。「鋭い知性の持ち主であるこれらの司祭たちは、ブドウ畑を選び、ブドウの木を大切にする極めて高度の才能をもっていた。その分野の完全な知識によって、彼らは極上のブドウの品種を開発したのである」。この見事なクラレットは元来は教会の枢機卿たちの楽しみのためにつくられたが、皮肉なことに、十八世紀フランスの名うての放蕩児、リシュリュー公爵（一六九六―一七八八）のお気に入りとなった。フランス革命時に神父たちは追い立てられ、彼らのブドウ畑も一七九二年十一月に三十万二千ルーヴル（当時のイングランドの通貨に換算すると一万二千ポンドほど）で売却された。シャトーの隣にあった小さな礼拝堂は、今日なおその美しさをとどめている。

▶聖ヴァンサン・ド・ポール
十九世紀の絵画

ちなみに地元の伝説によれば、聖ヴィンケンティウス*――聖ヴァンサン・ド・ポールではなく、すべてのワイン愛好者の守護聖人で、四世紀のスペインの人であった聖ヴィンケンティウスの方である――は、天国に良質のワインがないことに大変嘆き悲しんだ。そこで、神は彼にブルゴーニュとボルドーを再訪する許可を与えた。しかし、聖人はその賜暇期間を過ぎても戻らず、彼を天国に連れ戻すために送り出

＊聖ヴィンケンティウス
七〇頁の註を参照。

された天使たちは、ミッション＝オー＝ブリオンの酒庫でひどく酔っ払っている聖人を発見した。優しい神は直ちにヴィンケンティウスを石に変えてしまったという。石になったこの聖人の像は、今でもミッションで見ることができる。それは、（モートン・シャンドの言葉によれば）、「ミトラを被り、髭をはやした聖人が、ワイン漬けの呆けた虚ろな表情で、気が狂ったようにブドウの房にしがみついている、妙にプリミティヴな雰囲気のある小像」である。

　ヴィンセンシオの宣教会は、ガスコーニュにもブドウ畑をもっていたらしいが、それほど有名ではない。これはドルドーニュ川右岸のブールジェ（ランザック）のシャトー・ラ・クロワ＝ダヴィッドであった。

　隠修士たちでさえブドウを栽培していた。しかし残念ながら、サン＝テミリオンのワインづくりと隠修士アエミリアヌス*との関係を——同地にはシャトー・レルミタージュ（エルミタージュは隠修士の意）があるものの——実証することはできない。隠修士に縁のあるワインの傑作といえばもちろん、ローヌ河畔のものであろう。一二二四年、ローヌ川左岸のエルミタージュの畑に、隠修士のガスパール・ド・ステランベールがはじめてブドウの木を植えたという言い伝えがある。彼はかつてアルビジョア十字軍で戦った騎士で、その礼拝堂の廃墟と思しきものが今もブドウ畑の上の丘に立っている。そしてその礼拝堂とブドウの木は、聖王ルイの母である王妃ブランシュから賜ったものだと言われている。

＊隠修士アエミリアヌス　七世紀にドルドーニュ河畔のグロットー（小洞窟）で観想生活をしたと伝えられる聖人。サン＝テミリオンという地名はこの聖人に由来する。

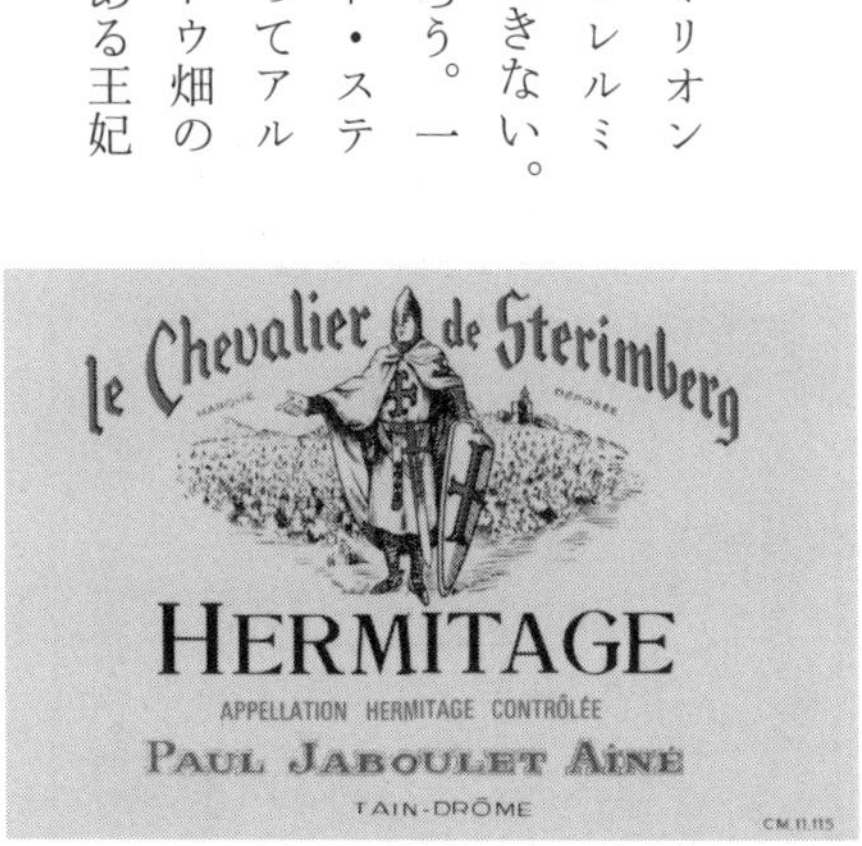

何人かの鑑識家は、本当に良質のエルミタージュは、ブルゴーニュやクラレットの偉大なワインにも肩を並べうると考えている。セインツベリー教授は、赤のエルミタージュを「いままで飲んだフランスのワインの中で一番男性らしく勇ましいワイン」だと言っている。このワインの利点は、もちがよいことで、百年もっていると認められているワインもある。『エゴイスト』*のミドルトン博士によれば、「古いエルミタージュにはアンティークの輝きがある。それは、年月を経てさらに輝きを増す長所をもっているということである」。ただしあいにく、その美質は二十年経たなければ現れない。今日、それだけの時間とお金の余裕のある人はほとんどいないので、結果的にそのワインはほとんど忘れ去られてしまう。したがって、第一級の赤のエルタージュはめったに見られない。近代のワイン醸造家は、急速熟成ワインをつくる新しい手法を使っており、これらのワインは、凡庸なブルゴーニュワインの代わりくらいならつとまりそうな、まずまずのワインと言うことができる。

ベネディクト会やシトー会以外の多くの女子修道会もブドウ畑を所有し、しばしばそこでの作業に精を出していた。ボーヌの聖母訪問修道女会――十七世紀に聖フランソワ・ド・サル（一五六七―一六二二）によって、健康を損ねた寡婦や婦人のために創設された修道会――のワインセラーは、その見事な実例である。ボーヌにはもう一つ、かつて修道女たちのものであったブドウ畑がある。クロ・ド・ウルスルがそれで、こちらは教育を主たる使命とするウルスラ会の修道女たちが手を入れ

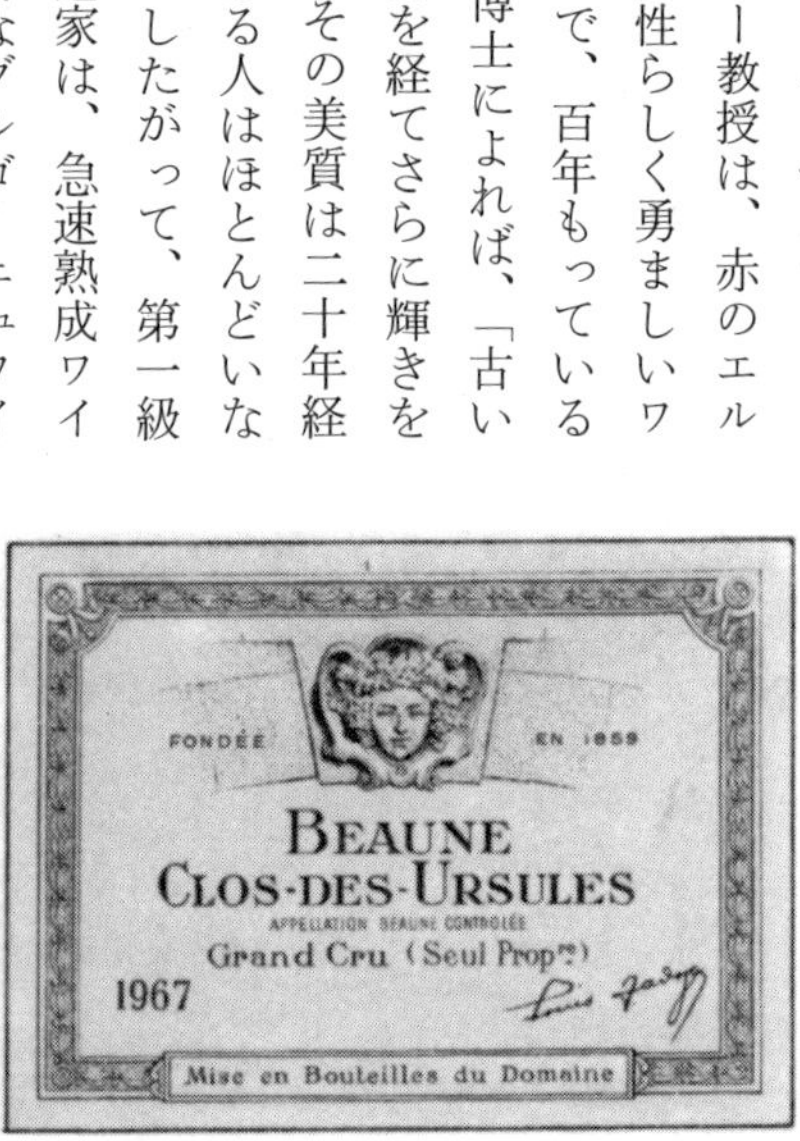

*英国の小説家ジョージ・メレデス（一八二八―一九〇九）の作品。

ていたものである。またサン＝テミリオンでは、シャトー・レ・ドモワゼル、クロ・デ・ルリジュース、シャトー・デ・ルリジュースなどが女子修道院ゆかりの畑である。

ヒュー・ジョンソンが「ワインの世界の中で最も注目すべき美しい建物」と呼んだ建物について述べ、この章を終えることにしよう。ボーヌの施療院、オスピス・ド・ボーヌである。ここのスタッフで、華やかな服を身につけたナースたちは、厳密に言うと修道女ではないが、その仕事ぶりや外見、それに彼女たちから連想されるものを考えると、本書でこのホスピスについて言及するのは、さほど場違いでもないだろう。このホスピスは、貧者と老齢者のための病院として一四四三年に、ブルゴーニュ公国の大法官ニコラ・ロラン（一三七六―一四六二）によって創設された。ロヒール・ファン・デル・ウェイデンもしくはそれに劣らぬ画家によって描かれたロランと彼の妻ギゴーヌ・ド・サランの肖像画が今も残っている。グランド・オテル・デュー（オスピス・ド・ボーヌの正式名称）は、高いゴシック様式の屋根、狭い回廊、多彩な瓦、玉石を敷きつめた中庭、クロケット*、小尖塔などをもち、十五世紀フランスの建築としてはかなり異例である。今でも六十五名の患者が、赤いビロードのカーテン付き四柱式ベッドで看護されている。そして、患者の薬は、ダム・オスピタリエルと呼ばれるナースによって、中世

*ゴシック風の唐草模様の彫刻装飾。

◀オスピス・ド・ボーヌ

■ロヒール・ファン・デル・ウェイデン
『最後の審判の祭壇画』（部分）
オスピス・ド・ボーヌ

のアルバレロ*から施される。オスピスは、ロランと彼の妻が医療という目的のために残したいくらかのブドウ畑の収益によって維持されてきた。また、何世紀にもわたって他の寄進者たちが遺贈してくれたブドウ畑もある。年に一度、彼女たちのワインは、オテル・デューで競売に付される。*これらのワイン——三十種以上にのぼる——の中には、ブルゴーニュで最も優れたワインのいくつかが含まれており、またそのうちの二つはナースたちの名をとどめている。即ち、ひとつはボーヌのダム・オスピタリエル、もうひとつはポマールのダム・ド・ラ・シャリテである。

＊十五—十六世紀のマジョルカ焼きの広口の円筒形保存用壺。

＊競売は毎年十一月の第三週末に行われる。

第九章　イングランドの修道士とワイン

修道士たちが肥っていた昔の夏《とき》
——テニスン

私は少しの肉も食べることができない、
胃がよくないからだ。
だが、頭巾を着けている彼となら、
きっと飲めると思う。
——ジョン・スティール司教

ブリテン島にブドウを定着させたのはローマ人であった。おそらく、三世紀末のことだろう。というのも、二八〇年に皇帝プロブス（在位二七六—二八二）が、それまで禁じていたガリア、スペイン、ブリテン島にブドウの木を植えることを許可したからである。ブドウ畑の遺跡はハートフォードシャーのボックスムアで発見されたが、より重要なのはおそらく、サマセットやグロスターシャーのウィッラ*にあったものであろう。また修道士は、ローマ時代後期にガリアから来たと思われるが、確証はない。一方では、グラストンベリーの編み枝に漆喰を塗った小礼拝堂に集ったローマ支配下のブリトン人の共同体の伝説が、事実に基づいている可能性もある。ブリテン島で知られている最も初期の修道院は、五、六世紀の間にウェールズとコーンウォールに設立された。これらの地域はワインを産出しなかったが、最初のケルト人の修道士たちは、疑いもなく、ワインを飲んでいた。現代の考古学では、ワインは四〇七年にローマの軍隊が撤収した後も、長い間輸入され続けていたことが知られている。ワインの輸入先であったにちがいない東地中海――ロードス島かキオス島といわれている――のアンフォラと呼ばれる取っ手が二つついた壺が、ティンタジェル（アーサー王の生誕地で有名）にある五世紀の小さなコーンウォール人の共同体の、恐ろしい絶壁遺跡その他で発見されているし、コプトの緑色のガラスの聖杯もアイルランドで発見されている。これらは、ブリテン島経由でビザンツ帝国下のエジプトから入ったとしか考えられない。

　ワインは輸入していたものの、これら初期のブリテン島の修道士たち（彼らの修道院は鉄器時代の丘の城砦やローマ人の城砦の跡に建てられた）は、他のキリスト教世界の修道士とは似ても似つかぬ人たちであった。彼らは、頭髪を妙な形に剃髪し（右耳から左耳まで帯状に髪を剃り、その他は長く垂らしていた）、両瞼に緑色の刺青を施すなど、

▶ローマ時代のアンフォラ

*ウィッラ
ローマ時代の土地所有者が所領経営のために田園地帯に構えた邸宅のことで、居住と農園施設からなっていた。

ヨーロッパ大陸の修道士とはかなり異なっていた。そして生贄として雄牛を屠殺するといった奇妙な習慣を身につけていた。ウェールズ人やコーンウォール人の修道士たちの中で、自分たちからブリテン島を奪い——またついでに、ローマ支配下のブリトン島のブドウ畑の破壊をもたらしたイングランド人異教徒たちの改宗に加わる者はいなかったであろう。

イングランドの改宗は、ローマからやってきたベネディクト会士、初代カンタベリー大司教の聖アウグスティヌス*によって始められた。聖アウグスティヌスは、やはりベネディクト会士のグレゴリウス大教皇（在位五九〇—六〇四）によってイングランドに遣わされた。アウグスティヌス（おそらくブドウの木を植えたであろう）は教会の礎を築いたが、その初期の栄光をもたらしたのも、修道士たち——リンディスファーンのカスバート、尊者ベーダ、ヨークのアルクイン、それに北ドイツを改宗したウィリブロルドとボニファティウス——であった。そこにはまた、数は少ないが、修道女たちもいた。そして彼女たちの修道院長は往々にして、バーキングの聖エセルバーガ*のように王家の出身者であった。アングロサクソンの修道院は、いつもというわけではないが、石で造られた聖堂の周囲を一群の木造の茅葺屋根の広間が取り囲むといったように、中世盛期の大きな修道院とはかなり異なっていた。カロリング王家の領地に見られたような大きな修道院町はなかった。また修道院の地所の大きなネットワークもなかった。したがって、初期イングランドのブドウ栽培は、イングランドの経済基盤に根づくことはほとんどなかった。修道士たちは果断

＊カンタベリーのアウグスティヌス（六〇四没）　五九七年宣教団の長としてイングランドに上陸。ケントのエテルベルト（五六〇年頃—六一六）の援助を得て、カンタベリーを拠点に布教を進めた。イギリス人の使徒と呼ばれる。

＊バーキングのエセルバーガ（六七六頃没）　エセックスの国王の子。聖エアコンウァルドの姉妹で、エセックスのバーキングの女子修道院長であった。ベーダは彼女について次のように語っている。「彼女は、あらゆる点で彼女の兄弟に劣らないことを明らかにした。特に天からの奇跡によって証明された、生活の聖性と彼女の配慮の下にある人々に対する不断の憂慮においてそうであった」。

なブドウ栽培人であったかのもしれないのだが。

これら修道士たちの文化的霊感は大陸からもたらされた。大修道院長のベネディクト・ビショップ*は、七世紀に何回かローマに巡礼に行き、書物、絵画、ステンドグラスなどをロバの背にのせ、アルプスを越え、ガリアのかつてのローマ街道を通って運んできた。修道院長が危険な旅路の最後の行程で船に乗ったとき、良質のワインをいくらかもっていたことはほぼ確実である。しかし、その後このように個人が荷物を運ぶということは次第にまれになってしまった。

八世紀のイスラム教徒の征服により、地中海の海運は途絶えた。一方、ガリアの内陸貿易も崩壊した。その結果、十一世紀の終わりまで、大陸からイングランドにワインが入って来ることはほとんどなかった。しかし、修道士たちは、金、銀、しろめ、クリスタル、ガラスや素焼きの小さな聖杯を満たすワインを見つけなければならなかった。修道士たちは、そして当時は平信徒も、その聖杯から「尊い血」を銀製のストローで飲んでいた（最近まで教皇たちが用いていた方法）。時々、船がワインや干しブドウを積んでイングランドに到着しても、それだけの供給ではとても間に合わなかった。ジャロー修道院では、ミサにリンゴ酒が時々使われたと推測されているが、アルクインは実際、「ブドウでつくられたこの外国のワイン」について不平を言っていた。しかし後に、彼はシャルルマーニュの友人、教師となったとき、本当のワインを愛するようになった。特にトゥーレーヌ地方のワインが好きになった。というのは、トゥールのサン・マルタン修道院で多くの時間を過ごしたからで

＊ベネディクト・ビショップ（六二八頃—六九〇）　ノーサンブリアの貴族の生まれ。ウェアマス、ジャロー両修道院を創設。

ある。二年間も続いたイングランドへの帰還の間、アルクインは、宮廷の友人に、「ワインは我々のワインの皮袋から消えてしまい、苦いビールが我々の腹の中で暴れている」と嘆きの手紙を書いた。幸い、彼は医者のユーインターに「上等で透き通ったワインを二箱」注文することができた。このような荷を調達するのは難しく、また値段も相当高くついたにちがいない。

したがって、イングランドの修道士たちは自分たちのワインをつくらなければならなかった。ベーダは『イギリス教会史』（七三一年完成）の中で、「ブドウの木が方々に植えられた」と言っている。これらのブドウの木は修道士によって植えられたにちがいない。修道士たちはミサのためだけにワインを使っていたのではなかった。取っ手が二つついた酒宴用大杯で飲むなど、祝日のぜいたく品としても使っていた（ウェストミンスター修道院の十三世紀の『慣例集』によれば、修道士が食堂でワインを飲むときは常に、両手で杯をもって飲んだ。「これが、ノルマン人がイングランドに来る前のイングランド人のやり方だったからだ」）。アングロサクソン人修道士たちは、二月にブドウの木を剪定し、十月に収穫した。彼らはこの月を「ウィーン・モーネス＝Wyn Moneth（ワインの月）」と呼んだ。「ブドウの収穫」に相当するアングロサクソン語――「ウィーンイェアルドネーム＝wingeardnaem」という語さえあった。

七九三年、「異教徒がリンディスファーンの神の教会を略奪と虐殺で見る影もなく破壊した」と『アングロサクソン年代記』は言っている。翌年ジャローにあったベーダの古い修道院が略奪された。一世紀の間イングランドはデーン人によって破壊された。宝物を所有していた大修道院は海賊たちの格好の標的であった。そして、彼らは美しいカリス（聖杯）と酒宴用大杯をことごとく持ち去っていった。九〇〇年までにアルフレッド王*――ブドウ畑を破壊した者には賠償金を支払うよう命じる法令を認可した――は、修道院がイングランドにもはや存在しないことを知った。十世紀にグラストンベリー大修道院長で、後のカンタベリー大司教となった聖ダンスタン*の下で復興が始まった。この復興によって、宗教改革まで存続した極めてイギリス的な現象が発達した。聖堂参事会員ではなく修道士がおり、聖堂参事会長ではなく修道院長がいる司教座聖堂＝修道院ができたのである。ただし残念なことに、この新しい修道制は南イングランドという限られた地域にしか根づかなかった。ノーサンブリアは異教のデーン人移住者に占領されていたし、ベーダやベネディクト・ビショップの大修道院は跡形もなく消滅してしまった。

疑いもなく、ブドウ栽培は利益をもたらした。九五五年にエドウィ王*がグラストンベリーの修道士たちに与えた、ウェドモー近郊のパムバラでのブドウ栽培の認可書が残っている。一〇八四年の土地台帳に載っている三十八のブドウ畑のうち、修道院のものはたったの十二であった。しかし、ノルマン征服時のイングランド全土には、おそらく、わずか八百五十人ほどの修道士しかいなかったことを忘れてはならない。

ノルマン人は修道院復興とイングランドのワインづくりの最盛期をもたらした。フランス人はイングランド人の荘園領主を追放した。そしてイングランドのすべて

*アルフレッド王（八四九―八九九）英国アングロサクソン時代のウェセックスの王。デーン人の侵入を防ぎ、法や諸制度を整備し、学芸復興を図ってラテン語の書を英訳させた。

*聖ダンスタン（九〇九？―九八八）ウェセックスの貴族の家に生まれる。大修道院長、司教。グラストンベリー大修道院の廃墟を占領していたアイルランド人の修道士たちに教育を受ける。九四三年、国王エドマンド一世にグラストンベリーでの修道生活を再興するよう命じられ、その後多くの修道院を創設し、再興した。

*エドウィ王（九四一？―九五九／在位九五五―九五九）叔父のエアドレッドから王位を継承。その治世は親族やその他様々な争い、とくに聖ダンスタンと大司教オドの支配下にあった教会との争いが特徴である。

の大修道院で、フランス人が修道院長になった。一方、クリュニー大修道院はたくさんの従属的な修道院を創設した。これらの新たな大修道院長や小修道院長はみなワインを飲んだ。その結果、ブドウ畑の数がたちまち増えた。かつてピーターバラ大修道院に保管されていた『アングロサクソン年代記』の末尾には、ノルマン人の修道院長マルタンについて、彼（「よき修道士でありよき人」であった）は「多くの修道士を受け入れ、ブドウ畑にブドウの木を植えた」と記されている。

ヘンリー二世*が十二世紀半ばに即位すると、西フランスに広大な領地をもっていたため、ワインの輸入がかなり増えた。まず、大量のワインがアンジューからラ・ロシェル港経由で入ってきた。ついで、ガスコーニュのワインを大量に最初にイングランドにもたらしたのは、それ以外に取り柄のないジョン王*であった。結局、ワイン専用の特別船がサザンプトンとボルドーの間を行き来し、一千隻もの船がこの商いにかかわった。王侯貴族はいうまでもなく、自分たちのコクのないワインよりも上等のフランスのヴィンテージを好んだが、下々の者とてそれは同じことだった。人口が二百万人以下の十四世紀末のイングランドでは、今日よりもはるかに多くのクラレットが飲まれていた。その結果、イングランドのブドウ栽培は、ウィンザーなどのわずかな世俗のブドウ畑が一四〇〇年頃まで続いのを別にすれば、もっぱら修道院によって支えられていた。世俗の多くのブドウ畑は、しばしば修道士たちに遺贈されたが、それにはもっともな経済的理由があったのである。

一一〇〇年頃まで、イングランド人の修道士はみなベネディクト会士、つまり、

*ヘンリー二世（在位一一五四—八九） プランタジネット朝初代のイングランド王。即位前より相続と婚姻によりフランスに広大な所領を有し、大陸とイギリスにまたがる大帝国を建設。前王時代の混乱を平定し、安定と秩序をもたらす。一一六二年教会支配を目指し、腹心で大法官のベケットをカンタベリー大司教に任命したが、クラレンドン法（教会裁判権の制限、国王裁判権の伸張など、国家を教会の上位に置くことを目的とした法）をめぐって彼の反抗にあい、一一七〇年末彼を暗殺。不評を買う。

*ジョン王（在位一一九九—一二一六） フランスと戦って敗れ、フランス内の多くの領土を失い、教皇インノケンティウス三世と争って、秘跡などの儀式の禁止処分を受ける。また一二一五年にマグナ・カルタに署名。

「昔懐かしいイングランド人の黒衣の修道士」であった。その後、シトー会、プレモントレ会、アウグスチノ修道参事会、カルトゥジア会といった新しい修道会が到来した。十三世紀には、托鉢修道会がやってきた。イングランドの修道制の黄金時代には、修道会という修道会が大勢の志願者を引きつけた。一一六〇年、ヨークシャーにあるリーヴォーのシトー会修道院には七百四十人の修道士がいた。その他の修道院もほぼ同じであった。ベネディクト会士たちも増えていった。十四世紀半ばの黒死病の直前には、千の修道院があり、おそらく一万四千人の修道士、托鉢修道士、律修司祭、三千人の修道女がいたであろう。その時期には重要な大修道院は、聖堂、大食堂、大寝室、診療所、来客用宿泊所、高い胸壁で囲まれた中庭と回廊を備えた巨大な複合体であった。敷地外には、納屋、いけす、庭園、ブドウ畑があった。もっとも庭園やブドウ畑は、修道院の敷地内にある場合も多かった。

修道院には共誦祈禱修道士（歌隊修道士）、助修士、農奴がいたが、彼らの労働力がもたらす農産物は、どんなに安い輸入品よりもさらに安上がりだった。しかしイングランド人修道士たちがブドウ栽培を行ったのは、こうした経済的な理由のほかに、次のような理由もあった。第一に、ベネディクト会やシトー会の修道院は、自給自足を理想としていた。第二に、ブドウ畑は手の労働を行う機会を提供した。手の労働はベネディクトゥスの『戒律』の不可欠な要素であり、志を抱いた修道士たちの修練にはうってつけであった。彼らは修練長の監視の下で修道院敷地内で働くことができた（今日でさえ、イングランドにはないが、ベネディクト会、シトー会、イエズス会のブドウ畑では修練士たちが働いている）。修道士たちにとってブドウ栽培は骨折り甲斐のある仕事だったのである。

　中世イングランドには、大部分ははっきり特定できないものの、三百ものブドウ畑があった可能性がある。これらのブドウ畑に関して、文書に書きとどめる理由がなかっただけかもしれないのである。修道士たちが、ヨーロッパ大陸から技術を導入していたらしい痕跡もある。ブドウの段々畑の遺跡が、イーヴシャム谷のフラッドベリー（七世紀には独立した大修道院であったが、後にウスターのベネディクト会に吸収された）、ウスターシャーのグレート・アンド・リトル・ハンプトン、サマセットのクラヴァートンにある。ドーセットのベネディクト会修道院アボッツベリーに隣接する、セント・キャサリンズ礼拝堂の段々畑は、鉄器時代に穀物を栽培するために作られたものだが、修道士たちがブドウに太陽をあてるためにそれを使ったという言い伝えもある。同じ方法はライン河畔のあまり天候のよくない地域でも使われており、実際、雨の多い年でもできのよいドイツワインがいくつかある。十二世紀の沼沢地にあるソーニー大修道院について述べているマムズベリーのウィリアム*は、そこのブドウは――今日のメドック地方のように――地面すれすれに、もしくは低い支柱に支えられて実っていたと読者に語っている。この方法は、一一五二年にはカンタベリーのクライストチャーチ――おそらくセント・グレゴリーズ教会の近くだろう――のブドウ畑で、また一三八八年には、アビンドンのブドウ畑でも使われていたようだ。そしてウェールズのジェラルド（十二世紀）やアレグザンダー・ネッカ

＊マムズベリーのウィリアム（一〇九五頃―一一四三頃）　英国、ウィルトシャーに生まれ、成年時代をマムズベリー大修道院の修道士として過ごす。十二世紀随一の英国の歴史家。ミルトンも当代で最も優れた歴史家と称賛している。*Gesta Regum Anglorum, Gesta pontificum Anglorum, Historia Novella* などの著作がある。

かつての
イングランドにおける
修道院関係の
ブドウ畑
ランカスター
セント・メアリーズ・ヨーク
リーズ
チェスター
ダーレー
ノッティンガム
ビーヴァ
スポールディング
クロイランド
ノリッジ
レスター
ピーターバラ
ソーニー
バーミンガム
チャズリー
コーベット
コートリッジ
ラムジー
イーリー
アルプチャーチ
ノーサンプトン
デニー
ベリー・セント・エドマンズ
グリムリー
ハロー
ドロイトウィッチ
ケンブリッジ
ブロードワス
アバートン
キャノンズ・アシュビー
バーキング
リー
フラッドベリー
(アシュドン)
セヴァーン・ストーク
パーショア
ウォーデン
グレート・アンド・リトル・ハンプトン
サフロン・ウォーデン
メイプルステッド
チュークスベリー
ヘイルズ
ティルティ
コールチェスター
ディアハースト
ウィンチカム
セント・
オールバンズ
グレート・コギシャル
オックスフォード
ヴァイニー・ヒル
プリンクナッシュ
ウェア
ウォルサム
アビンドン
マーガム
カーディフ
ウォッチフィールド
ビシャム
(下図)
ヘンブリー
チョルシー
(ポートベリー)
コールド・アシュトン
レイディング
クロイドン
テナム
チスレット
オグボーン
セント・ジョージ
ウィットリー
チャートシー
セリング
バース
(ラコック)
(ビューレー)
セヴノークス
カンタベリー
クラバートン
バーサストン
(ルータム)
(リーズ)
クルクスベリー・ヒル
ウェストウェル
モーリング
ミア
ピルトン
ユーアスト
フォークストーン
ティンバーズクーム
グラストンベリー
ソールズベリー
ホークハースト
ミドルニー
マッチェルニー
ティスベリー
ウィンチェスター
ソーニー
シャフツベリー
バトル
モンタキュート
シャーボーン
サザンプトン
ビューリ
エクセター
アボッツベリー
ベネディクト会
アウグスチノ修道参事会
シトー会
マルタ騎士修道会
フランシスコ会（修道女）
不明
*カッコ内の地名は
一時的に修道院が所有していた可能性があるもの
ヴァイン・ストリート（ピカデリー）
ヴァインヒル（ホルボーン）
ファリンドン
ミノリーズ
バーキング
ロンドン

ム（十三世紀）は、ブドウが支柱に支えられて、あるいは棚の上で育てられていると語っている。

イングランドの修道院のブドウ畑は十州に限られていた。名が通っていたのは、セヴァーン渓谷、イーヴシャム渓谷、それに東南部——ケント、サセックス、ハンプシャー——で、とりわけ今日最良のホップが栽培されている地域（今日ではホップ畑にブドウを栽培している農家もあるようだ）の畑は評判がよかったらしい。一一二五年頃、マムズベリーのウィリアムは、グロスターシャーには、「イングランドの他のどの地域よりもブドウ畑が多い。そしてそこではたくさんのワインがつくられており、風味もとてもよい。というのは、そのワインは、ピリッとしたところがあるが口を刺激しないし、フランスのワインに劣らずまろやかだからである」と言っている。また、一五六三年生まれの詩人マイケル・ドレイトンは次のように書いた。

というのもグロスターは、盛んな時期にあって上質のブドウを栽培し、
美味しいワインで皆の心労をまぎらわせていた昔、
みずからを誇りとしていた。

グロスター大修道院のベネディクト会士たちは、近くのヴィニー・ヒルでブドウを栽培していた。イングランドのすべての大修道院の中で一番美しいと評されることも多いこの大修道院は、とても美しい回廊と、修道士たちが手や顔を洗った記念

碑的な水盤がとりわけ有名である。この州の他の大修道院では、チュークスベリー大修道院もまたブドウ畑を所有していた。一方、ディアハーストには遙か遠くのウェストミンスター大修道院に属するブドウ畑があった。

そのグロスターシャーの上をいっていたのがウスターシャーで、故エドワード・ハイアムズ*によれば、「一三〇〇年頃まで、この地方は、一種のイングランドのボルドーであった」。ここでは二十以上の修道院のブドウ畑が確認されているし、他にもあったのは明らかである。ウスターの司教座聖堂=修道院のベネディクト会士たちは、フラドベリー、ハロウ、グリムリー、ブラッシュリー、セント・マーチンズ、コサリッジ、それにブロードワズにブドウ畑を所有していた。ブロードワズではドデナム修道院――司教座聖堂の分院――の農奴は、修道院のブドウ畑で一年に二日働く義務があった。ベネディクト会の別の大きな修道院であるパーショアも、敷地内のほかに、ハンガー・ヒルやアリスバラ・ヒルといった修道院が見える場所にも、セヴァーン・ストック、リー、それにアバトンにもブドウ畑をもっていた。この州で三番目に大きな修道院であるイーヴ

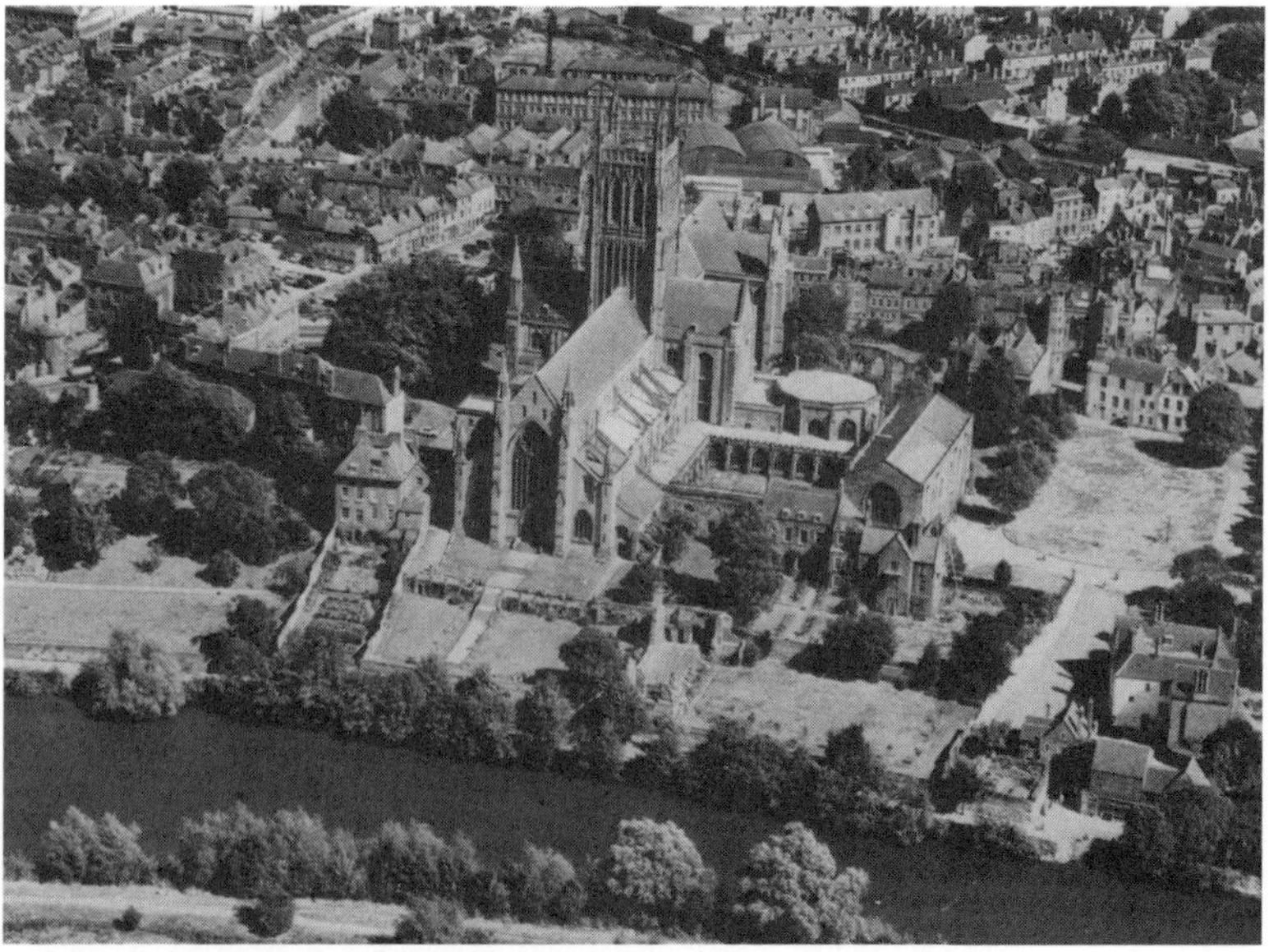

シャム修道院は、グレイト・アンド・リトル・ハンプトンやサウス・リトルハムにブドウ畑を所有していた。チュークスベリー修道院は、グロスターシャーにあったが、一二九〇年にはチャズリーに四つものブドウ畑を所有していた。さらに、ウスターシャーでブドウを栽培していたのはベネディクト会士だけではなく、ドロイトウィッチ修道院のアウグスチノ修道参事会員たちもワインをつくっていた。しかし、ウスターシャーのこれらほとんどのブドウ畑は、十三世紀中に草原に変わってしまったようだ。一三〇〇年以降、ブドウ畑に関してはほとんど言及されなくなった。例外はアバトンで、これは修道院解体後も俗人の手で残され、一五五四年まではワインをつくりつづけていた。『ヴィクトリア・カウンティー・ヒストリー』(*Victoria County History*)には、「ヴィンヤード(ブドウ畑)というのは、ウスターシャではごく普通の畑の名称である」とあり、十六世紀以降にこの州の他の修道院のブドウ畑が存続していた痕跡はまったくない。

ウスター大聖堂は今も、セヴァーン川を見下ろす修道院の建物をいくつか保有している。ジョン王の遺書はその参事会室《チャプターハウス》に保管され、大聖堂には彼の墓もある。六八九年に創設され、三つの修道院の中で最も古いパーショア大修道院の修道院聖堂は、その半分が現在も教会として使われている。この教会はもうひとつの大河、即ちエイヴォン川を見下ろしており、イングランドで最も美しい教区教会と言われている。七〇二年創建のかつては壮大であったイーヴシャム大修道院は、戸口のアーチ門、ノルマン様式の門楼、壮大な垂直様式の鐘塔が、エイヴォン川上流の緑の丘

▶ウスター大聖堂

＊エドワード・ハイアムズ(一九一〇—一九七五) 著作家、小説家、詩人、ジャーナリスト。*Vineyards in England, From the Waste Land, The Grape Vine in England*など一二〇冊に及ぶ著書がある。

に今も残っている。シモン・ド・モンフォール*はここに埋葬されている。修道院解体まで、大修道院長はイーヴシャムの町を、あたかも自分の所領のごとくに支配していた。これら三つの大きなベネディクト会修道院は、直接にあるいは借地人を通じて、英国史の中で最も重要なブドウ栽培の拡大——もっともその規模を誇張してはならないだろうが——を図った。

その他にも、多くのベネディクト会修道院がブドウ畑を所有していた。一例をあげれば、ウェストミンスター、セント・オールバンズ、カンタベリー、グラストンベリー、アビンドン、ベリー・セント・エドマンズ、ノリッジ、ロチェスター、セント・メアリーズ・ヨーク、イーリー、それにウィンチェスター（イングランドで最良のワインをつくっていたという評判である）などである。ロンドンのヴァイン・ストリート警察署は、かつてのウェストミンスター大修道院のブドウ畑の敷地にあった。セント・オールバンズのメイン・ストリートの一部は、以前は「ヴァイントリー」（「ブドウの木」の意）として知られていた。ベリー・セント・エドマンズには、修道士のブドウ畑に通じる門の遺跡が今も残っている。ノリッジでは、回廊の中にブドウ畑があったようだ。修道士たちは一二九七年、一三〇〇年、それに一三二三年と、植え替えのためにお金を支払っている。チャールズ・ディケンズの『エドウィン・ドルードの謎』の読者なら、ロチェスター司教座聖堂の隣の「ザ・ヴァインズ」と呼ばれる芝地を思い出すだろう。ここもまたかつては修道院のブドウ畑で、ウィリアム征服王の弟バイユのオドの特別のはからいでワインをつくるために与えられた

＊シモン・ド・モンフォール（一二〇八？—一二六五）　フランス生まれの英国の軍人・政治家。一二六四年、貴族の指導者としてヘンリー三世に反抗し、王を捕えて最初の議会を招集したが、翌年皇太子エドワードと戦って敗死。

ものだった。ここのブドウは市外のハリングのブドウ畑から持ち込まれた。一三二五年、ロチェスターのヘイモウ司教（一三五二没）は、エドワード二世（在位一三〇七—二七）に自家製のワインを献上している。

ロンドンの、古いセント・エセルドリーダ教会近くのヴァイン・ヒルは、かつてはイーリー修道院のブドウ畑であった。一二九九年、イーリーの修道士たちは、年間に一六〇〇ガロンを生産することが可能な、広さ約四エーカーのホルボーンのブドウ畑の周囲に、イバラの生け垣を長さ一二一パーチ（一パーチは五・〇三メートル）にわたってつくるために、三五シリング三・五ペンスという大金を支払っている。また同年には、男性女性両方が、除草や耕作のために雇われ、六九シリング・一・五ペンスが支払われた。ノルマン人に「ブドウの島」として知られていたイーリーでは、湿地帯であくせく働いていたブドウ作りの労働者たちは、十四世紀には司教座聖堂=修道院の上に聳える大きな八角形の頂塔を目にしたにちがいない。またそれを建てた人たちもおそらく、イーリーワインで渇いたのどを潤したことだろう。イーリーの修道士たちは、他にもケンブリッジの近くや、ハンティンドンシャーのサマシャム・マナーにブドウ畑をもっていた。

◀イーリー大聖堂

エセックスもまた中世イングランドのブドウ栽培の重要な中心地であった。そのほとんどは俗人の手で耕されていたが、いくらかのブドウの木は、遺贈や購入という形で修道院に渡ったようだ。リトル・メイプルステッド近くのブドウ畑は、その地にあったマルタ騎士修道会が手に入れた。その特徴的な円形聖堂（元々はテンプル騎士修道会の様式）は現存している。この騎士修道会は、もうひとつのブドウ畑を、クラーケンウェルにあった英国本部の近く、シティー・オブ・ロンドンのファリンドン区の一区画にもっていた可能性が――議論の余地はあるものの――ある。

ウィルトシャーではトニックワインがつくられていたようだ。ヘンリー三世の「リベレイト・ロールズ」と呼ばれる文書によれば、一二四一年にオグボーン・セント・ジョージのクリュニー派修道院長がヘンリー三世に三タン（一タン＝二五二ワインガロン）の鉄の香りのするワインを贈った、とある。この医療用ワインという修道院の伝統は現代になってバックファーストのベネディクト会によって復活している。

ブドウはウェールズでも栽培されていた。十二世紀の歴史家ウェールズのジェラルドは、子供の頃に、カーリアン＝アポン＝アスク修道院で栽培されていた質のよいブドウについて記している。一方、一一八六年に、ウエスト・グラモーガンにあったマーガムのシトー会士たちは確かにブドウ畑をもっていた（十九世紀に、ビュート侯爵はカステル・コッホでワインをつくろうとしたが、結果は惨憺たるものであった）。とはいえ、中世のウェールズには外国産のヴィンテージが不足していたわけではなかった。有名なリース・アープ・マーラダッド・オブ・タイウィンといった十五世紀の裕福な貴族は、彼の楽人であるダーヴィズ・ナーンモアによれば、「南の海の向こうの豊富に産するブドウ畑から」直接大量のワインを輸入することができた。

ヨーロッパ大陸と同様、イングランドの修道士たちも小作人にブドウ畑をつくらせ、ブドウやワインの十分の一を入手した。二、三の大修道院では、盛期には、特にウスターシャーで、驚くほど大量のヴィンテージを生産していたことだろう。相当な規模のブドウ畑もいくつかあった——『ドゥームズデイ・ブック』によれば、一二エーカーもある畑が二つあったという。小さい畑でも相当量のワインを生み出すことができた。修道士たちがどこでブドウを圧搾したかは誰も知らないが、大きな修道院の、十分の一税として徴収した穀物をおさめる納屋でなされたと考えてよいであろう。これらの納屋には古いサクソン様式のホールが改造されたものもあり、それゆえ、特徴的な構造をもっていた。機械に関して言えば、これも推測の域を出ないが、リンゴ圧搾機が使われた可能性もある。明らかに、イングランドのブドウの収穫は極めて単純な仕事で、委託したわずかなブドウが、あちこちに散らばっている小規模のブドウ畑から持ち込まれたのであった。ワインは木製の樽の中で熟成され、その後、皮製の樽に移された。農場労働者用のリンゴ酒は、十九世紀までこの種の皮製の樽に入っていた。

昔のイングランドのワインの味はどうだったのだろう。どんな種類のブドウが栽培されていたのかは——おそらくピノ・ムニエ種が使われていたと考えられる以外は――わからない。したがって、推測する以外にないのであるが、数少ない赤ワインは、ドイツのシュペートブルグンダーにいくらか似ていたかもしれない。他のワインは――マルベリーや、あるいはロチェスターでのように、（ハリングとスノッドランド産の）ブラックベリーなどの果汁で着色されていた。したがってきわめて風変わりなものであったろう。白ワインは、現代のイギリスのワインから判断して、ドイツやオーストリアの渋いヴィンテージに――どちらかと言えば、質のやや落ちるシュルックに似ていたかもしれない。できの悪い年のワインはコクがなく、酸っぱかったが、マムズベリーのウィリアムがグロスターシャーのワインを称賛してはっきり述べているように、いつでもそうであるわけではなかった。しかしながら、現代のイギリスのブドウ栽培の事情を知っている人は、イギリスのワインのなかにいくらか美味しいものもあるが、多くのワインは、あまり日光が当たらないブドウでつくられているために、味が落ちることを認めるだろう。実際、後のイギリスのブドウ畑の唯一の機能は、酸味の強い果汁――発酵していないグレープジュースをつくることであったと、証拠もなしに論じる著作家もいる。おそらく、これらのブドウのいくらかはこのように果汁をつくるために売られたのであろうが、それ以上にワイン醸造業者が、ワインをつくるために買っていたにちがいない。十四世紀末までは、大修道院のブドウ畑で自らワインをつくっていたという十分な証拠がある。一三三六年、ハンプシャーのビューリのシトー会の大修道院長は、「騎士たちとワインを飲んだために」他の大修道院長から正式に非難されたが、そのとき彼は自家製のワインを飲んでいたのかもしれない。どこの修道院もたくさんのワインを消費した。そして、自家製ワインは、高価な輸入ヴィンテージをうまい具合に補足したにちがいない。

ノウルズ師も認めているように、「修道院の美食三昧は宗教改革まで当たり前のこととして続いていたし、それ以降も続くことになっていた」。黒衣の修道士たちは規則で定められていた以上にワインを飲んだかもしれないと師は考えている。というのは、中世のイングランド人はキリスト教国の中でも、大酒飲みで有名であったからだ。意地の悪いウェールズのジェラルドは、十二世紀のカンタベリーのクライストチャーチのベネディクト会士たちは、食事のときに、マルドワイン（温めて甘味や香料を加えたワイン）、普通のワイン、「無発酵ワイン」、それにマルベリーワイン（おそらく着色ワイン）をことのほか大量にふるまったと言っている。ジェラルドが大げさに言っているとしても、サセックスのバトル大修道院の黒衣の修道士たちに、一日一人一ガロンのワインが――さらに病気になった修道士にはそれ以上が――許されていたことは議論の余地がないようだ。

このような慰めをありがたく感じた修道士は――修道女も――いたであろうが、どの修道会であれ、一方では飲んだとしてもごくつつましい量を口にする程度、という人々が多くいたことも、強調しておかなければならない。初期のシトー会士たちや、カルトゥジア会士たちは、極端な自己否定の生活をしていた。富裕なベネディクト会の大修道院も、セント・オールバンズのトマス・デ・ラ・メア*といった極

*セント・オールバンズのトマス・デ・ラ・メア（一三〇九頃―九六）ハートフォードシャーの名家に生まれた。子供の頃は学究的な気質であった。十七歳でセント・オルバンズ大修道院に自らの意志で入った。一三四九年、マイケル大修道院長の後継に選ばれた。

めて高貴な隠修士を生み出すことができた。彼は一三九六年に八十七歳で亡くなり、修道士として七十年、大修道院長としてほぼ五十年を過ごしたが、その間、一日一回以上飲んだり食べたりすることはなかった。そして、夕食に遅れてきた修道士には、「魅力的な微笑みを浮かべて」彼らのワインを放棄させたのだった。

ワインがお茶やコーヒー、また季節によっては、青野菜の代わりになり、飲み残した分は施しに回されたことも、公平を期して触れておかねばならないだろう。水は体に害を及ぼすので、ビールがイングランドの修道士たちの基本的な飲物であった。もちろん、このビールはホップで作られた今日のイギリスのビターとは違うものである。それは、バーレーワインのように、とても強いビールか、今でもケンブリッジのトリニティー・カレッジにあるオーディット・エール*、さもなければ、今でもウィンチェスターの中世風のセント・クロス病院で処方されているような弱いビールであった。祭日には、ミード（蜂蜜酒）もよくふるまわれた。ワインが貴重な贅沢品であったアングロサクソン時代には、特にそうであった。「ピタンス」として知られていた修道士の余分なあてがい扶持は、ベネディクトゥスの『戒律』が定めた二度の食事を補った。そしてこれにはしばしばワインが含まれていた。大祭日の正餐や夕食には、常に特別高価なワインがふるまわれた。

プロシアやポーランドと同様に、イングランドのワインもしばしば添加物によって改良された。ポセットと呼ばれた飲物は、ワインに蜂蜜や香料を入れて温めた飲物で、それなりに人気があった。また、ヒポクラスという飲物もあった。これはシ

*もと英国の大学でつくった特に強いビール。会計検査日（デイ・オブ・オーディット）に飲んだ。

ナモン、ヒマワリの種、ショーガ、それに胡椒で風味をつけ、そして砂糖で甘くしたワインである。これは中世イングランドではとても流行した。チョーサーは『カンタベリー物語』で、彼の登場人物の一人について書いている。*

彼は情欲を高めるために、ヒポクラス、クラレ、それにヴァナージといった
飲物を熱くして飲んだ。

*「商人の話」の一節。

(「ヴァナージ」とは、イタリア、トスカナ地方のヴェルナッチャ〔辛口の甘い白ワイン〕のことである。ダンテは、このヴェルナッチャとボルセーナの鰻を浄めるために教皇マルティヌス四世*を煉獄に配置するほどこのワインを敬っていた。)

*マルティヌス四世(教皇在位一二八一―八五) 美食家として知られ、ボルセーナ湖の鰻を白ワインに漬けて溺れさせ、それを焼いて食すのを好んだという。それゆえ『神曲』では、煉獄で食を断って、ボルセーナの鰻や白ワインを浄めているさまが描かれる(「煉獄編」第二十四歌)。

日射しが足りず、修道士たちががっかりしたことは疑いなかった。一二三〇年に、グラストンベリーの大修道院長たちの夏の宮殿《サマー・パレス》であったサマセット、シェプトン・マレ近くのピルトン・マナーの丘陵地の斜面にブドウの苗木が植えられた。一二三五年、ウィリアム・ザ・ゴールドスミスがこのブドウ畑を管理し、そのブドウでワインができるかどうか調べるよう任命された。しかし、たったの三十年後にこのブドウの木は引き抜かれ、斜面は動物たちの楽園に変わってしまった。どうやら、一二二〇年頃から六〇年にかけての夏の天候不順が中世イングランドのブドウ栽培に大きな打撃を与えたようだ。これはピルトンに限ったことではなかった。ウスターシャーのグリムリーやドロイトウィッチでは一二四〇年頃にブドウ栽培を止めてい

るし、この州の他のブドウ畑も、その多くが十三世紀の中頃に急に止めている。バースの大修道院長が一二四〇年にティンバーズクームにあった彼の修道院のブドウ畑を売ったことがおそらく重要である。ケントのクライストチャーチも遅くとも一二三〇年までには見捨てられていた。修道士たちは、日当たりが少ないヴィンテージをより美味しくすることができるシャプタリゼーション（ワインの発酵を助けるために蜂蜜や砂糖を加えること）という現代的な技術をもっていなかった。それでも、わずかではあるが、存続した修道院のブドウ畑もあった。これは現在ブドウ栽培に携わっている人を勇気づける事実であろう。

　今日、ピルトンの同じ場所にブドウの木が再び植えられ、美味しい白ワインを、たぶんイギリスで一番美味しいワインをつくっている、とここに書けるのはうれしい限りである。大修道院長たちの宮殿《パレス》は何も残っていない。「宮殿《パレス》」というのは、おそらく誤った名称である。一二四〇年、大修道院長マイケル・オブ・アムズベリー*は、ブドウの木々の間に比較的質素な家屋を建てた。この家屋は、大広間、ソーラーと呼ばれる階上部屋、二つの寝室、台所、それに意味深いことに、酒庫から成っていた。さらに、穀物貯蔵用納屋があった。これは今も存続している十四世紀の堂々たる納屋の前身である。残念なことに、修道院長マイケルの時代から残っている建物は鳩小屋だけである。確かに、修道士たちの建物はなくなったが、十八世紀にそこには魅力的なゴシック様式の家が建てられ、それが今もピルトンに修道院的

＊マイケル・オブ・アムズベリー　一二三五年頃から一二五二年までグラストンベリー大修道院長であった。ある記録では、聖歌隊席の建設を推進させた、とある。

雰囲気を与えている。他にもかつて大修道院のブドウ畑であった場所、あるいはその近くで、再びブドウが植えられるようになった。アイル・オブ・イーリーのウィルバートンでは、ベネディクト会の司教座聖堂＝修道院から遠くないところでブドウが栽培され、ワインがつくられている。そしてそれは適切にも、「セント・エセルドリーダ」と名づけられている。ビューリもまた、同じように息を吹き返しているかつての修道院のブドウ畑で、ロゼと白ワインがつくられている。サセックスのブリードにあるブドウ畑も、はっきりしないが、修道院のブドウ畑であったような雰囲気をもっている。ここの教区教会は、フェカンのベネディクト会に所属していた（この近くの館《マナーハウス》は、ルーマー・ゴッデン*の小説『このブリードの館で』にインスピレーションを与えた）。

イングランドのワインは、混ぜ物のあるなしにかかわらず、修道士たちが飲むワインとしてはほんのわずかな量であった。彼らが飲んでいたのは、ほかのすべての人たちと同じように、輸入物のヴィンテージであった。ワイト島のシトー会士クォーは、たびたびサザンプトン港から船をチャーターしてガスコーニュ産の赤ワインを運んだ。その船は、毎年夏の終わり頃にソレント海峡に集まったワイン大船団の一部であったろう。チャーター料は、ビスケー湾の嵐やバスク人の海賊といった危険を冒さねばならなかったので、高くついたにちがいない。またイングランドのクリュニー派修道院に、母院からブルゴーニュワインが送られていたかどうかも気になるところだが、おそらくその可能性は高いだろう。

＊ルーマー・ゴッデン（一九〇七―一九九八）英国の小説家、童話作家、詩人、翻訳者。六十冊以上の小説やノンフィクションを書いた。サセックス生まれ。*Chinese Puzzle, Coromanndel Sea Change, Cromartie vs. the God Shiva* などの著作がある。

中世イングランドの修道士たちが最も楽しんだワインは、（モネムヴァシア産の）マムジーワインのような、キプロスやギリシアの甘くてコクのあるワインであった。こうしたワインは、砂糖のない時代にとくに求められたが、現代人の口にはあまり合わないだろう。一五三六年の修道院解体のときに辞任したウスター最後の大修道院長ダン・ウィリアム・モアは、会計明細書を手元に残しており、そこには、一ポットル（半ガロン）のサックワインと一ポットルの赤ワインとか、クリスマスの日の一クォート（四分の一ガロン）のマルムジーワイン、一ポットルのオセイと一ポットルのルムニー、といった項目がある。「オセイ」は、甘口のアルザスワインのことであり、「ルムニー」は、ギリシアの「皇帝《カイザー》」（ビザンティン帝国の皇帝）の土地ルマニー、即ちルーマニア産のワインのことである。

外国の良質のワインがたくさん手に入ったのに、どうしてイングランドの修道士たちはみずからも一風変わったワインをつくっていたのだろうか。これには特に二つの理由があった。第一の理由は、イングランドの気候が、ドイツやチェコスロヴァキアと同じ程度にはワインづくりに適していたし、シャンパーニュとさえ――あちらの天候が例外的に良くない夏であれば――さほど変わらなかったということである（これは今でもそうである。日射しが足りない年のシャンパーニュの白――無発泡のものの――は飲めたものではない）。第二の理由は、ワインはたくさん輸入されたが、品質が劣ったものも多かったということである。酸っぱかったり、十分にろ過されていなかったり、澱がいっぱい入っていたり、また現代流に言えば、コルク臭かったりもした。中世のワイン愛飲家がとくに求めたワインの質は、透明度であった。赤のクレレは最良のものでも、赤と白のブレンドである場合が多かった。一方で最悪なのは、白ワインに時折果汁が混ぜられることであった。イングランドの修道士たちは、みずからのつくったワインを飲んでいれば、少なくもどんなワインを飲んでいるかはわかるという利点があった。

イングランドのブドウ栽培を死滅させたのは、天候の悪さというよりはむしろ、修道院の労働力の崩壊であった。一三四八年から一三七〇年まで繰り返し発生した黒死病という世界的な流行病が、すべての修道会に壊滅的な打撃を与えた。疫病は一三四九年イースターの日にセント・オールバンズに到来し、修道院長と四十八名の修道士を襲った。ウェストミンスター大修道院では同じ年に修道院長と二十六人の修道士たちが亡くなった。デヴォンのシトー会のニューアナム修道院では、二十五人の中で生き残ったのは修道院長と二人の修道士だけであった。修道士たちが全員亡くなった修道院もいくつかあった。一三七〇年までには、イングランドの修道士、托鉢修道士、参事会員の数は、百年前の一万四千人から、およそ八千人にまで減ってしまった。助修士のほとんどがいなくなり、それを召使いで満たすこともできず、有給の農業労働者を雇わねばならなかった。結果的に大修道院の農場経営はそれほど効率的でなくなり、今までのように運営することは不可能となった。一五三八年、リーヴォーにはたったの二十二人の修道士しかいなかった。十二世紀には七百四十人——小規模な中世の町の人口——もいたのに、である。

黒死病以前でさえ、どの修道会も土地を自ら耕さないで、賃貸中心の経済へと移行していた。そしてこの過程は加速度的に進んだ。ブドウ栽培は新たな小作人にとって魅力的ではなかった。どんどん上昇する賃金を人夫に支払わなければならなかったからだ。最後のカンタベリーのブドウ畑は一三五〇年に放棄された。一三五〇年は重要な年である。これ以降、イングランドのブドウ栽培の証拠はますます稀になってくる。一三八八年、アビンドンではまだワインをつくっていたが、明らかに規模は小さかった。その年にその大修道院のブドウ畑では、ワインの価格として十三シリング四ペンス、ブドウの価格として二十シリング二分の一ペンス、酸味果汁の価格として二ペンス、それにブドウの木の価格として四ペンスの売上が記録されている。おそらく十五世紀には、ほとんどの修道院のブドウ畑ではワインの生産をやめていた。輸入ワインが洪水のように入ってきたからである。一四四八年から四九年にかけて、三百万ガロンものワインがボルドーだけから入ってきたのである。

一五四〇年頃、元カルトゥジア会士であったアンドリュー・ボード博士*は、「しかし、このことは言っておきたい。即ち、世界のすべての王国の中でイングランドほど多様な種類のワインがあるところはない。イングランドにはワインをつくる原料がないにもかかわらず、である」と書いた。それでも、チューダー王朝時代のイングランドにブドウがあったことは確かである。イングランドのいくつかの修道院では最後まで、少量ではあるが、ワインをつくり続けていたと考えてよかろう。一五三五年、ベッドフォードシャーのシトー会のウォーデン修道院にブドウ畑があっ

*アンドリュー・ボード博士第六章（一八七頁）を参照。

たのは間違いないようで、この年、副修道院長がその畑で売春婦と一緒にいるところを捕らえられた。少なくとも「嘘つき」レイトン博士の報告はそう伝えている（ここは、白衣の修道士が持ち込んだウォーデン梨の原産地である。この梨は大修道院の紋章――三つの金の梨の間に牧杖がある、青色の紋章――のなかに記念として残っている）。さらに、サマセットのクラヴァートンは俗人のブドウ畑だが（短期間バース大修道院に所属していたこともある）、中世初期から十八世紀までワインをつくり続けた歴史をもっており、その段々畑が一九五〇年代に確認されている。

十三世紀以降、修道院に退潮のきざしが見えはじめ、黒死病後は急速に衰えていった。カルトゥジア会やグリニッジのフランシスコ会（王妃キャサリン・オブ・アラゴンが好んだ）のように、模範的な修道士もいたが、狐狩りをしていた大修道院長、売春婦と寝ていた托鉢修道士、小さな愛玩犬をたくさん飼っていた修道女など、スキャンダルには事欠かなかった。しかしながら、たいていの修道士は、拡大解釈が可能であればできるだけそれを利用しつつ、規則の基本的要件を満たしながら、快適で凡庸な生活を送っていた。ひとつの典型的な例は肉を食べることであった。規則では禁止されていたので、修道士たちは肉を食べるのを認められている診療室でそれを食べた。修道士たちには給料が支払われるようになり、自分自身の部屋をもつようにもなった。

大修道院それ自体は相変わらず見事なものであった。一見して受ける印象は、司教座聖堂とオックスフォードのカレッジを合せたようなものであったにちがいない

――とくに、小さな町や山深い片田舎では人目を引いたことだろう。司教座聖堂＝修道院のいくつかは残存しているが、付属の建物や農場、外壁などは失われている。宝石で飾った聖堂、金器類、見事な蔵書といった昔の富もともに失われた。修道士たちは最後まで、ヨークシャーのファウンテンズ大修道院のように、大修道院を美化し続けた。この大修道院では、一五二〇年代に大修道院長マーマデューク・ハビー*が、巨大な鐘塔を建てた。それは壮麗なものであったが、それでも、衰退の兆しにはちがいなかった。

十六世紀になると、大修道院長は魂の導き手というよりは州の権力者のような存在であった。修道士たちは院長に、「父なる院長様」ではなく、「わが主君」と呼びかけていた。そしてこうした上長は、他の修道士たちと離れて、豪華な専用の館に住んでいた。そこで彼はジェントルマンと呼ばれる従僕に仕えられ、相当に豪奢な生活をしていた。しばしば彼は王族や貴族を饗応した。また王族や貴族たちも頻繁に大修道院で大宴会を催し、時には長期間滞在した。多くの大修道院長はロンドンにも館

を持っていた。というのは、グラストンベリーやウェストミンスターの大修道院長のように、彼らのうちの二十五人は修道院解体まで、貴族院議員でもあったからである（クラーケンウェルのマルタ騎士修道会の修道院長はイングランドの古参の男爵の位にあった）。みずからの州では、大修道院長は、どの公爵にも劣らず大きな権力をもち、しばしばその地方の町を支配した。黒い毛皮のケープを身にまとい、側に従僕を侍らせ、「馬に乗って道を闊歩する大修道院長」は、チョーサーの「有能な大修道院長」よりもはるかに威風堂々としていたにちがいない。チョーサーのほうは、おそらく規模の小さな修道院の院長に過ぎなかったであろう。

これら王侯然とした大修道院長のひとりは、イングランドの修道士たちが、実際のところ、みずからのつくったワインをどんなふうに飲んでいたかに関して示唆を与えてくれる。一五三八年六月、修道院解体のための論拠を捜し出す任務を負っていた行政監督官のなかでも最も悪名高いレイトン博士は、バークシャーのビシャムの大修道院長ダン・ジョン・コードリーが、私室にこもって白ワインと砂糖とルリチサの葉とサック酒のミックスを「夜中まであおっていた」と主張した。この大修道院長が飲んでいたのは、自家製の白ワインであったかもしれない。少なくとも、ビシャム大修道院が一時期ブドウ畑を所有していたのは確かである。

宗教改革は修道院解体の唯一の原因ではなかった。歴史家は十六世紀初期の精神的、社会的風潮の急激な変化をはっきりと見ている。反聖職者主義が、少なくとも、聖職者に対する敵対的態度が、新たな冷酷で野心的な人種と共に力を増大させてき

▶リーヴォー大修道院の遺構

＊マーマデューク・ハビー（一四九五—一五二六）　一四六三年頃ファウンテンズ修道院で修道生活を始めた。修道院の行政面で指導的な役割を果たし、院長ジョン・ダーントンにはなくてはならない人物であった。

た。加えて、大修道院の意義をほとんど認めていなかったカトリック教徒が大勢いた。修道士の中にもこの考えに同調する者がおり、一五三七年、パーショアのダン・リチャード・ビーリーは、彼の修道院では「修道士たちが、軽食の後十時か十二時まで大杯のワインを飲み、泥酔して朝課に来る」とこぼしている。一五三六年にまず小さな修道院が閉鎖に追いやられ、ついで一五三八年に大きな修道院が解体されていった。社会がどのくらい影響を受けたかは議論の余地がある——言えることは、全体として金持ちは利益を得たが、貧者は苦しんだということである。美的観点からは、修道院解体は悲劇であった。修道士たちの美しい建物が破壊されただけでなく、見事な蔵書も四散してしまった——手稿写本は大量に包み紙になったし、トイレ用の紙にもなった。またブドウ栽培の観点から見ると、修道院の崩壊はローマ時代から続いてきた伝統の終わりを告げるものであった。十七世紀の『植物の劇場』の著者であるジョン・パーキンソンは、イングランドのワインづくりの衰退は、イングランドの修道士がいなくなったためだと断じている。修道士たちと共に「ブドウ畑を管理する知識が消えてしまった」のである。

修道士たちは長い間人々の記憶のなかにとどまっていた。貧しい人々は、大修道院の農場が羊の放牧場になってしまったことを嘆いた。彼らは生活の糧を得るすべを失ってしまったからだ。一方、裕福な人たちは、自分たちから修道院の財産を取り戻そうとするかもしれないカトリックの復活を恐れた。十七世紀の歴史家ヘンリー・スペルマン*は、修道院解体は冒瀆であり、また修道院の土地を買った家にはの

＊ヘンリー・スペルマン（一五六二頃—一六四一）　英国の古物収集・研究家、特に中世の文書の収集で有名。ノーフォーク、コンガム生まれ。著書に *Concilia Ecclesiastica Orbis Britannici, Glossarium Archaiologicum* などがある。

ろいが降りかかったと信じた。十八、九世紀には、大修道院の遺跡はロマンティックな畏敬の念を呼び起こした。一八四九年になってもまだ、シャーロット・ブロンテ（一八一六—五五）は、「森の真ん中で朽ち果てて廃墟と化した聖なる場所の、湿った、雑草に覆われた遺跡の中を徘徊する、女子修道院長の亡霊や、霧に包まれた蒼白の修道女」（『シャーリー』）のことを語ることができた。しかしその後、環境省の美化と保存の活動によって、こうした魔力の大半は一掃された。

ここまで述べてきたイングランドのブドウ栽培の話は、一般に語られる話とはやや違うので、今一度要約したほうがよいかもしれない。修道士が最初にサクソン・イングランドに到来したとき、彼らはミサ用のワインをつくった。ワインづくりは初期のイングランド人の生活の知られた一部分であったが、決して経済的に重要な意味をもつことはなかった。その後、デーン人の侵略とイングランド修道制の実質上の消滅（その後、徐々にまた制限された範囲で回復した）のために、修道士たちがブドウ栽培に再び重要な貢献をすることができたのは、ノルマン征服後であった。一一〇〇年から一二二〇年頃までブドウが植えられた地域は劇的に増えた。この時期はイングランドのワインづくりで最も重要な時期であり、ブドウ畑はほぼ完全に修道士の手に委ねられていた。修道士の労働力がふんだんにあったので、輸入ワインがたくさん入手できたにもかかわらず、修道士だけで大々的にブドウを栽培することが可能であった。しかし不運なことに、悪天候が延々と続いたために、ブドウを栽培していた多くの修道士たちは落胆し、ブドウ畑を捨てた。さらなる打撃は修道士の労働力の減少と小作農経済への転換であった。こうした現象は黒死病によって加速された。輸入ワインが洪水のごとく流入していたにもかかわらず、十五世紀や十六世紀になっても存続していた大修道院のブドウ畑がいくつかあった。おそらく、小さな修道院のワインは最後までつくられていたであろう。だが、しばしば言われているように、修道院解体がイングランドのワインづくりの消滅の理由ではなかった。ワインづくりは大修道院においてさえ、長年にわたって常に瀕死の状態にあったのである。

修道士たちはなぜ、気候がほとんど変わらないドイツで成功しているのに、イングランドのブドウ栽培を恒久的に確立できなかったのか、という問いが出てくるのはもっともなことである。イングランドがワインづくりの国でないのは地理的というより歴史的な事情による。イングランドの修道士たちが失敗した根本的な理由が二つあった。第一に、大きくて、よりよく組織され、また数も多かったドイツの修道院——イングランドには広大な地所をもつカロリング朝時代の大修道院のようなものは存在しなかった——は、かなり早い時期に大規模にブドウを栽培し始めていた。その結果、ブドウ栽培はじきにドイツの修道院経済においてなくてはならない要素となった。イングランドではこういうことは決して起こらなかった。また、ドイツの修道士たちは、九世紀と十世紀の荒廃からいち早く立ち直ることができた。第二に、暗黒時代の貿易の崩壊の間も、ドイツには内地産ワインの市場が常にあった。ドイツの皇帝や貴族は田舎に邸宅を持ち、彼らは地元のヴィンテージを買うのに熱心であった。こうしたヴィンテージは、ライン川やモーゼル川やその支流を通って容易に運ばれた。長距離貿易が回復したとき、ドイツのワインは輸入ワインと対抗できるほどに確立されていた。これとは対照的に、大量の安くて上等なワインがイングランド中を洪水のごとく満たし始めたとき、イングランドのブドウ畑は数も少なく、悪戦苦闘していた。実際のところ、イングランドにまだたくさんのブドウの木があるのが不思議なくらいであったが、ウスターシャー、グロースタシャー、エリー、アビンドン、カンタベリーなどの大修道院の小規模なブドウ畑は、そのような逆境の中で目覚しい業績をあげていた。

イングランドの修道院のブドウ栽培はむろんのこと、中世イングランドのブドウ栽培が純粋に科学的で学問的な調査の対象になったことがないのは驚きである。故M・K・ジェイムズ嬢がワインの輸入に関する見事な論文をいくつか発表したが『中世イングランドのワイン貿易』、一九七一年）、彼女と同じくらい優れた学者が中世イングランドのブドウ栽培に目を向けてくれるまでは、我々はほとんど何も知らぬまま過ごさなければならない。

とはいえ、中世イングランドの修道士たちのブドウ栽培の痕跡を辿る手がかりが全くないわけではない。一八三五年、H・ウィンクルとR・ウィンクルの両氏は、「ケントの森林地帯の一部では、今でもブドウが生け垣のところに自然に生えている」と報告しているが、一九五一年、ケントのルータムでブドウが自生しているのが発見された。このブドウはルータム・ピノと名づけられたが、品種としてはピノ・ムニエであることが判明している。またルータムには、カンタベリー大司教の夏の宮殿《サマー・パレス》があり、その廃墟を今でも見ることができる。つまり、この司教座聖堂＝修道院のベネディクト会士たちがこのブドウを栽培していた可能性は十分にあるのである。ルータム・ピノが、イングランドの修道院のブドウ畑の生き残りであると想像をめぐらしたとしても、それほど突飛なことではないだろう。

第十章　ドン・ペリニョンとシャンパン

ドン・ペリニョンは貧しい人たちを愛し、よきワインをつくった。
――シャンパーニュ地方の諺

無知なベネディクト会士というのは、何とも言いようがない人種だ。
――ドン・ディディエ・デ・ラ・クール

ブドウ栽培にかかわったすべての修道士の中で最も有名なのは、疑いもなく、ドン・ペリニョンである。このオーヴィレール大修道院の年老いた盲目のベネディクト会士の業績は、ほとんど信じられないほどである。シャンパーニュ地方で黒ブドウから白ワインをつくる方法を発見した最初のワイン醸造家であった彼は、その後、ボトルの栓にコルクを使い、瓶詰めの工夫をすることで泡を絶やさない方法を発見し、今日我々が知っている発泡性のシャンパンをつくり出した。

ピエール・ペリニョンは一六三八年、東シャンパーニュのサント＝ムヌーで生まれた。ルイ十四世と同い年である。上流ブルジョア階級の名家に属し、父は法務官であったが、幼年時代のことは何もわからない。一六五八年、二十歳で彼はヴェルダンにあったベネディクト会の有名なサン・ヴァン大修道院に入り、ここで修道誓願を立てた。おかげで我々もその後の彼については、多少の情報を得ることができる。サン・ヴァンは厳しい修道院で、同じ精神をもつ修族全体の中心であった。とてもよく似たサン・モール修族の場合と同様、そこでは学問がことのほか強調されていた。この修族の創設者であるドン・ディディエ・デ・ラ・クール（一五五〇―一六二三）は、「無知なベネディクト会士というのは何とも言いようがない人種だ」との言葉を残している。彼らが没頭したのは歴史の研究であったが、決して科学を無視しなかった。「サン・ヴァン大修道院の修道士たち」の伝統は、ドン・ペリニョンの人となりにも顕著な特徴を刻しているように思われる。ペリニョンは同時代の人たちから、博覧強記の人とみなされていたからである。オーヴィレール大修道院の総務長《セララー》として後任にあたるピエール修道士は、ペリニョンの関心のありかを詳細に語ってくれており、それによれば、ド

▶オーヴィレール修道院

ン・ペリニョンが訓練された論理的思考力と正真正銘の科学的探求心をもっていたことは明らかである。そしてペリニョンはこの二つを、サン・ヴァン大修道院での人格形成期に獲得したにちがいない。

我々はまた、この優れた修道士が視力に恵まれなかったことを知っている。晩年、彼は盲目になった。しかし、長年弱視に苦しんだ彼は、それを補ってくれるものを身につけていたのかもしれない。一つの感覚が奪われたために別な感覚が発達する、というのはよくあることである。そしてドン・ペリニョンが並はずれてすばらしい嗅覚と味覚をもっていたのは、まず間違いないところである。

一六六八年もしくは一六七〇年に彼は、マルヌ河畔のブドウに覆われた斜面にあるエペルネーにほど近い、オーヴィレール大修道院の総務長《セララー》となった。彼がいつサン・ヴァンを去ったのかはわからない。オーヴィレールは、北フランスでは名の通った修道院の一つであった。六五〇年創設されたこの修道院は、フランスの国王たちが戴冠式を行う大聖堂があるランスの大司教を九人も輩出し、また貴重な聖遺物を有することで大きな信望を得ていた。この聖遺物とは、コンスタンティヌス大帝の母親で、正真正銘の十字架の発見者として名高い聖ヘレナの遺骸であった。八四一年、ランスのある司祭がこの聖なる遺骸をローマの礼拝堂から盗み出したところ、聖遺物はシャンパーニュ地方で、ブドウ栽培に精を出す人々のために雨を降らせるなど、数多くの奇跡を行った。そこで司教はこの盗みを許し、オーヴィレール大修道院が聖ヘレナを保管することを認めた。聖ヘレナはその後も皆が喜ぶような奇跡を行い続け、おかげでオーヴィレールはルルド同様の巡礼地となった。言うまでもなく大修道院は利益を得、相当な富を獲得したが、その財産の中には、いくつかの秀逸なブドウ畑が含まれていた。一六三六年までにオーヴィレールは、十分の一税としての相当量のワインの外に、百エーカーのブドウ畑を所有していた。従って、オーヴィレールは、モエ社を除く現代のどのシャンパンの醸造所よりも広い面積の畑をもち、また多種多様なブドウを手中に収めていたことになる。

しかし、ドン・ペリニョンが最初にオーヴィレール大修道院に来たときにつくられていたワインは、今日の発泡性のシャンパンとは似ても似つかぬものであった。泡立ってはいなかったし、色も異なっていた。それは赤でも白でもなく、赤みがかった灰色、つまりヴァン・グリ（ロゼワインと白ワインの中間色のワイン）であった。もっとも、「淡赤色」「ロゼと白の中間色」「淡黄褐色」「白色と赤色の中間色」「ヤマウズラ目の色」といった多彩な色をもつこのワインもまた、魅力的でなくはなかった。それどころか、これらは高く評価されてアンリ四世やルイ十四世のお気に入りとなり、やがてフランスの王たちは戴冠式でもシャンパーニュのヴァン・グリを飲むようになった。何世紀もの間、彼らは、司祭と同様に、聖体を二つながら拝領する＊のを許された唯一の平信徒であった。それゆえ、彼らはワインの評判に少なからず貢献した。シャンパーニュから大量のワインが平底船でマルヌ川を下って運ばれ、パリでも大変もてはやされた。まだクラレットを味わったことがなかった多くのパリ人は、シャンパーニュのヴァン・グリをたしなむようになった。

＊つまり、パンだけでなくワインも拝領するということ。

オーヴィレール大修道院の総務長《セララー》として、ドン・ペリニョンは修道院の財政や管理運営をすべて担当する修道院の実務家であった。彼は、食事の用意、衣服、建物、補修に責任をもっていた。また修道院の地所を管理し、地域の貧しい人たちに施しをするなどの責務も負っていたが、とりわけ後者には有能であったようだ。地域の貧しい人たちに施しをしたことで長い間記憶されていたからである。さらに、修道院の森林やブドウ畑の管理も彼の仕事であった。しかし一般に総務長の評価は、修道院の収入を増やす才覚によって左右されるところが大きかった。そして、そのためのよく知られた手段は、修道院のワインの質を高め、売上を伸ばすことであった。ドン・ペリニョンはこの職に就いたときから、これを実行しようと心に決めていたようだ。

彼が最初に手をつけたのは、修道院の地下に深くて、これまでのものよりもはるかに広い地下貯蔵庫を掘ることと、地上にも貯蔵庫をつくることであった。作業は一六七三年にはじまった。その後、彼は、ヴァン・グリではなく、赤ワインをつくることに乗り出した。シャンパーニュ地方の黒ブドウはピノ・ノワールであるが、北方の気候のゆえに、ブドウは十分に赤くなるまで熟さない。そのため、かつてのヴィンテージに見られたような灰色、ヤマウズラの目の色、あるいは薄紅色のワインができたのである。注意深く観察しながら、ドン・ペリニョンは、組織的にブドウを選択し、若木に実ったブドウよりも太陽により反応する柔らかい果皮をもつ古木のブドウを使い、赤ワインをつくりだす方法を開発した——ただしそれが可能なのは、太陽がことのほかよく照った年だけであったが（以上の記述、パトリック・フォーブズ氏に依拠した。一方ではアンドレ・シモン氏のように、ドン・ペリニョン以前のシャンパーニュ地方のワインはほとんどが泡の立たない赤ワインであり、ヴァン・グリは十七世紀の新製品であった考える人々もいるようだ）。

シャンパーニュでは伝統的なヴァン・グリのほかに、白ブドウから少量の非発泡の白ワインもつくられていた。当たり年のものは高く評価され、ドン・ペリニョンの後継者であるピエール修道士は、これを健康によいものとして推奨している。少量ながら今なおつくられており、濃黄色で辛口だが、フルーティーなワインである。ただし残念なことに、太陽がことのほかよく照った年にしかいいものができない。そこでドン・ペリニョンは、黒ブドウから白ワインをつくる方法を探究した。彼は、ブドウを圧搾する特別な技術を開発してこれを実現した。そして注意深く選別した無傷のブドウとマスト（もろみ醪）だけを使った。

総務長のペリニョンは、注意深くブドウの木を植えたり、植え替えたりして、着実にブドウの木を改良していった。収穫においては、伝統的な行き当たりばったりの方式を捨て、ブドウの熟成度を判断し、その上で異なる品種のブドウをブレンドする合理的な方法を開発した。彼の教え子であり後継者でもあったピエール修道士は、一七三〇年に書かれた小冊子の中でそれをこう表現している。「ペリニョン師のところに熟したブドウのサンプルが運ばれくると、彼は一晩窓辺にそのブドウを放置し、朝食前に味見をした。彼は、果汁の風味に応じて、その年の天候に応じて、

◀ブドウ畑のドン・ペリニョン
エペルネーのステンドグラス

寒さや雨の度合いによって早く熟したか遅く熟したかに応じて、またブドウの木の葉が密であったかまばらであったかに応じて、自分のブレンドをつくった」。またオーヴィレール大修道院の最後の総務長であったドン・グロサールは、一八二一年のある書簡の中でこう書いている。「ブドウの収穫の時期が近づくと、ドン・ペリニョンは、フィリップ修道士に『プリエール、コート゠ア゠ブラ、バリエ、カルティィエ、クロ・サン・テレーヌのブドウをわたしのところにもってきなさい』と命じた。ドン・ペリニョンは、どのブドウがどこのブドウ畑のものか教えられなくても、直ちに見分けることができた。そして、『あそこの畑のワインとここの畑のワインをブレンドしなさい』と命じたが、決して間違えることはなかった」。

一六九〇年までに、オーヴィレール大修道院のワインは赤白のどちらも有名になっていた。一六九四年には、とても高い値段で売れたので、その額が修道院のワイン搾り機の上に印刻されたほどだった。フランス中の上流階級の人たちから注文が舞い込んだのである。

それでもこの老人は満足しなかった。とりわけ春先には、

微発泡効果を生み出す二次発酵が多くのワインの中で起こっている。イタリアのバルベーラはその一例であり、シャンパンがもう一つの例である。この過程は、ガラス瓶が使われるようになってから、とくに人目を引いたにちがいないが、オーヴィレール大修道院では、それはまさにドン・ペリニョンがいたときに導入された。不屈の忍耐力をもって、いかにしてほどよく発泡したままの状態で瓶詰するか、またいかにしてその美味しさを封じ込めるかを探求した。しかし、当時使われていた瓶のストッパー、例えば、オリーヴ油に浸した麻をくるんだ木製のプラグでは、ガスが抜けずに二次発酵が止まってしまうので、役に立たなかった。さまざまな実験を繰り返した後、彼は、大修道院を訪ねてきた二人のスペイン人の修道士が、コルクで水筒の栓をしているのに気づいたらしい。どんなふうに発見したにせよ、ドン・ペリニョンが最初にコルクを実用化したのは間違いないようだ。長年の辛抱強い試行錯誤の結果、彼はおそらく一六九八年頃、今日我々が知っているような、すばらしい発泡性のシャンパンをつくり出したのである。

一七〇〇年までには、彼のワインは、それ以前のシャンパーニュのワインの最高額の二倍の値がつくようになっていた。そしてそれは、一七一五年フランスの摂政に任ぜられたオルレアン公のお気に入りとなった。常習的な酔っ払いであった彼は、ほとんど毎晩のように泡立つシャンパンに溺れ、パレ・ロワイヤルでの大酒宴でこれを大量に振る舞った。また後には、ポンパ

▶十九世紀のシャンパンのボトル

ドゥール夫人（一七二一—六四）の好むワインともなり、彼女はシャンパンを「飲んだ後も女性が美しいままでいられる唯一のワインである」と評したという。
シャンパンはまた、重税で制限されていたので少量ではあったが、イングランドにも入っていた。そして無粋なジョージ二世までもが夢中になってシャンパンを飲んだ。いったん関税障壁がなくなると、シャンパンはイングランド人を征服した。その作品『ドン・ジュアン』の中で、

クレオパトラの溶けた真珠のように白い、
渦巻くように泡立つシャンパン。

と詠じているバイロンは、ポンパドゥール夫人と同じく、シャンパンを唯一の真に女性向きのワインと考えていたようである。ただしバイロンのシャンパンは、すべてのヴィクトリア朝時代以前のシャンパンと同様、甘口で、今日の安シャンパンに似ていたことは指摘しておいたほうがよいであろう。一八六〇年代に入ってもそれは同様で、したがって、ジョージ・レイボーン*の『シャンパン・チャーリー』——不滅の楽しい俗謡——が飲んでいたのも甘口であった。

*ジョージ・レイボーン（一八四二—八四）　イギリスのミュージックホール・エンターテイナー。一八七一年初演の『シャンパン・チャーリー』であたりをとり、自らもこう名乗ることがあったという。

◀『シャンパン・チャーリー』シートミュージックの表紙

一方では、シャンパンへの称賛を渋る人々もまた少なくない。奢侈逸楽に身をゆだねたバルザックは、『幻滅』の中で、「食事のうちで最も品のない食事――シャンパンと共に流し込む牡蠣、シャトーブリアンステーキ、ブリーチーズ」と記している。また、ジョージ・セインツベリーもシャンパンについて懸念を表明している。「それほど頻繁に口にするのでなければ、おそらくこれほどすばらしい飲み物はない。だが、わたしに関する限りシャンパンは、飲み続けると決まって一週間かそこらでうんざりしてしまう」。アンドレ・シモンはこれには同意しなかった。彼は常に一日一本飲んでいた。そして九十三歳まで生きた。

ドン・ペリニョンは、一七一五年に亡くなった。修道士仲間ばかりでなく、貧しい人々やシャンパーニュのすべての醸造家たちが彼の死を悼んだ。彼はオーヴィレール大修道院の聖堂に葬られ、彼を記念した黒い大理石の厚板はいまでも見ることができる。またこれはかなり最近のものだが、ボトルをしみじみと眺めているペリニョンの彫像も立っている。大修道院は宗教改革後ほとんど破壊されたが、回廊の一側面と共に、聖堂がその遺物として残っている。この優れた老総務長は、教会からいかなる栄誉を授けられたこともなかったし、また『カトリック百科事典』に彼の名前を捜しても無駄であろう。しかし、繁栄をもたらしてくれた恩義を決して忘れないシャンパーニュ地方の人々からは、聖人同様の扱いを受けている。

▶ドン・ペリニョンの像
エペルネー、モエ・エ・シャンドン社前

ドン・ペリニョンを記念する祭りが、かつてのオーヴィレール大修道院の庭園で今でも行われている。またシャンパンを商う人々も彼への感謝の気持ちを忘れてはいない。モエ・エ・シャンドン社は長らく、彼らの最上のキュヴェからつくった銘醸にこの修道士の名を冠して販売しており、美しいラベル、独特の優雅なボトルとあいまって、大いに人気を博しているようである。

ピエール・ペリニョンは、実際、ブドウ栽培にたずさわる修道士の例として傑出した存在である。しかし、他の静かな修道院にも、ペリニョンのような人物はたくさんいたにちがいない。同じような技術と忍耐力をもちながら、土壌が劣悪だったり、ブドウの木がそれほどよくなかったりして、思うような結果に恵まれなかった老修道士たちもまた、きっといたことだろう。

第十一章　カリフォルニアのミッションワイン

この場所がエシュコルの谷と呼ばれるのは、
イスラエルの人々がここで
一房（エシュコル）のブドウの房を切り取ったからである。
四十日の後、彼らは土地の偵察から帰ってきた。
――「民数記」（一三：二四―五）

われわれがブドウの木を植えた、
このカリフォルニアの地がミサ用のワインを
生み出すことを願いつつ。
――エウセビオ・キーノ神父

カリフォルニアでワインづくりの先駆となったのは、イエズス会士とフランシスコ会士であった。彼らの経験は、「暗黒時代」の旧世界で起きたことの正確な繰り返しであった。彼らは荒野にやってきて、そこでまず聖餐用の、ついで食卓用のワインをつくった。そして最終的に、修道士ではなく俗人のワイン醸造家たちが彼らに取って代わり、ワインづくりを繁栄させたのである。

　カリフォルニアというと、アメリカ合衆国のひとつと考えがちだが、かつてアルタ・カリフォルニア、あるいはアッパー・カリフォルニアとして知られていたこの地域は、一八四六年にはじまるメキシコ戦争までは、メキシコのものであった。南の国境から太平洋まで伸びている細長い半島はバハ（ロワー）・カリフォルニアで、乾燥した不毛な土地であり、今でもメキシコの一部である。アッパー・カリフォルニアは、〔一五二四年以来スペイン領であったが〕植民地反乱*の起きる三十五年前まで、また「グリンゴーズ」（北米の白人たち）がそこを接収した時点*から数えても、その八十年前までは入植が行われてはいなかった。現代のカリフォルニア人にとって、フランシスコ会の伝道所《ミッション》は最も古い非先住民的な建物であり、いわば太平洋沿岸に流れ着いた旧世界の遺物のようなものである。

　一五九〇年、イエズス会はメキシコの荒れた地域に伝道所《ミッション》を創設しはじめた。ワインは、一五二〇年代以来メキシコシティやその他の地域でつくられてきたが、ブドウ畑は、遠隔地の伝道所からさらに離れたところにあった。イエズス会にとって必要なものは、ヨーロッパの荒野を開拓した修道士のそれとは少し違っていた。十三世紀以降、カトリックの平信徒は、パンとブドウ酒による聖体拝領を受けなくなっていた。したがって、ワインはそれほど必要ではなかった。それに十六世紀以降、ミサ聖祭用ブドウ酒はもっぱら白ワインでなければならなかった（これは、「聖杯布巾」、

＊植民地反乱
一八一〇年にはじまるメキシコ独立運動をさす（同国は一八二一年独立）。

＊接収した時点
一八四八年のメキシコ戦争（米墨戦争）終結後に、メキシコはカリフォルニアを米国に正式に割譲した。

つまり、聖体拝領後に聖杯を拭く白い布が導入されたためである。赤いしみは象徴的な理由で望ましくないと考えられた)。とはいえ、あまり多くない白ワインを確保するために、宣教師たちはブドウの苗木を植えた。

イエズス会が使用したブドウはヨーロッパ原産のものだった。地元の人たちがブドウを栽培していたということは、ワインづくりが可能であったことを示すものではあったが、その苗木はこの用途には適さなかった。ミッション種と呼ばれるこのブドウもまた、あまり良質ではなく、酸味に欠けていた。しかしその代わり、房の大きな中位の赤味がかかった褐色のブドウが実り、また多くのヨーロッパ原産のブドウの木を台なしにするほとんどの寄生虫には強かった。おそらくこれは、最初期の移民がアメリカ原産のブドウの木にスペインのブドウの木を接木したものであろう。そして、イエズス会がそのブドウの木を採用したときには、すでに定着していたのであろう。このブドウはさらに、育てるのにブドウ畑すら要らなかった。伝道所を囲った塀でも簡単に栽培することができたからである。

バハ・カリフォルニアの最初のイエズス会の伝道所は、素直で従順なピマ・インディアンの住む地域に設立された。それ自体は失敗に終わったが、チロル出身のイエズス会士、エウセビオ・キーノ神父(一六四五―一七一一)が到着するや、ヌエストラ・セニョーラ・デ・ロス・ドローレスにブドウを植えたことは注目に値する。一六九七年、ファン・ウガルテ神父による第二の宣教活動は成功した。そして、彼はサンフランシスコ・ハビエルにある施設で、ミサ用のワインをつくった。イエズス会の探検家たちは、バハ・カリフォルニアからアリゾナへと進んで行ったのである。

イエズス会はこうして北の地域に伝道所《ミッション》を設立しはじめたが、このときすでに、活動をやめねばならないほどの猛烈な打撃を被っていた。イエズス会の穏やかで他利的なやり方は、先住民に対する宣教活動を大きな成功に導いた。しかしこの成功は、新世界のスペイン領全土の激しい嫉妬をかき立てる結果となった。イエズス会士たちは、奴隷襲撃者や奴隷商人を厳格に排除し、また先住民を守るために軍隊を召集して、パラグアイに一種のユートピアを設立した。これが特に恨みを買う原因となったのである。啓蒙運動の時代に、イエズス会はすでにヨーロッパでは人気を失っていた。そして、一七五九年、ポルトガルから追放され、一七六七年にはスペインから、またポルトガル、スペイン両国の植民地からも追放された。一七七三年、教皇クレメンス十四世は正式に彼らの活動を禁止した。そして一八一四年の教皇ピウス七世の教書まで、イエズス会は再興されなかった。

幸い、イエズス会のバハ・カリフォルニアにおける宣教活動は、フランシスコ会に継承された。そしてスペイン政府がアッパー・カリフォルニアに移民を受け入れる意向を発表したとき、托鉢修道士たちはそこへ向かう準備を整えた。一七六九年七月、兵士と褐色の修道服を着たフランシスコ会士たちの一団は、サンディエゴに上陸した。そして、敵意を持った先住民に襲撃されつつも、低木の茂みが広がる地域に伝道所《ミッション》を設立した。

托鉢修道士たちの指導者は、マヨルカ島の農夫出身のスペイン人、フラ・フニペーロ・セッラ（一七一三—八四）であった。当時の彼は六十歳前後で、痛々しくもびっこを引いて歩いていたが、聖人らしい気高さだけでなく、並外れた活力と頑強さをもった人であった。彼はフランシスコ会の一修族である跣足派——サンダルは履いていたが靴下は履かなかった——に属していたが、カプチン会士のようにあごひげを見せびらかしたりはしなかった。三年以内に、彼はさらに、サン・カルロス・ボッロメオ、サン・アントニオ、サン・ガブリエル、それにサン・ルイス・オビスポの四つの伝道所《ミッション》を設立した。一七七六年十月、サン・フランシスコ・デ・アシス（通称ミッション・ドローレス）を大きな湾のはずれの岸辺に創設した。これが今日のすばらしい都市サン・フランシスコのはじまりで、彼の小さな教会は今なおここに見ることができる。フラ・フニペーロが一七八四年に亡くなったとき、アッパー・カリフォルニアには九つの伝道所があった。結局、全部で二一の伝道所ができたが、最後につくられた最も北にある伝道所はサン・フランシスコ・デ・ソラーノで、一八二三年に、丘陵地の円盤のような形をしたソノマ渓谷に設立された。これらの伝道所は「カミーノ・レアル」（王の道）と呼ばれる幹線道路でつながれていた。海岸に沿って北へ走る、起伏が多いが重宝な道路で、時にミッション・トレール（伝道街道）とも呼ばれていた。伝道所はそれぞれおよそ四二マイルの間隔で設けられていた。これは修道士にとって、馬による一日の行程としてはぎりぎりのところであった。

◀フラ・フニペーロ・セッラの肖像

カリフォルニアの先住民は、大草原の堂々たる種族とは非常に違っていた。小さくて、あまり人に好感を与えない彼らは、これまで原始的な漁をしたり、根菜類や果実や腐肉さえあさったりしながら、野蛮な生活をしてきた。彼らのほとんどは怠け者で、臆病であり、ときには木製の棍棒や先端に石をつけた矢で伝道団を攻撃することもあったが、あまり好戦的ではなかった。ユマ族のような例外もあり、彼らは非常に理知的で危険だったが、あくまで少数派であった。しかし、相手として魅力に乏しいこうした性質が、修道士たちに伝道を思い止まらせることはなかった。

フランシスコ会の戦略は、インディアンを荒野から誘い出し、ミッション・ステーション周辺の村落（プエブロ）に定住させることであった。そうすれば、彼らを容易に改宗させることができると思われた。「餌」は、規則正しい食事つきのはるかに格上の生活と、戦いを挑んでくるユマ族からの保護（モントレーの総督フニペーロは六人の兵士に各伝道所を護衛するよう命じた）、それにミュージック・コンサートであった。神父たちはインディアンにスペインダンスを教えた。カスタネットをもってボレロやファンダンゴを踊っていた初老の修道士の姿は、忘れがたい光景であったにちがいない。

典型的な伝道所《ミッション》は、噴水のあるパティオ（中庭）を囲むように塀が四方にめぐらされていた。どっしりした日干し煉瓦や分厚いセコイアの木材を漆喰で塗り固め、また勾配のゆるい屋根には赤瓦が使われていた。四方の塀の一方の長さはおよそ六百フィートであった。建物は、聖堂（ときには石造）、修道院、兵舎、倉庫、学習室、

◀ミッション・ラ・ピュリシマ（ロンポック）
一七八七年に創設された、十一番目の伝道所

訓練用工房で構成されていた。フラ・フニペーロ自身の言葉で言えば、インディアンは「農場労働者、牧夫、カウボーイ、羊飼い、粉挽き、井戸掘り、庭師、大工、農夫、灌漑施設者、刈り手、鍛冶屋、聖具室係として、伝道所《ミッション》でのありとあらゆる仕事」をやった。最盛期の村落には、三万人以上のインディアンがいた。一八三四年には、彼らは、十四万頭の牛、十三万匹の羊、一万二千頭の馬、それにラバやたくさんの豚を所有していた。しかし、各伝道所《ミッション》には二人以上の修道士がいたことはめったになかった。

メキシコ側からアルタ・カリフォルニアに到達するには、岩の多い海岸に沿って航海するしかなかった。砂漠地帯を通る陸路はあまりにも長く、骨がおれた。その結果、移住する者はほんのわずかであった。一八〇〇年代初期では多くて千二百人、その後もたったの四千人しか増えなかった。彼らは主としてモントレーの港（および総督府）、ロサンゼルス周辺の牧場、スペイン語でアーシェンダーと呼ばれる大農場などに集まった。ロサンゼルスには一七八一年、ミッション・サン・ガブリエルの修道士たちが移住しはじめ、一八三〇年までには千五百人が集まっていた。伝道所《ミッション》は、旧世界における暗黒時代の大修道院のよ

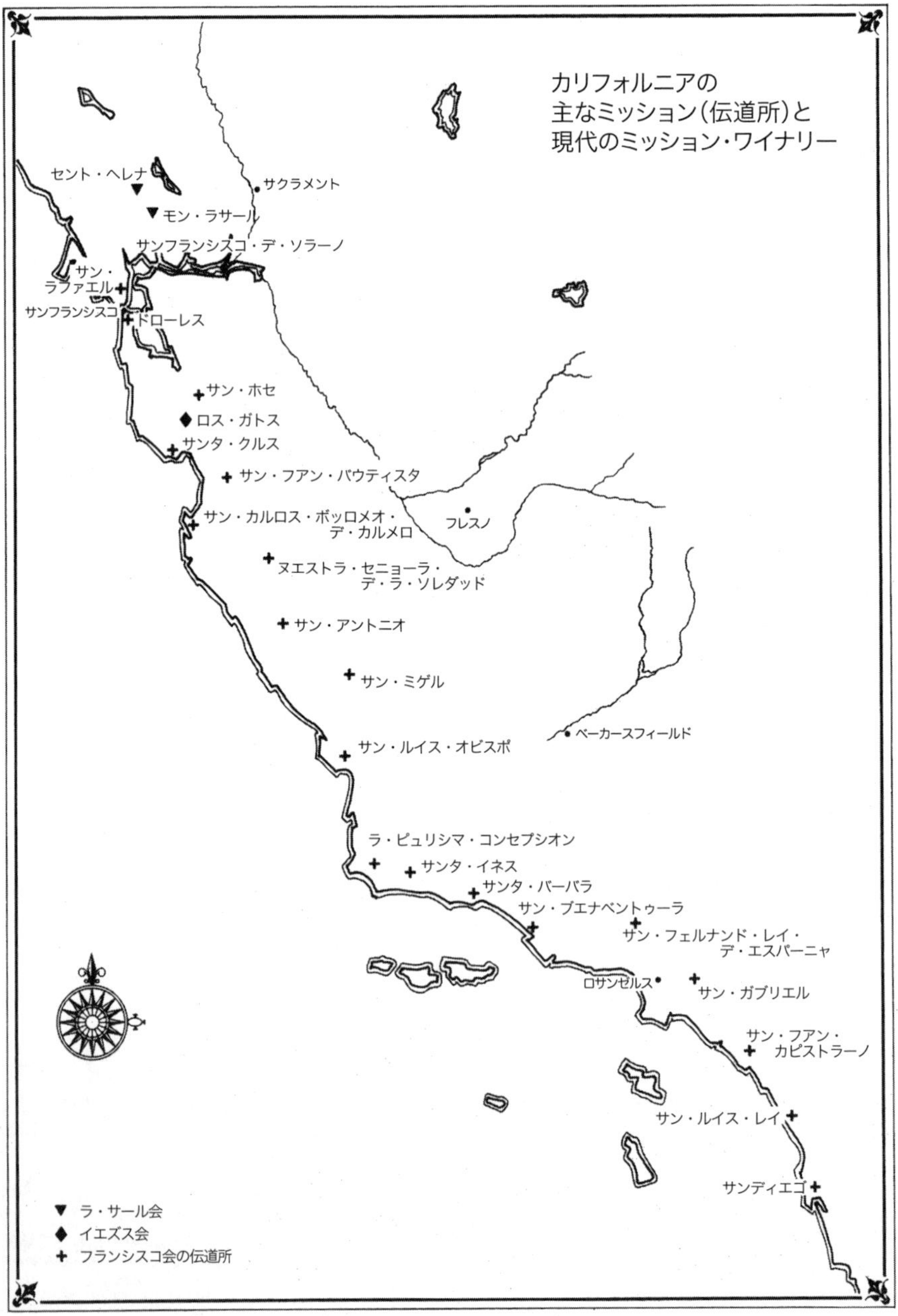
カリフォルニアの
主なミッション（伝道所）と
現代のミッション・ワイナリー
セント・ヘレナ
サクラメント
モン・ラサール
サンフランシスコ・デ・ソラーノ
サン・
ラファエル
サンフランシスコ
ドローレス
サン・ホセ
ロス・ガトス
サンタ・クルス
サン・フアン・バウティスタ
サン・カルロス・ボッロメオ・
デ・カルメロ
フレスノ
ヌエストラ・セニョーラ・
デ・ラ・ソレダッド
サン・アントニオ
サン・ミゲル
ベーカースフィールド
サン・ルイス・オビスポ
ラ・ピュリシマ・コンセプシオン
サンタ・イネス
サンタ・バーバラ
サン・ブエナベントゥーラ
サン・フェルナンド・レイ・
デ・エスパーニャ
ロサンゼルス
サン・ガブリエル
サン・フアン・
カピストラーノ
サン・ルイス・レイ
サンディエゴ
ラ・サール会
イエズス会
フランシスコ会の伝道所

うに、牧歌的で開拓者的な生活を司った。カリフォルニアの伝道所《ミッション》と千年前のカロリング朝の修道院町はとてもよく似ていた。

ミッション・サン・ガブリエルでは、フラ・フニペーロが一七七一年に拓いたワイナリーを今でも見ることができる。もっとも、「トリニティー」の名で知られる古いブドウの木は、これら托鉢修道士たちの時代以後のものだが。サン・ガブリエルとサン・フェルナンドはフランシスコ会のワインづくりの中心であった。インディアンが石の床の上でブドウを圧搾した。果汁は日干し煉瓦の器に流れて、そこから皮袋に入れられて、発酵タンクに運ばれた。修道士たちは辛口の聖餐用白ワインと、彼らがアンジェリカと呼んだ甘口のデザートワインをつくった。

アンジェリカは今でもカリフォルニアで見つけることができる（『神出鬼没のバッカス』*Bacchus on the Wing*でハリー・ウォーが称賛している）。トーニーポートと比較されてきたこの琥珀色のワインは、土地の通の間では大変人気があったが、残念ながら、生産量がごくわずかで、カリフォルニア州以外ではほとんど知られていない。これは、いささかユニークな製法でつくられている。ミッション種のブドウ――現在では、シャルドネ種に代わっている場合も多い――は、柄をすべて取り除いた後、圧搾する。ブドウ果汁は、ほんの少し発酵させた後に流し出し、少なくとも二〇パーセントのアルコールを加えながら、アグワルディエンテ（スペインやポルトガルの粗悪なブランデー）を混ぜていく。こうすると、たちまちさらなる発酵が抑えられる（修道士のブランデーは、「彼らの信仰と同じくらい強い」とみなされている）。アンジェリカという名前は、このワインがロサンゼルス近郊ではじめてつくられたことに由来すると言われる。しかし第二の説として、修道士たちが、このような美味しい飲物には神聖な名前がふさわしいと考えたとされることもあり、さらに第三の説として、インディアンに強い印象を与えるためにそう名づけられたともいう。インディアンが時折褒美として一杯か二杯のワインを飲まされたことは明らかである（フランシスコ会士たちは賢明にも、インディアンにワインの製法や蒸留法を教えなかった）。

最後の伝道所《ミッション》のブドウ畑は、サン・フランシスコ・デ・ソラーノにつくられたものであった。ひとつは一八二五年、伝道所の近くに聖餐のためだけに耕作されはじめた。このブドウ畑は、ブドウの品種は違うが、今でも耕作されている。二番目のブドウ畑は、一八三二年、ブエナ・ヴィスタの、ユーカリの樹々の間につくられた。今日このブドウ畑は、カリフォルニアで最も有名なワイナリーとなっている。ブエナ・ヴィスタは最初から、営利用ワインをつくるための畑であった。植民者が増えるにつれて、修道士たちは余分な品物を売り始めた。これは、中世初期のヨーロッパの修道士のブドウ栽培の経験の正確な繰り返しである。一八三一年においてはすでに、フランシスコ会士たちが運営するワイン産業はほとんどすべてが順調であった（もっとも、すでにこの時には俗人のワイン生産者もわずかにいたが）。

一八三三年、メキシコ政府は、すべての修道院を世俗化することを決定し、一八三四年から三五年にかけてカリフォルニアの宣教団は解散させられた。「世俗化」は、一八三七年までには完了した。修道士たちは伝道所《ミッション》を、その正当な所有者と考

◀十九世紀後半のナパ・ヴァレー
銅版画、一八七八年

えられるインディアンたちに譲渡したいと思ったが、政治家や役人に押さえられた。安い労働力として残酷にも搾取され、またほとんどアグワルディエンテで支払いを受け、インディアンはたちまちほとんど奴隷に近い状態に貶められ、まもなく数千人にまで減少してしまった。そして、この残った哀れなインディアンまでもが、一八四〇年代にやってきた北部諸州からの移住者たちのさらに悪辣な仕打ちによって根絶した。一時、カリフォルニアのワイン産業は崩壊するのではないかと思われた。しかし、一八三七年までには、俗人たちがブドウ栽培に関する修道士の志を受け継いでいた。フランスのボルドーの農場経営者の家に生まれたジャン・ルイ・ヴィーニュがその一人である。ドン・ルイス・デル・アリソと改名した彼は、新種のブドウの木を導入し、ロサンゼルス近郊の彼のブドウ畑で、質量ともにフランシスコ会士たちのものをしのぐワインを生産した。フランシスコ会士たちが最北の伝道《ミッショ》所《ン》を設立したソノマ渓谷では、バリェッホ（ヴァイエホ）将軍と、「カリフォルニアワイン醸造の父」と称されるハンガリー人亡命者アゴストン・ハラジーが、ヴィーニュと同じ役割を果たした。

しかし、この称号は、本来はフラ・フニペーロのものである。修道士たちのワインが今日の美味しいヴィンテージとは比べものにならないとしても、また彼らのミッション種のブドウが不用になってから久しいとしても、フランシスコ会士たちがカリフォルニアの偉大なワインづくりの伝統の創始者であることは疑問の余地がない。彼らの美しい伝道所《ミッション》は、クリュニーやシトー大修道院と同じ役割を果たしたのである。最後に、カリフォルニアにおいてラ・サール会士たちやイエズス会士たちが、フランシスコ会士の衣鉢を立派に継いでいることを紹介できるのは楽しい限りであるが、その話は後の章を待たねばならない。

第十二章　「生命の水《アクア・ウィタエ》」――蒸留酒

胃袋がいい気持ちにあたたかくなった。
――アルフォンス・ドーデ

それは太陽に属する雄々しい樹木で、
人間の体にきわめて共感的である。
これぞブドウの酒精がすべての植物のうちで
最も偉大な強壮剤たる所以である。
――ニコラス・カルペッパー

修道会は蒸留技術の発展にも大きな役割を果たしてきた。この技術は一〇五〇年から一一〇〇年の間に、東方あるいはムーア人の勢力下にあったスペインから西ヨーロッパに伝わったといわれているが、その証拠はない。しかし、一一〇〇年までに北イタリアではすでにワインの蒸留がはじまっていた。その頃、カマルドリ修道会の隠修士たちは、マラリアの治療薬として蒸留酒（アクア・ウィタエ＝生命の水）と熟れすぎたプラムの果汁のミックスを使っていたのである。それは、「オ＝ド＝ヴィ」としてフランスに輸入され、その後、「ブレントヴァイン」または「ブラントヴァイン」*として北方に広がった（英語の「ブランデー」もこれに由来する）。

初期の頃、蒸留酒には本質的に薬効があると考えられていた。そこから「生命の《アクア・ウィ》水《タエ》」という名称が生まれた。また蒸留酒はつくるのがとてもむずかしく、高価であった。それゆえ、結果的に十七世紀半ばまで広く嗜まれることはなかった。その間、修道士たちは、営々としてこのような非営利的な事業に携わってきたのである。新しい方法が導入された後も、修道士たちは蒸留し続けた。そして一六五〇年頃から、かなりの数の修道院がそれぞれに独自のリキュールを開発した。さらに、ノルマンディやブルターニュのいくつかの大修道院は、リンゴ酒や「リンゴの搾りかす」でカルヴァドスやアップルブランデーをつくってもいたようだ（イギリスのリンゴ酒からカルヴァドスをつくることにより、今日のイギリスのいくつかの修道院は不可欠の収入を得ることができた）。

ほとんどのリキュールは、ブランデーに果実やハーブを混ぜたものである。修道会はほとんど常に、純粋な蒸留酒よりもリキュールをつくることを好み、ときにはかなりの情熱を傾けてつくった。一六六八年、ジェズアティ会*（イエズス会と混同しないこと）は、疫病に苦しむ人々の看護に専念していればよかったのに、リキュールと香料の蒸留がこの会の「すべての仕事」となってしまったために、ローマから

＊ブレントヴァイン／ブラントヴァイン brentwein / brandwein 直訳すると「燃やされたワイン」の意。

＊ジェズアティ会（ジェスアティ会／イエスアート会）シエナの富裕な商人ジョヴァンニ・コロンビーニが、友人フランチェスコ・デ・ミーノとともに、貧者と病人に身を捧げるべく設立した修道会。一三六七年教皇認可。

その活動を禁止された（彼らの名は、ヴェネツィアにある二つの立派な教会と、いくつかの見事なバロック音楽を通じて今なお伝えられている）。

一五三七年、騎士王フランソワ一世は、ノルマンディのフェカンにあるベネディクト会の大修道院を訪れた。王はそこで供された琥珀色の美味しいコーディアルが大変気に入り、これに、今日なお使われている「ベネディクティン」という名を与えた。この修道院では一五一〇年以来、ドン・ベルナルド・ヴィンチェリというヴェネツィア人神父がそれをつくっていた。コニャックをベースに、蜂蜜の甘味を加え、バーム（メリッサ）、ヒソップ、アンゼリカ、そして後には中国茶をふくむおよそ二十七種のハーブがブレンドされていた。十七世紀に、フェカン大修道院は厳格なサン・モール修族に加わった。サンモール修族の主たる仕事は歴史の編纂であり、そこからはマビヨンやマルテーヌといった偉大な歴史家が輩出した。にもかかわらず、フェカンの修道士たちは、エリクシル・フィスカネンシス（ベネディクティンのラテン語名）をつくる時間を見出していた。フランス革命の間に、フェカン大修道院は焼け落ちた。後に修道士たちは戻ってきたが、彼らの秘密は永遠に失われたかのようにみえた。ところがフェカン大修道院が壊滅してから七十年後、フランス革命中に廃墟と化した大修道院を管理していた監督官の親類に当たるアレクサンドル・ル・グランが、いくつかの古文書の中からその製法を発見した。今日、このリキュールは全世界に知られている。アルコール度数四三パーセントで、昔のハーブがすべて（ただし中国茶は除く）入っている。有名な文字DOMは、修道

士の称号（ドン）ではなく、ベネディクト会の標語 Deo optimo maximo（至善至高の神に捧ぐ）を表している。このリキュールを製造販売している会社は一八七六年、かつてフェカン大修道院があったところに、ルネサンス様式とゴシック様式の両方を併せもつ風変わりな製造所と博物館を建てた。同社はまたスペインでもベネディクティンをつくっている。

ベネディクト会のリキュールは他にもある。バイエルン地方にある、銅葺きの丸屋根をもつエッタルは、おそらく一番北でリキュールをつくっている大修道院であろう。オーストリアとの国境に近いオーバーアマガウの近傍にあり、一三三〇年に未開の山中にヴィッテルスバッハ王家によって創設された。この修道院は一八〇三年に解散させられたが、修道士たちは二十世紀初めに戻ってきた。修道院が一番の誇りとしているのは、一七四四年にエンリコ・ツッカが建設に着手し、化粧漆喰をふんだんに施した、半ばイタリア風、半ばオーストリア風の聖堂である。この大修道院は、ジェード・グリーン（翡翠色）の標準強度七七のリキュール、さらにイエローの標準強度七三のリキュールをつくっている。修道士が売っているチョコレートの中にも、リキュールがいくらか入っている。

スペイン、ガリシアのサモスのベネディクト会士たちも、おいしいリキュールをつくっている。また、エルサレム近くのアブ・ゴーシュ大修道院の修道士たちもつくっている。彼らはオレンジからリキュールをつくっているが、これはコアントローと似ている。

◀エッタル修道院

どういうわけか、シトー会にはリキュールと縁のなさそうなイメージがある。しかし、彼らはいくつかの種類のとてもおいしいリキュールをつくってきた。一六六七年の忘れがたいシトー訪問の折、ドン・メグリンガーは、思いがけないうれしい歓待を受けた。メグリンガーと彼の修道士たちは、クレルヴォーの大修道院長から「元気にしてくれると同時においしい」「リクオール・ベルナルディヌス」の瓶を六本与えられたのである。残念ながら、これは、今はつくられていないが、フランシュ＝コンテ地方のドゥ近くのラ・グラス・デュー大修道院で今なおつくられているトラピスティーヌとたいへんよく似ていたにちがいない。これはアルマニャックというブランデーだけをベースにしている点で一風変わっているが、ハーブは修道士たちが地元の山々で摘んだものである。味は、どちらかと言えば、素朴なベネディクティンと似てはいるが、それほど甘くはなくまろやかで、色も薄い。一八九〇年代に、このトラピスティーヌの薬効が、頽廃的で不釣合いなアルフォンス・ミュシャのポスターで宣伝されたことがあった。もっともそこに描かれた婦人は、少なくとも白衣を身に纏ってはいたが。

もう一つの白衣の修道士のリキュールはエギュベルである。十九世紀末に、シトー会の歴史を書いていたヒューズ神父は、（ヴァランス近くの）エギュベル大修道院の図書室で『ジャン修道士のリキュールの製法』を

発見した。かすかにミントの香りがする強力な芳香のグリーンのエギュベルには、三十五の植物――さまざまな花、ハーブ、クローブ、根菜――が含まれている。これらの植物は修道士自身が摘み、銅製の蒸留器で中性アルコールの中に入れて蒸留し、その後内部をガラスで覆った大桶で熟成させる。修道士たちはまたイエローのリキュールもつくっている。これは、グリーンのエギュベルの甘口版である。ミラベル（プラム）、フランボワーズ（ラズベリー）、アブリコ（アンズ）といったリキュールも同様だが、これらはいずれも「抜群のもの」だという確かな筋からの報告がある。エギュベル（シトー会のワインを扱った章ですでに触れた）は、保存状態の極めてよいロマネスク様式の修道院である。スイス人のトラピスト会士たちが一八一五年にこの修道院を再占有し、修復作業にとりかかった。結局、彼らは十四の他の修道院を新設した。今日なお、白衣の修道士たちは十二世紀の壮麗な聖堂で聖務日課を朗唱している。また、集会室、食堂、写字生の歩廊なども十二世紀から存続しているものである。

最も有名なシトー会のリキュールは、ラ・セナンコールである。これはシャルトルーズに似た、純粋にイエローのリキュールで、保存状態が見事なセナンク大修道院にちなんで名づけられた。この大修道院は、プロヴァンスのゴルド近くの人里離れた山中の、セナンコール川の荒涼とした渓谷の傾斜地にある。一一四八年の創設で、その後一一六〇年から八〇年の間に建てられた小さいが気品のある聖堂と共に、その最盛期を迎えた十二世紀のシトー会修道院の姿を、奇跡的にもほとんど無傷の

◀セナンク修道院聖堂

ままとどめている。修道士たちは一八五一年に戻ってきたが、一八八〇年に再び追放され、一九二七年にもう一度戻ってきた。ある日、修道院副院長のドン・マリ＝オーガスタンという人が山腹の雑木林を歩いていたとき、たくさんの芳しいアロマの香りを嗅ぎ、リキュールをつくろうと思いついたといわれている。エギュベルの場合と同じように、修道士がハーブを摘み、蒸留は俗人が行っている。また、もう一つ別のフランスのシトー会のリキュールに、マルセイユ沖の島にあるかつてのレランス大修道院でつくられたものがある。この「レリナ」にはグリーンとイエローがあり、「シャルトルーズと似ている」といわれている。確かに、これはとても強いリキュールである。

ベルギーのエリクシル・ド・スパは、フランシスコ会の一派であるカプチン会によってつくられたものである。カプチン会の托鉢修道士たちは一六四三年にベルギーに定住した。彼らの修道院は一七九七年に革命軍によって解散させられたが、リキュールの製法は、図書室にあった古い手稿本の中から偶然に発見された。

ローマ郊外にあるシトー会の美しい修道院、トレ・フォンターネ修道院でつくられるグリーンとイエローのリキュールは、修道士たちが植えたユーカリの木の葉で風味がつけられている。トレ・フォンターネ修道院には長い歴史がある。六二五年、ビザンティン式典礼とバシレイオス

の修道戒律をもつギリシア人の修道士たちによって創設された。そして、七九五年にはベネディクト会のものとなり、一一四〇年にシトー会のものとなった。リキュールをつくっているイタリアの他のシトー会修道院には、フォッサノーヴァとカサマーリがある。

一二三五年、「七人の創設者」によって創設されたマリアのしもべ会は、フィレンツェのはるか北方のモンテ・セナリオ山頂にある彼らの修道院で、松葉からリキュールをつくっている。これはジェンマ・ダベト（「松の宝石」）と呼ばれている。イタリアで托鉢修道会と関連のあるリキュールには他に、メントゥチャ（ミントの小片）があり、これは時にチェンテルベとも呼ばれている。アブルッツォの山々で採集した百種類《チェンテルベ》のハーブでつくられているからである。フラ・サン・シルヴェストロの発明だが、今はペスカーラ近郊のアウルム蒸留酒製造所でつくられている。

六種類のリキュールが、ナポリ近くのモンテ・ヴェルジーネのサン・グリエルモ大修道院の元の隠修士たち――今は白衣のベネディクト会士たち――によってつくられている。これらのリキュール――その一つはアニスがベースになっている――はロレトでつくられている（本書第四章、一二四頁を参照）。

カマルドリ会についてはすでに言及したが、これは隠修士の修道会としては最も古いものであり、彼らは、おそらくカルトゥジア会士たちよりもはるかにまばらで孤独な隠遁生活に徹している。カマルドリ会は、水をワインに変えた偉大なトマーゾ以外にも幾人かの聖人を輩出している。特に、創設者の聖ロムアルドゥス、聖ペトルス・ダミアニ、福者パオロ・ジュスティニアーニ、それに保守的な十九世紀の教皇ドン・マウロ・カッペラーニ（グレゴリウス十六世、在位一八三一―四六）である。修道士たちは、ゆったりとした白衣を着ている。そして、サー・サシェヴァレル・シットウェルは、彼らがまるでドルイド教の祭司のように見えると言っている。「これらトスカーナの隠修士たちは、それぞれが小さな修室に居住する、オークの木*とヴァロンブローサの木陰の司祭たちである」。修道会は、かつてはフランス、ポーランド、ブラジルにも分院をもっていた。これらは解散させられて久しいが、最近新たな修道院がカリフォルニアのビッグ・シュアに創設された。イタリアの修道院のいくつかは、修道院はみなサクロ・エレモと名づけられているが、すべての大修道院の中でも最も美しく荘厳なたたずまいを誇っている。カステンティーノ山中の木々に囲まれた元々のカマルドリ修道院で、修道士たちは、マリアのしもべ会のものにやや似た松葉の香りのリキュールをつくっており、「ラクリマ・ダベト」（松の涙）と呼ばれている。またシャルトルーズと比べられてきたエリクシル・デッレレミータ（「隠修士の秘酒」の意）もつくっている。

ジョージ・セインツベリーは、シャルトルーズを、「ディナーの後のコーヒーにぴったりの、誰もが認める魅力」をもつリキュールの王様の一つであると考えた（もう一つはキュラソー）。そして、「複雑な味わいを教えてくれるし、また芳香の魅力も楽しめるがゆえに」、ライバルであれ模倣品であれ、シャルトルーズに匹敵する最ものはないと述べている。興味深いことに、蒸留器を使ったことで知られている最

＊オークはドルイド教の聖樹とされた。

初のカルトゥジア会士はイングランド人である。一五一九年、ダン・トマス・ゴールディングは、ロンドンの修道院からヨークシャーのマウント・グレース修道院(そこがカルトゥジア会の修道院であったことは遺構からも明らかである)に移った。このとき、彼は「蒸留酒をつくる二重になった蒸留器をもってきた」。修道士がつくるすべてのコーディアルの中で最も優れたこのコーディアルの話は、詳しく紹介する価値があろう。

十六世紀のあるとき、名もないとある錬金術師が百三十種ものハーブをコニャックで煎じ、さらにその混合物を蒸留して、とあるエリクシルを完成させた。ハーブはヨモギ、カーネーション、松の木の新芽などであったが、すべてのハーブが明らかにされたことはない。ともかく、そのレシピが、フランスの砲兵隊長フランソワ=アニバル・デストレ(アンリ四世の悪名高き恋人の弟)の手にわたった。彼には明らかに、自分がどんなに貴重な宝物を手にしていいかが分かっていなかった。一六〇五年、彼はその製法と植物名の錯綜したリストをパリのカルトゥジア会修道院に贈呈した。そして、それは十八世紀までその修道院に残っていた。この間、修道士たちがこれを利用した証拠はないし、またシャルトルーズのゴブレットをもって、ヴェネツィア共和国の元首に挨拶に行ったルイ十四世の話は眉唾物として扱うべきである。その後一七三七年、パリの修道院長が、グランド・シャルトルーズの総長に「万人の評価を受けているこの上ない治療薬、『デストレ隊長のエリクシル』の」処方箋を贈った。

◀現在のグランド・シャルトルーズ

おそらく、ある種のリキュールがグランド・シャルトルーズですでに蒸留されていたのであろう。そしてそれは、おそらくトラピスティーヌに似ていたであろう。幸いにも当時この修道院には、「調合の達人」と呼ばれる熟練の薬剤師、ジェローム・モーベックがいた。多くの実験の後、この才能ある修道士はこれまでの製法にさらに三つの段階の精製法を加えた。残念なことに、完成を目前にしてジェロームは実験室で急逝してしまうが、亡くなる前に製法を口述するだけの時間はあった。そして一七六四年、ついに、アントワーヌ修道士という者が、エリクシル・ド・サンテ（薬用）とエリクシル・ド・タブル（食卓用）を商品として生産する方法を完成させた。修道士たちは瓶をラバの背に乗せてシャンベリやグルノーブルに運びはじめた。そして間もなく、この地域ではどの家でも、病気になったときのためにこれを一瓶備えるようになった。エリクシル・ド・タブルは、今日の標準強度一五〇のグリーン・シャルトルーズ（イングランドではもっと低い度数で売られている）であったようだ。しかし、おそらく輸送が困難であったため、ドーフィネ以外の地ではほとんど知られていなかった。グランド・シャルトルーズを訪れたジャン・ジャック・ルソーは修道士たちの宿泊帳に、

「ここで稀な植物と、さらに稀なるその効能とを発見せり」と書いたが、これはエリクシルのことを言っていたようだ。

すでに見たように、修道士たちはフランス革命時にグランド・シャルトルーズから放逐された。ドン・セバスチャン・パリューという一人の修道士が秘伝を託されたが、ギアナへの移送の途中、船上でひどく苦しみ、一七九五年に亡くなった。しかし幸い、ボルドーで投獄されていたとき、彼はとある友人にその秘伝をなんとか渡すことができた。そしてその友人は、ドン・バジル・ナンテの許にそれをもって行った。貴重な手稿本のもう一つの写本は、ドン・アンブロワーズ・バーデットに託された。バーデットは、親類のサー・フランシス・バーデットと共にイングランドに避難し、一八一七年、グランド・シャルトルーズに戻ってきたとき、それを一緒にもってきた。オリジナルの手稿本は、結局のところ、さる薬剤師の手に渡った。そして、彼はそれをナポレオンの政府に売ろうとした。しかし幸運にも、政府は耳折れの書類を贋物と見なし、これに心を動かすことはなかった。こうしてその手稿本は、一八三五年修道士たちによって取り戻された。

カルトゥジア会の修道士たちが、彼らのリキュールを蒸留し、さらに完全なものにしようとしたのはこの頃のことであった。一八三八年、蒸留精製所の責任者であるブルーノ・ジャケ修道士は、グリーン・「メリッセ」（ハッカ）やホワイト・シャルトルーズよりもまろやかで、あまり強くないリキュールを開発した（「ホワイト」は一九〇〇年以降つくられていない。もっとも、イギリスのパークミンスター修道院で十二本の瓶が発見され、クリスティーズで競売にかけられたことがあった）。一八四〇年、ブルーノ修道士はイエロー・シャルトルーズを完成させた。彼はそのとき、グリーン・シャルトルーズ、イエロー・シャルトルーズ、ホワイト・シャルトルーズ、それにオリジナルの「グランド・シャルトルーズの薬草酒」をつくっていた。しかし、そのどれも需要はそんなに多くはなく、採算はとれなかった。その後、一八四八年、地区駐屯部隊の三十人のフランス人将校が修道院を訪れた際、イエローでもてなされた。それがとても口にあったので、彼らは、行く先々でこのイエローを求めることを約束した。そして彼らは約束を守り、まもなく、修道士たちは一年に数百万リットルを売るようになった。イエローは、今と同じように、関連する宗教団体や慈善団体を潤しただけでなく、彼らの主たる収入源でもあった。一八六〇年、より大きな蒸留精製所が八マイル離れたフルヴォアリーにつくられたが、一九三五年の地すべりで倒壊した。

秘法を盗もうとする試みは何回か実行され、一八五〇年には危うく成功するところであった。修道院副院長であるドン・テオドール・ミュールは、管理運営の仕事を助けてくれる助手を一人雇った。ある日、蒸留精製所の全体の責任者であるドン・テオドールは、修道会総長に詳しく調べたいので手稿本を貸してくれるよう願い出た。テオドールは、晩課の祈禱に行っている間、その手稿本を彼の修室に置いておいた。するとテオドールの助手はテオドールの修室に押し入り、手稿本を奪って急いで自分の部屋に戻り、これでひと財産がつくれると信じ、荷物をまとめて逃走した。

だが、あまりに急いだため、肝心の手稿本をベッドの上に置き忘れてしまったのだった。

一九〇三年、より大きな脅威が、修道会のフランスからの追放とともに、迫ってきた。秘法は近代科学によって容易に暴きうると素朴に考えたフランス政府は、厚かましくも、リキュールをグランド・シャルトルーズで生産し続けると宣言したのである。政府による生産は一九二九年まで続いた。瓶にはカルトゥジア会のモノグラムがついていたものの、グリーンとイエローの新リキュールは、オリジナルのものよりも大分劣っていた。この間、追放された修道士たちは、スペインのタラゴーナで彼らの昔からのリキュールとエリクシルを生産し続けていたが、味は以前と同様上々であった。一九四〇年、彼らは蒸留精製所をタラゴーナに残したまま、グランド・シャルトルーズに戻り、もう一度彼らの古巣でリキュールをつくりはじめた。

今日では、巨大で近代的な蒸留精製所がヴォアロンで操業している。ここは近くに便利な鉄道の駅があり、また堂々たる貯蔵庫が備わっている。タラゴーナの蒸留精製所も、スペイン市場向けに操業している。ヴォアロンを管理している修道士たちは、一年に三か月をここで過ごすが、両方の蒸留精製所には俗人の雇い人がスタッフとして常駐している。しかし、どんなハーブを摘むか、それらをどのように混ぜるか、そしてその割合はどのくらいかなどを知っているのは、修道士たちだけである。レシピは今でもたったの二種類しか現存していない。オリジナルとその写しである。オリジナルは修道会総長が所有しており、もう一方は封印して銀行に保管を託している。シャルトルーズがリキュールの中で最も神秘的でロマンティックであることに異論を唱える人はほとんどいないであろう。優雅な「エドワード七世時代」の人であるサキ（H・M・マンロー）は、かつて、「キリスト教については好きなように言うがよい。しかしグリーン・シャルトルーズをつくることができる宗教は、決して死に絶えることはないであろう」と語ったことがある。

シャルトルーズのリキュールやムジェルのワインを飲んだ人たちは、カルトゥジア会修道会のモノグラムと標章に気づくことだろう。標章は七つの星の下に十字架を戴く天球を配したもので、いつも印刷されているわけではないが、その銘文はラテン語の「stat crux, dum volvitur orbis」（天球が逆さまになるとも十字架は不動）である。

修道士たちは、リキュールを売る営業マン選びに関してはいたって現実的で、最近では特にイギリスとアメリカでの売上を大幅に伸ばしている。目下の流行は「シャルトルーズ・オン・ザ・ロック」、つまり、グリーン・シャルトルーズと氷の組合せである。カルトゥジア会の修道士たち自身は、年に三回の祝日に彼らの栄光のコーディアルを、小さなグラス一杯味わうだけである。もっとも、病気の修道士には必要に応じてエリクシルが与えられた。また修道士たちは、少数の特権をもった客には、グリーンとイエローを同量の割合で混ぜた「ヴァン・ドヌル」を振る舞う。

チェルトーザと呼ばれるイタリアのシャルトルーズは、グリーンも

◀シャルトルーズのボトルと、標章入りの木箱

イエローもかなりまろやかで、フィレンツェ郊外のイトスギで覆われた丘の上に立つガルッツォの要塞修道院でつくられていた。ジョージ・セインツベリーは、赤のチェルトーザについて「決してまずくはない」と書いている。確認をとったわけではないが、筆者はこの老人が、チェルトーザとイタリアのチェリー・リキュール、チェラセーラ（これは詩人のダヌンツィオの好物だった）を混同したのではないかと疑っている。またチェルトーザは別に、トゥリスルティ修道院でもつくられていたようだし、カプリ島では、「リクオーレ・カルトゥジア」を買うことができる。これは明らかにその地区のサン・ジャコモ修道院を記念したものである。サン・ジャコモ修道院の修道士たちは、ずっと昔、エリクシルを蒸留していたのかもしれない。現代のリキュールは、おそらく修道院起源のものであろうが、カルトゥジア会士たちが蒸留しているようには見えない。

アマルフィ海岸沿いのマイオーリの修道女たちは、二十種類のハーブをとても巧みにブレンドしたリキュールをつくっている。そして彼女たちは、これをコンチェルトと称している。またイタリアでは、ゲッセマネのカルメル会修道士たちが（プラムで）つくるプルーニャや、（コーヒーをベースにしてつくる）サンブーカを手に入れることができるかもしれない。ただし残念ながら、これらのコーディアルの多くは、今はつくられていない。カルメリーネなどもそうで、緑がかったイエローのこのほとんど忘れられたリキュールは、かつてはボルドーでつくられていた。そして筆者は、これはこの町のカルメル会士たちが発明したのではないかと睨んでいる。アルマニャックとコニャックをベースに、五十二種類の強壮根菜類を煎じた心地よい味のヴィエーユ・キュールは、（ボルドー近郊の）セノン大修道院で今でもつくられ、販売されてもいる。

最後に、ウィスキーについて一言触れておくと、十五世紀にアイルランドの修道士たちによって発明されたとの巷説もあるようだが、ウィスキーを最初に蒸留した人物として知られているのは、スコットランド人の托鉢修道士であった。スコットランド人の王であったジェイムズ四世の王室財務記録の一四九四年の項には、蒸留酒（アクア・ウィタエ）をつくるために、ジョン・コールという名の托鉢修道士にモルトを支給したことが言及されている。

第十三章　酒好きの修道士

わしは来るべきのどの渇きのために飲むぞ。
――フランソワ・ラブレー

カプチン会士のように飲むとは、ちびちび飲むこと。
ベネディクト会士のように飲むとは、深酒をあおること。
ドミニコ会士のように飲むとは、甕を次々と空にすること。
そしてフランシスコ会士のように飲むとは、酒蔵が空になるまで飲むこと。
――フランスの古い酒歌

酒をがぶがぶ、あるいはちびちび飲む修道士というイメージが、西欧の文学的伝統として長く根づいてきたのは不思議なことである。これから見るように、多くの著作家が続々と、抜き難い偏見と無知を示してきた。彼らのほとんどにとって、典型的な修道士というのは、一種の去勢されたフォルスタッフのようなものであった。

酒好きの修道士というこのイメージ以上に一方的で不当な文学上の偏見は、他にほとんどあるまい。

皮肉なことに、修道士の飲酒について最初に言及したのは聖ベネディクトゥス自身であった。『戒律』の中で、ベネディクトゥスは修道士たちに「飲み過ぎあるいは酔うことのないように注意すべきです」と警告し(第四十章)、また「放浪者と呼ばれる」修道士についても触れている。これらの修道士は、「各地を放浪しながら全生涯を過ごし、三日あるいは四日、各地の修道院に客として滞在し、常にさすらい、彼らは定住することを知りません。自らの意志と飲食の誘惑の奴隷と化しています」(第一章、古田暁訳)。中世を通して、放浪修道士に対する苦情は絶えなかった。彼らの空腹感は途方もなかったし、何より喉の渇きは猛烈であった。

大酒飲みの修道士に関する中世のジョークの中には、愛情のこもったものもあった。アンジェの驚くほど大酒飲みの大修道院長にまつわる九世紀の歌についてはす

▶ワインを飲むベネディクト会修道士
十三世紀の写本
ブリティッシュ・ライブラリー

でに紹介したが（第三章）、『壁の穴』（*The Hole in the Wall*）という、もう少し時代が下った頃の有名な物語がある。昔、二つの修道院が並んで立っていたが、どちらもとても厳格に禁域を守っていたため、まったく交流がなかった。一方の修道院にはいつも酔っ払っている酒庫番がいた。修友たちは、彼の気まぐれな行いにとても腹を立てていたので、酒庫の壁に穴をうがってそこに閉じ込めた。不審な物音に気づいたもう一方の修道院の修道士たちは彼を掘り出し、自分たちの酒庫番にした。しかし結局のところ、彼らもまた耐えきれないほど苛立ち、数年後には再び彼を壁に閉じ込めてしまった。すると今度は元の修友たちが、彼が「墓」の中でくしゃみをするのを聞き、掘り出して、聖人だの奇跡を行う人だのと言ってほめ称えたのだった。

修道士は良質のワインには弱いのだが、これを伝える中世のほとんどのジョークは、それほど甘口ではない。なかでも、所有権未決の財産のことでシトー会と不仲になった十二世紀の聖堂参事会員、ウォルター・マップの『ゴリアス大修道院長の幻』（*The Vision of Abbot Golias*）という奇妙な詩ほど残酷なものはないであろう。マップは、当時、機知に富む会話を嗜み、愉快な詩を書くことで有名であったが、この風刺詩は、白衣の修道士たちの評判を落とすことを狙ったものであった。不品行な生活をしている高位聖職者の典型であるゴリアスがある大修道院を訪ねたところ、そこでは、

絶えず動いている両の手と腹をつかい、彼らはとことん飲み干す、

満杯のカップを空にし、空のカップを満杯にする。
修道士はみな奇怪な猿となり……

というありさまだったというのである。ただしマップ自身も酒は好きで、中世の酒歌の中でも最高のもののひとつが、彼の作と見なされたことさえあった（結局は誤りだったが）。

わが望みは酒場で朽ち果てること
神よ、この酒飲みにお情けを！

中世の文学は大酒飲みの修道士や托鉢修道士で満ちており、ロビン・フッドの托鉢修道士タックなどはその典型だろう。彼らに腹を立てる人々がいる一方で、チョーサーやボッカチオは彼らを笑いとばすのみだった。『カンタベリー物語』のチョーサーの托鉢修道士は、「どこの町の居酒屋や旅籠屋でもよく知っている」「陽気で自由奔放な奴」である。

イングランドの修道院解体に際し、飲酒は行政監督官がしばしば告発した罪であった。これまで一般の人々の間には、大修道院の召使いたち――「食べることと飲むこと以外に何もしそうにない大修道院の役立たずの怠け者」――の放縦な生活に対する憤りが相当あった。レイトン博士（第九章を参照）は、彼が会った修道士たちは酒の飲みすぎだと常に主張してやまなかった——ドーヴァー近くのラングドンのプレモントレ会の修道院長は「当代きっての大酒飲み」であった。またミドルセックスのハウンズローの三位一体修道会士*たちと論争している間、修道士たちは「毎週、町中の酒樽が空っぽになるほど飲み」、毎晩町の人たちに修道院まで送り届けてもらわなければならなかったという。しかし今後「町の人々は、エールを飲む者いなくなるのをとても寂しく思うだろう」と、博士はつけ加えている。

十六世紀のヨーロッパのその他の人々について言えば、まずエラスムス——アウグスチノ修道参事会士として惨めな時を過ごしたことがある——は、『痴愚神礼賛』において、修道士たちを「腹がはちきれんばかりにむさぼり食う」と言って非難している。またルターは、「なまけ者の腹をした修道士たち」と書いている。このような主張は、時として実態を超えたものになりがちだった。フランスでは知識人の多くが——プロテスタントというより、カトリックの改革派の人たちが多かったが——修道士を目の敵にした。クレマン・マロ（一四九五頃—一五四四）は、放埒なルーバン修道士や好色なティボー修道士——太っていて脂ぎっている——を、また「白ワインが入った水差し」をもった「太った小修道院長」をあてこする詩を書いた。フランスのフランシスコ会はとくに評判が悪かった。マルグリット・ド・ナヴァール（一四九一—一五四九）は、『エプタメロン』の中で、大酒飲みのフランシスコ会士たちの話を当惑させるほどたくさん書いている。ガルガンチュアのような巨漢であったアンリ四世が興奮したときに叫ぶお気に入りの罵言は、「ヴァンドレ・サン・

＊三位一体修道会　マタのヨアネスが一一九四年頃パリ近傍に設立した修道会。一二一七年教皇認可。十字軍で捕虜となったキリスト教徒の救済を主たる使命とした。

グリ」（「フランシスコ会士の腹」の意）であった。

フランソワ・ラブレーの経歴は一風変わっている。彼はフランシスコ会士でもあり、またベネディクト会士でもあった。彼はシノンに近いラ・ドゥヴィニエールの農場で一四九四年頃生まれた。彼の主人公パンタグリュエルはこの地で壁画のあるセラーのことを知り、そこで「何杯も冷えたワインを飲んだ」。詩人の父親のブドウ畑であったクロ・ラ・ドゥヴィニエールでは、今なお有名な白のシノンをつくっている。一五一一年、ラブレーは、ポアトゥのフォントネー＝ル＝コント近くのピュイ＝サン＝マルタンにあるフランシスコ会修道院に入り、フランシスコ会士となった。彼の上長たちは彼がギリシア語を学ぶことに異議を唱え、さらに彼が「修道服を垣根に掛けていた」こと（「酒色にふける」という含みがある）を非難した。彼は、他の修道士たちに激しく憎まれながらそこを立ち去り、これまたポアトゥにあるベネディクト会のサン・ピエール＝ド＝マイユゼ大修道院に移った。この大修道院には立派な蔵書があった。さらに彼は、近くのリグジェ修道院のベネディクト会士たちと一緒にいくらかの時間を過ごしたようだ。結局、一五二七年には、彼はそこを立ち去ったが、その後も司祭であり続けた。そして医学を学ぶためにモンペリエに行った。彼は生涯の残りを医者及び教区司祭として過ごしたのだった。

ラブレーの奇書には、ガルガンチュアとパンタグリュエルという二人の巨人父子の驚くべき偉業、戦争、旅のことが語られているが、その頂点は聖なる徳利の神託を求める大航海の旅である。ヨーロッパ文学きっての大酔漢のひとりである、力強

い友「漏斗とゴブレットの托鉢修道士ジャン」は、実際には修道士《モンク》であって、托鉢《フラ》修道士《イアー》ではなかった。＊

［彼は］若く、元気一杯、潑剌とし、陽気で、極めて機転がきき、豪胆で、危難を恐れず、沈着果断、丈は高く、体は痩せ、耳まで裂かれたような大きな口、至極見事な鼻を具え、時禱はあっさりやってのけ、ミサは器用に片づけ、徹夜課は手っ取り早く、一言で言えば、結局のところ、修道士たちが修道生活をはじめて以来、かつて見たことがない修道士らしい真の修道士であったし、その上、聖務日課書のことにかけては歯の先に至るまで学者であった。

（渡辺一夫訳、一部改訳）

我々が最初に出会うのは、彼が他の修道士たちに、略奪軍から修道院のブドウ畑を防衛するよう説き伏せているところである。

心気高き立派な人士が美味なワインを憎むことは断じてない。これぞ修道院の金言の一つである［と彼は言った］。……何ゆえに、祈りの時間が穀物やブドウの穫り入れのときには短くなり、待降節および冬の間を通じては長くなるのだろうか。……ワインを好まれる皆の衆よ、いざ、運を天にまかせて、拙者について突撃だ。酒をたしなむ者にしてブドウ畑を救わぬとあらば、いっそのことわ

＊修道士と托鉢修道士
両者の違いについては第八章を参照。

しは聖アントワヌの熱でファゴットよろしくがりがりに焼かれたほうがましだ。
あら恐ろしや、もったいなや、教会の財産なるぞ。
（同右）

それから、彼は行列用十字架を六尺棒＊のように使い、ブドウ畑で激しく戦い、敵兵を全部追い出してしまう。

ジャン修道士はガルガンチュアからもてなしを受けるが、そのとき、彼が酒豪であることが明らかになる。ガルガンチュアは、彼がよく戦ったので、褒美として彼にテレーム修道院を建ててやるが、その修道院では、「粋な男か婦人のひとりが、『飲もう』、あるいは『飲みましょう』と言えば、皆が飲んだ」。初老にさしかかったジャン修道士はパニュルジュに「今ではワインはずっと美味しくなっているが、「不味いものに出くわすのではないかと、これまで以上に不安なんだよ」と打ち明け、神託の貴婦人、バクブク王妃が、最後に彼らに一杯振る舞うと、ジャン修道士は「これはすばらしい、ギリシアの発泡酒だ。お願いだ、ねえ、つくり方を教えてくださらんか」と叫ぶ。

実際のところ、ラブレーはたびたびギリシアワインに言及している。おそらく、マムジーであろう。彼はまた甘口のフロンティニャンも称賛している。とはいえ彼がたくさんのシノンと赤のブルグイユを飲んで育ったことはまず間違いない。『ガルガンチュア物語』の「酔払いたちがくだを巻く」という表題の第五章は、これまで書かれた飲酒礼讃の歌の中で最も優れたものの一つである。

＊昔英国の農民が用いた武器。

白ワインだ！　みんな注げ、とことん注げ！　やれ！　やれ！　やれ！　これを鯨飲馬食と申す。おお、ラクリマ・クリスティじゃな！　これは最高のブドウでできているのかね。まこと、混じり気なしのギリシアワインだ！　ギリシアワインだ！　おお、美味しい白ワインだぞ！　いや、まったく、味もまろやかな琥珀ワインじゃ。

ラブレーは、父親の白のシノンを飲んでいたのだろうか。彼はまた、とりわけアルボワが好きであった。ラブレーが亡くなって七年後の一五六〇年、昔からの飲み友だちであったロンサールは、次のような墓碑銘を書いた。

生きている間いつもワインを飲んでいた
善良なるラブレーから
ブドウの木が生えてくるだろう。

愉快で、大食いで、大酒飲みの修道士および托鉢修道士という観念は、ホガース（一六九七―一七六四）の『カレー門』を見てもわかる通り、十八世紀になっても続いた。十八世紀初期の忘れられたフランスの詩人、劇作家アレクシス・ピロン（一六八九―一七七三）は、ワインの蓄えが尽きた、飲んべえの托鉢修道院に関する楽しい小歌を書いた。

修道服を着て、
袋と水差しをもて、
おまけに、ロッシュ修道士よ！
共同寝室では
今夜は何もかもが
絶望的だ。
すべての塩ブタは
消えてしまい、
むさぼり食べられてしまった。

そして最後に、詩人は皮肉な調子でこう付け加える。

コンドリューのワインは
我らに別離を告げる。

ロッシュ修道士が嘆くのも当然だろう。ローヌ河畔のコンドリューの白ワインは、珍しいヴィオニエ種のブドウを栽培しているたった十七エーカーのブドウ畑から産

■ホガース
『カレー門』
(『旧き良き英国の
ローストビーフ』)
テート・ブリテン

出される、上質で希少価値のあるワインである。リゴットというチーズと一緒だととくに美味しい。疑いもなく、この修道士はコンドリューの最高峰、たった四エーカーのブドウ畑からつくられる伝説的なシャトー・グリエを飲んだのだ。ヒュー・ジョンソンが「遅かれ早かれ、ワイン収集家のだれもがこれを試してみなければならない」と評したワインである。

ヴォルテールや啓蒙運動の知識人たちはみな修道制をからかった。『カンディッド』の脇役のひとりにジロフレー修道士がいるが、彼は正確にはテアティノ会*の律修聖職者である。英語の翻訳者は彼を托鉢修道士としているが、これはいただけない。カンディッドは、ヴェネツィアの聖マルコ広場で、痘瘡に罹った召使いの少女パケットを同伴しているジロフレー修道士に出会う。彼女の奈落は、フランシスコ会の聴罪司祭が彼女を誘惑したことからはじまった。三人は、食事をするために旅籠に向かう。そして、「マカロニ、ロンバルディアのヤマウズラ、それにキャビアを食べ、ワインはモンテプルチャーノ、ラクリマ・クリスティ、それにキプロス島とサモス島産のワインであった」。ジロフレーは自ら選んで修道士になったのではなく、彼の両親が無理やり彼を修道士にした。「わたしは夜修道院に戻ってくると、共同寝室の壁に頭をぶつけたくなる」のだった（ヴォルテールはなかなかのワイン通らしい――キアンチーノ・テルメというトスカーナの温泉町近くの丘陵でつくられるヴィーノ・ノービレ・ディ・モンテプルチャーノは、イタリアの最高級の赤ワインである）。

啓蒙運動は、修道士たちはすべて食べすぎ、飲みすぎだと確信していた。モンテ

＊テアティノ会
十六世紀イタリアにピエトロ・カラファ（一四七―一五五九）、後の教皇パウルス四世とカイェタヌス枢機卿とによって創設された修道会で、聖職者の素行の純化を目的とした。

スキューの『ペルシア人の手紙』の中で、主人公のひとりが修道院の図書室で修道院長に話かけようとすると、食堂の鐘が鳴った。するとその修道院長は「まるで翼をもっているかのごとく私の視界から消えた」。一七八〇年のウィーンで、トランシルヴァニアの鉱物学者イグナーツ・フォン・ボルン伯爵（一七四二―九一）は、修道士の博物誌といったような意味の『モンコロギア』（*Monchologia*）なる標題をもつ小さなラテン語の本を出版した。伯爵は、修道士たちはまったく別の人種で、人間とサルの中間的存在であると主張し、彼らを「リンネ式分類法に従って」分類している。修道士たちは頭巾を被り、夜になると騒ぐ人間の形をした動物で、雑食、魚食、野菜食の三つの集団に分類される。雑食のベネディクト会士たちは、めったに断食せず、毎朝四時頃にはのどが渇くといわれる。黒衣の修道士たちがその時間に集まるのはそのためである。暴飲暴食の顔をし、千鳥足のアウグスチノ修道参事会士は、ワインに対する飽くなき欲求に苦しみ、恐水病に罹っている。彼はワインで激しい渇きをいやそうとするが、さらにのどが渇いてしまい、そしてワインに酔いつぶれても、もっと多くのワインを切望する。彼の夜毎の浮かれ騒ぎは、ブドウの花が咲く頃に最も楽しいものとなる。人気を博した『モンコロギア』は、ヴィクトリア朝中期にイングランドでも翻訳紹介され、これには楽しい戯画が付されている。他愛のない娯楽のための本ではあるが、底流には修道士に対する真の憎悪がある――「修道士たちは結婚していないが、彼らの子供たちを捨てている」。

フランス革命時には、修道士たちの風刺画がたくさん描かれた。これらの多くは陽気なものだが、必ずといっていいほど辛辣な毒を含んでいた。一七八九年以前とそれ以後を対照的に扱った絵画では、前者にはとても太っていて愉快な修道士、後者には哀れにも痩せこけていて惨めな修道士が描かれている。他に、二人の大修道院長がブドウ圧搾機で搾られ、金貨を吐き出している風刺画などもある。

ウィリアム・ベックフォードの『ポルトガルからの手紙』には、啓蒙時代の教養あるイギリス人紳士の修道士に対する態度が覗われる。ベックフォードは、一七八七年から一七八八年にかけて、ポルトガルの宮廷から招待を受け、最高のフランス人シェフを伴い、シトー会の美しいアルコバサ大修道院——西洋で一番大きい修道院——を訪れた。古典主義時代の優雅な散文で書かれたベックフォードの印象記は、例によって皮肉まじりではあるが、楽しく読める。マカオの最新の流行に従って用意された料理など、ここでの食事についてかなりの分量を割いて詳しく紹介されている。ワインも大量に飲んだようだが、残念ながらその詳細には触れられていない。そして最後は、とても面白おかしい光景で終わっている。彼が立ち去ろうとしたとき、大修道院の修道士が全員、今や尊敬の眼差しで仰ぎ見ているシェフの給仕が受けられなくなるといって、涙を流している光景である。この修道院のワインについては、ヒュー・ジョンソンの『ワイン』に補足していただくとしよう。

アルコバサ大修道院は、巨大な宴会ができるように厨房が設計されており、その一方の端では小川がぶくぶく音を立てながら流れ、煙突は溶鉱炉のようである。まさに宮殿を思わせる、修道院の中でも最高の修道院である。その傍らの小さな宿の陰にある小さな宿で、食欲をそそるハマグリの料理とともに味わった、野イチゴの際立って美味しい香りの白ワインは忘れがたい。その土地のごく普通のワインで、どこでも歓迎されたにちがいないが、名前さえまだなかった。

『美味礼賛』の著者、アンテルム・ブリア゠サヴァラン（一七五五―一八二六）は、修道士の美食好きの伝説にだれよりも貢献した。一八一七年、聖ベルナールの祝日（八月二十日）に、彼はアマチュアのオーケストラを連れて、ベレイ近くのシトー会修道院で演奏した。これはシトー会の暦年の中で最大の祝日で、確かに修道士たちは祝日を立派に祝ったようだ。ブリア゠サヴァランは、教会ほど大きな（巨大な）パテ、大きなハム、子牛の骨付き肉、山ほどのアーティチョークのことを述べている。食堂の一方の端では、噴水が百本のボトルに水をかけていた。十四皿におよぶすばらしい食事の後、修道士たちは、「嵐の中で鯨が潮吹くような騒ぎの中で」、大きなボールから美味しいコーヒーを飲んだ。夕食も劣らず美味で、大樽一杯の焼けるような、砂糖入りのブランデーで幕となった。ただし、この著者が説明を省いていることがひとつある。それは、このような宴会は祝日といえども例外的なものだったということである――年代からして、この宴会はシトー会がフランスに戻ったことを祝して開かれたものだったのかもしれない。

十八、十九世紀のイギリス人は修道士を二種類に分類した。一つは、マシュー・グレゴリー・ルイス*のゴシック小説『修道士』に出てくる、痩せて危険な狂信者。もう一つは、『インゴルズビー伝奇集』の太っていて愉快な大酒飲みである。サー・ウォルター・スコットの作品には、痩せた修道士と太った修道士の両方が出てくる。大酒飲みの修道士に興味をもっていたもう一人のロマン主義の小説家は、トマス・ラヴ・ピーコック（一七八五―一八六六）である。『召使いマリアン』の中のルビギル大修道院のマイケル修道士は、ラブレーのジャン修道士と共通点もあるが、それ以上である。マイケルは、「私の得意なものは、カナリーと鹿の肉である」と自慢し、さらにカナリー（つまり、シェリー）は「唯一生命を守るもの、真の飲用金*、すべての病気、渇き、短命に効く万能薬であると思う」と言う。彼の守護聖人は聖ボトル*（瓶を意味する「ボトル」と同じ発音）、即ち、「歌う修道士、大きな声で笑う修道士、怒鳴る修道士、喧嘩をする修道士、開墾する修道士、重い物でばっしと叩く修道士、物を砕く修道士、冗談を飛ばす修道士、酒瓶をあける修道士、頭蓋骨を砕く修道士」である。

　ヴィクトリア朝時代の人たちも、修道士に対してこのような見方をし続けた。『オークの一人語り』の中で、テニスンは、「修道士が太っていた昔の夏《とき》」のことを詩にしている。またときに彼らは批判的で、あの偉大なプロテスタントの歴史家J・A・フルードは、修道院解体について書き、修道士たちは「放蕩、聖職売買、酩酊に明け暮れていた」と言っている。『ワイルド・ウェールズ』の中で、ジョー

*マシュー・グレゴリー・ルイス　（一七七五―一八一八）　イギリスの小説家、劇作家。

*飲用金　かつて使われた金粉入りの強壮剤のこと。

*聖ボトル　ラテン語読みでは聖ボトルフあるいはボトルフス。『アングロサクソン年代記』の六五四年の項に、「イカンホーに大聖堂をつくりはじめた」とあり、また『修道院長列伝』には「学問に優れ聖なる霊的生活を送った」とある。

ジ・ボロウ*は、ペングワーンの古い女子修道院の廃墟を通りながら、かつてここは「華麗な偶像崇拝と卑猥な情欲に捧げられた場所」であったと考えている。我々の時代においてさえ、田舎では、古い大修道院はそれぞれ、とてつもなく長い秘密のトンネルで女子修道院とつながっていると思っている人が少なくない。

アルフォンス・ドーデは、大酒飲みの聖職者を最も優雅にからかったユーモア作家であった。『ゴーシェ神父の薬酒《エリクシル》』において、ドーデは、プロヴァンス地方のプレモントレ会のとある貧しい修道院がいかにして解散から救われたかを語っている。牛飼いのゴーシェは、修道院にお金がないと聞くと、院長のところに行って、地元の六種類のハーブの蒸留による、無類のリキュールのつくり方を叔母から教えられて知っていることを告げる。そして、「プロヴァンスの紋章で封され、法悦状態の一修道士をあしらった銀のラベルがついた小さな茶色の土瓶」に入れて売り出されたリキュールは、大成功を収める。語り手は、それを飲んだ後、「胃袋がいい気持ちにあたたかくなった」と言っている。それは「緑色もしくは黄金色の、体を温める、輝かしい絶品のリキュール」である。おかげで修道院の財政は回復し、修道士たちはそれぞれ、ハーブを求めて山を歩き回る者、包装する者、ラベルをつくる者、送り状をつくる者、運搬する者となって働いた。一方、ゴーシェはといえば、「ゴーシェ神父」に昇進するが、彼が一人でこなす仕事は必ず不運な結果をもたらした。そのたびに彼は千鳥足で聖歌隊席に来ると、詩編ではなく俗謡を歌い、それを修道士たちが聞くことになったからである。「ああ、何ということだ」と院長はため息

*ジョージ・ボロウ(一八〇三―一八八一) イギリスの作家、言語学者、旅行家。とりわけロマニー語やジプシーの風俗の研究で知られる。

をつく。「彼はブドウの香りを身にまとっている。今度で続けて二晩だ」。しかし賢明にも院長は妥協した。ゴーシェ神父には蒸留器をもたせたままにし、修道士たちには「我々の利益のために魂を犠牲にした我らの哀れなゴーシェ神父のために祈りましょう。オレムス・ドミネ(神に祈りましょう)」と言い聞かせたのである。しかし祈りの甲斐なく、修道士たちは、聖堂にいても、ゴーシェ神父が蒸留場で歌う俗謡を常に耳にすることになった。

こうした話は面白いが、修道士にとっては芳しくない評判を広めることになった。今日でさえ、一般の人々は修道士を他人の負担で鯨飲する太ったならず者と考えている。疑いもなく、こうしたイメージは、何世紀もの間、多くの無意味な迫害に貢献してきた。陽気で人づきあいのよいタック修道士やジャン修道士は、シャイロック*やユダヤ人ジュース*がユダヤ人であるのと同じような意味において、修道士なのである。

*ユダヤ人ジュース
J・B・I・S・オッペンハイマー(一六九八頃—一七三八)のこと。ドイツの宮廷ユダヤ人。ビュルテンベルクに仕え、宮廷財政を近代化して辣腕をふるい、芸術保護者であったが、諸階層の恨みを買い、国庫財産の着服やキリスト教徒女性との関係などの嫌疑をかけられ処刑される。フォイヒトワンガーの『ユダヤ人ジュース』(一九二五)をはじめ多くの作家の作品に描かれ、反ユダヤ的な映画(一九四〇)にまで利用された。

第十四章　修道院解体

修道士とは神の巨大な毛皮のコートについた蚤である。
――マルティン・ルター

このぶどうの木を顧みてください。
あなたが右の御手で植えられた株を
御自分のために強くされた子を。
それを切り、火で焼く者らは
御前に咎めを受けて滅ぼされますように。
――「詩編」（八〇：一五―一七）

修道士はいつも忌み嫌われてきた。なぜそうなのか正確に言いあてることは難しい。前章で挙げたジョークや中傷は、朗らかなのらくら者の弱点を余すところなく描写している。多くの人たちは、明らかに、彼らが独身であることに嫌悪感をもっっている。

ていた。かつて托鉢修道士だったこともあるマルティン・ルターは、次のように言

女性、ワイン、それに歌を愛さない者は、
一生涯、愚か者である。

しかも、自分たちの教区司祭に好意をもっている多くの善良なカトリック教徒でさえ、大修道院が崩壊するのをみて大いに喜んだ。

修道士たちが、しばしば戒律をないがしろにしていたことは確かである。ダンテは、十四世紀初頭に書いた『神曲』「天国編」の中で、聖ベネディクトゥスに次のように言わせている。

私の戒律は、
いたずらに紙をそこなうために残っているのだ。

エリザベス朝時代のイングランドのカトリック教徒ウィリアム・ワトソン*は、次のように嘆き悲しんだ。

世界という劇場での修道会の盛衰は、

*ウィリアム・ワトソン（一五五九？—一六〇三）カトリック司祭。ジェイムズ一世王殺害の陰謀者の一人として捕らえられ、処刑される。

人間の苦悩に満ちた悲しい悲劇を表している。花に似て、人間は、折々に別の修道会や団体や集団を芽吹かせ、開花させ、繁栄させるが、すべての人間に宿る自由意志の決するに任せるや、はじめの精神を喪失して、朽ち果てていくのだ。

どんなに凝り固まったカトリック教徒でも、かつてはあまりにも多くの修道士がおり、あまりにも多くの修道院があったこと、またあまりにも多くの女性が結婚する機会に恵まれなかったという理由だけで女子修道院に入ったこと、放浪者となって窃盗をはたらく托鉢修道士があまりにも多かったことを否定することはできない。おそらく、大部分の大修道院は、適度に敬虔な生活をしつつも、ほとんど修道生活をしていない独身の男性や未婚の女性の共同体の居心地のよいカントリーハウス（田舎の大邸宅）同然だったであろう。しかし一方で、カルトゥジア会の修道院はすべて、彼らの理想に忠実であった。またもちろん、トラピスト会のように、多くの修道会では改革がなされた。それでもなお、教養ある人たちは、人数の抜本的な削減や規律の強化が必要だと考えたが、彼らのこうした意見を非難することはできない。そして不幸にも、こうした反動が完全に敵意に化したこともあった。十八世紀には、この反動ゆえに、西洋の修道制はほとんど崩壊に近い状態に追い込まれた。中世においてさえ、大修道院は兵士を引きつけてやまなかった。兵士たちは、ヴァイキングやサラセン人に劣らず、嬉々として修道院を略奪した。百年戦争で、英軍はフランスにおいてとくに芳しくない行跡を残した。もう一つの脅威はフランスにおける農民一揆（一三五七―五八年）であった。ボヘミアの修道士たちは、十五世紀前半の間、チェコ人異教徒、フス派信徒、タボル派信徒に苦しめられた。ワインをつくっていた大修道院は、常に魅力的な襲撃の標的となり、ブドウ畑は多大な被害を被った。

宗教改革は、修道制にとってもワインづくりにとっても極めて大きな打撃であった。改革者たちは、信仰よりもよく働くことに力点を置いた修道士の生活は時間の無駄であり、神に対する侮辱であると考えた。この見方は、一五二一年に熱心な読者層に向けて書いた『修道誓願について』というルターの敵意を込めたパンフレットで表明されているものである。おそらく、カトリック・ヨーロッパの少なくとも半分の修道院がこのとき終息したであろう。しかし、歴史の幸運な偶然で、それらはおもにブドウが栽培されていないヨーロッパ北部の修道院であった。とはいえ、一五二五年、この年の農民戦争のさなかに、エーベルバッハ修道院は、一万八千ガロンのワインを身代金として支払わねばならなかった。農民たちは、大修道院の有名な大桶の半分以上を飲んだ。そしてこの大桶は元通りにされることはなく、結局のところ、壊されてしまった。一五六三年までに、ヨハニスベルク修道院はプロテスタント教徒の襲撃をかなり受け、ついに解散に追い込まれた。一五六八年、ユグノー教徒たちは、疑いもなく、シャブリに魅せられてポンティニーを略奪し、シトー会修道士たちのコープ(大外衣)やチャズブル*(上祭服)を身につけて、セラーで乱飲乱舞の大酒宴を開いた。彼らはまたムルソーにあるシトー会のペリエレの館を略奪し、燃やした。フランスの多くの大修道院は、宗教戦争(一五六二―九八年)の間、かなり悪辣な攻撃を経験した。

修道士たちの次の大きな試練は、三十年戦争であった。ラインラントとバイエルンが、無数の戦闘の舞台となった。この間、軍隊という軍隊――プロテスタント、カトリック、皇帝派、スウェーデン、スペイン、フランス等々の軍隊――が略奪し、強奪した。大修道院は当然のごとく餌食となった。エーベルバッハの修道士たちは、一六三一年に、スウェーデン王グスタフ・アドルフ(在位一六一一―三二)によって追い出され、十九万八千ガロンのワインを捨てて、ケルンに逃れた。三年後、スウェーデンの宰相アクセル・オクセンシェルナは、その修道院を仮の駐留地とした。明らかに、彼とルター派の兵士たちは、セラーを存分に利用した。一六三七年、カトリックのフランス軍は、プロテスタントのスウェーデン軍といっしょにベルギーのシトー会のオルヴァル修道院をすべて焼き尽くし、初めに献金を盗み、そして聖堂を厩として使った。他の多くの修道院もオルヴァルと同じ運命を辿った。修道士たちは、もし捕まれば、拷問にかけられ、隠した宝を出すように強要された。ワインは磁石であった。マクシミン・グリュンハウス修道院のベネディクト会士たちは、一挙に三七五個の樽を失った。

カトリックの国々では、平和なときでさえ、修道院は解体の脅威にさらされてい

*チャズブル(上祭服)
ミサのときに司祭がアルバと呼ばれる長い麻の白衣の上に着る、袖のない長円形の貫頭衣状の式服。

た。一六六六年、フランスの財務総監コルベール（一六一九―一六八三）は、ルイ十六世に宛てた書簡の中で修道制を攻撃し、「修道女やその他の女性の修道者は、みんなのために働かないばかりか、彼女たちが生んだかもしれない子供たちを田舎から奪ったりしている」などと書いた。国王は、修道者に対して敵意はかなったが、ある程度までこの言葉に同意し、新たに修道院を建立する場合は、自分の特別の許可がなければならないと宣言した。

南ドイツはルイ十四世によって、三十年戦争の間よりも多くの苦しみを受けた。一六八九年、ルイ十四世の軍隊は美しいプファルツを完全に破壊した。オッペンハイムやヴォルムスのようなワインをつくっている町は、シャトーや村全体や大修道院もろともに炎上した。さらに、農作物、果樹、ブドウの木が集めて燃やされた。ラインガウに沿った大規模な修道院のブドウ畑の多くが破壊された。フランス人はさらに、第二の侵略でも残虐行為を繰り返した。一七〇〇年代初頭に、マールバラ公（一六六五―一七二二）とオイゲン公（一六六三―一七三六）の軍を相手に戦った際、バイエルンは同様に破壊され、略奪された。いつものように、大修道院やセラーは「野蛮で放埒な兵隊」を引きつけた。これらの戦争の結果は予想されたものだった。一六〇〇年には、ドイツにはおそらくブドウの木に覆われた土地が三十万エーカーあった。しかし一七一三年までには、およそ七万エーカーしか残っていなかった。ブドウ畑の主たる所有者と同様、修道士たちも苦しみを受けた。

しかし、大修道院のブドウ栽培は目覚しく回復した。マクシミン・グリュンハウスでは、十万二千本の新しいブドウの木が植えられた。その結果、一七八三年には九百フーデル――九千リットルのワインを生産することができた。一七一六年にはじまったヨハニスベルクの復興と、そのベネディクト会がいかにドイツのワインづくりの革命の先駆をなしたかについては、先に述べた通りである（第四章参照）。エーベルバッハ修道院のシトー会士たちも遅れをとっていなかった。新しいブドウ畑にブドウの木を植え、リースリング種とトラミナー種のブドウで実験をやり、彼らは、一七六一年から六三年にかけて、シュタインベルクのブドウ畑を囲む高さ七フィート、長さ一・五マイルの石壁を建造するほど繁栄した。アイテルスバッハでは、トリーアから来たカルトゥジア会士たちが、みずからの見事なワインをさらに改良した。修道士として生きる権利が問題にされない限り、修道院におけるブドウ栽培は、常に最悪の破局をも克服して生き残ってきたのだった。

しかしこの権利こそまさに、十八世紀の知識人が問題にしたものであった。啓蒙運動は、どんな戦争よりもはるかに恐ろしい脅威であった。ヴォルテールは、（モンタランベールによれば）修道士を「他者を犠牲にして生活しながら、取り返しのつかない誓約を立てて、理性に反旗を翻し、奴隷になることを約束する者」とこき下ろした。また『ペルシャ人の手紙』でモンテスキューは、修道制について、「この貞潔の経歴は、疫病や最も野蛮な戦争よりも男たちを無力にしてきた」と語っている。人口の減少や農業の放棄だけでなく、働く意志の喪失もまた、この修道制が原因であると彼は考えた。「修道院では安楽な生活を享受することができる。しかし、この安楽な生活をするために修道院外の世界では、人は汗してせっせと働かねばならないのである」。ディドロは、小説『修道女』の中で、修道者の独身主義を巧妙に、敵意をもって攻撃している。この小説は、自分の意志に反して修道女にさせられた一人の少女の話である。修道女の中には善良な女性もいるが、多くは迷信的な悪魔かレズビアンである。そして、ついにヒロインはベネディクト会の聴罪司祭と駆け落ちし、最後はパリの洗濯女として終わる。著者は、「修道士や修道女はイエス・キリストによって定められた制度なのか、この花婿にはそんなに多くの愚かな処女が必要なのだろうか」と軽蔑をあらわに問うている。

英国では、とりわけ饒舌に修道士批判が繰り広げられた。まず、デイヴィッド・ヒューム（一七一一―七六）は、ヘンリー八世の修道院解体令について次のように書いている。

無為な怠慢……とその従者、すなわち、修道院が非難される理由ともなっていた完全な無知については、疑問の余地がない。また修道士たちは、学校で教え夢想じみた、あら捜しの哲学の発明者であるだけでなく、その真の守護者でもあった。しかし、洗練された雄渾な知識はこうした人たちに期待することはできないであろう。退屈な画一性を強いられ、競争のない彼らの生活は、知性を高め、才能を育成してくれるものを何も与えてくれないからだ。

エドワード・ギボン（一七三七―九四）は、彼の歴史書の中でさらに大げさな非難の言葉を並べている（それらは、「裸足の托鉢修道士たちがローマのユーピテルの神殿で晩課を歌っている中、カピトリヌスの神殿の廃墟に物思いに沈みながら座していたときに」浮かんで来たものであった）。ギボンは、他にも激しい罵倒の言葉を浴びせつつこう語る。初期の時代には、修道士は「ワインの使用を慎んでいた」のに、その後、「あらゆる時代の教会は、堕落した修道士たちの放埒を非難してきた」。もっとも、この「苦しみに満ちた危険な美徳から人間のありふれた悪徳への自然な転落は、おそらく、哲学者の心に悲しみや憤りをそれほどかき立てはしないだろう」が、と。さらにこの「皮肉の大家」*――今まさに「おごそかな冷笑でおごそかな信条を弱体化させ」ている――は、「ベネディクト会の大修道院長の率直な告白、即ち、『清貧の誓願は私に年に十万クラウンを与えてくれるし、従順の誓願は私を最高の王の位にまでつけてくれた』という告白をどこかで聞くか読むかしたが、あいにくその貞潔の誓願の顛末については忘れてしまった」。

しかし、ギボンはもっと深い理解を示してしかるべきだった。彼の『ローマ帝国衰亡史』の脚註をみると、彼は修道院の学問に、すなわちランケよりはるか以前に史料の科学的研究を開拓した、ベネディクト会士のジャン・マビヨン（一六三二―一七〇七）や、同じくベネディクト会士のベルナール・ド・モンフォーコン（一六五五―一七四一）のような人物に、多くを負っていたことがわかる。ギボンは、モンフォーコン編の優れたギリシア教父文書を頼りにしていた。また実際、彼は、十八世紀の

＊「皮肉の大家」バイロンが『チャイルド・ハロルドの巡礼』の中で語っているギボンについての評言。続く「おごそかな冷笑」云々も同様。

マルタ騎士修道会の偉大な年代記を残したプレモントレ会士ヴェルトー（一六五五―一七三五）を「とても好感のもてる歴史家」だと言っている。他にイエズス会士のマリアーナやオラトリオ会士のラ・ブルテリー――個人的な親交もあった――その他、修道誓願を立てている数多くの学者を引用してもいる。さらに付け加えるなら、ギボンが他の誰よりもベネディクト会のシャンパンを嗜んだことはまことに皮肉なことである。

不幸なことに、カトリックの支配者でさえ啓蒙運動の考えに賛成し、イエズス会を廃止するよう教皇に圧力をかけた。旧体制のフランスでは、修道制への反対は、一七六五年の律修聖職者委員会の設置で頂点に達した。ルイ十五世はすべての修道院を解体させることを拒否したが、それでも委員会は、九人未満の共同体を抑圧することに成功した。ハプスブルク家の領内では、皇帝ヨーゼフ二世が、カルトゥジア会のすべての修道院を含む七百もの修道院を解散させた（追放されたイングランド人のシーン・アングロルム修道院もこのとき犠牲になった。このカルトゥジア会の修道院は十六世紀以来フランドルに存続していた）。皇帝の勅令によって、観想生活をするすべての修道院の閉鎖が言い渡された。「そこの修道士たちは隣人や社会のために何の寄与もしなかったからだ」。学問はいくらか斟酌されたが、ワインづくりはまったく顧みられなかった。結局、ハプスブルク家の領内では、大修道院の三分の一が消え去った。修道会は、修練士に公教育を受けさせることや、修道院を去ることを望む修道士には年金を支給することを強要されたために、さらに弱体化した。

フランス革命の際には、さらに悪い事態が発生した。革命は、修道士が知的風潮の敵意にさらされ、士気阻喪に陥っていた時期に、西欧の修道制に対して、修道制の全歴史の中でも最も恐ろしい一撃を加えた。一七九〇年、すべてのフランスの修道院の処遇が指示された。四百以上のベネディクト会の大修道院や二百五十のシトー会大修道院、六百近くの托鉢修道会の修道院、千五百の女子修道院等々が、数百の他の修道院もろとも失われた。「穏健な」ジロンド派のロラン夫人（一七五四―九三）も、「教会の土地は必ず売るようにしなさい。というのは、彼らのねぐらが破壊され、彼らがみないぶし出されるまで、私たちはこれら野生の野獣から解放されないのだから」と熱弁をふるった。このテロの間、「野生の野獣」は革命の敵として処刑された。そうした中で修道士たちは、『モンコロギア』の読者が予期したにちがいない臆病さを露呈するどころか、英雄的行為の数々を残した。プーランク（一八九九―一九六三）のオペラ『カルメル会修道女たち』は――実際の出来事をもとに――ジョルジュ・ベルナノス*が語った、自分たちの理想のためにギロチンに向かっていったカルメル会修道女たちの物語である。また、『沈黙の海』（*Waters of Silence*）の中で、シトー会士トマス・マートンは、ラ・トラップの白衣の修道士たちが、一八一六年フランスに戻ってくる以前に、厳格な生活様式の持続を決意し、ヨーロッパからロシアへ、さらに海を渡って北アメリカへと移っていった様子を感動的に語っている。

ナポレオンも、修道士に関しては、ロラン夫人と同様、「啓蒙的な」見解をもち

＊ジョルジュ・ベルナノス（一八八八―一九四八）　フランスのカトリック作家。

——それはナポレオンが捨てなかった数少ない革命原理の一つであった——彼が征服したすべての国々で修道制を禁止した。ナポレオンの兵士たちは、ヨーロッパ中の修道士や修道女たちに残酷な戦いを強いた。スペインではモンセラ修道院を兵舎に変え、「まるでシャモア*を追い立てるように」、哀れなベネディクト会士たちを近くの山へと追い立てた。スペインの上質のシェリー、ヘレス・デル・コンヴェントは、ナポレオンの兵士の破壊行為を今なお記念する存在である。一八一二年、ヘレスのエスピリト・サント女子修道院の何人かの修道女たちは、フランスの軍隊から逃げる際に、彼女たちのアモンティリャード*のいくつかの樽を回廊の地下に埋めた。それは、一世紀以上もの間発見されなかったが、ソレラ方式*を再構築するのに十分であった。

しかし、最も大きなダメージをもたらしたのは、兵士たちの残虐行為というより啓蒙運動の普及であった。一八一〇年までに、ドイツとイタリアのほとんどすべての修道院は、フランスの修道院と同様の運命を辿った。ヴォルフガング・ブラウンフェルス*は、ドイツの大修道院への政府の攻撃は、一連の軍事作戦のように組織的なものだったと述べている。一八一四年には、西欧の修道制はほぼ消滅してしまったかのようにみえた。カルトゥジア修道会は、一五二〇年には二百五十の修道院を、一七八九年の時点でもおよそ百三十五の修道院を擁していたが、今では全世界でたったの五つの修道院しかなく、しかもきちんと機能しているのはそのうちの一つだけである。

＊シャモア
高山に生息するヤギに似た動物。

＊アモンティリャード
スペインのモンティリャ産の琥珀色をした強い香りのシェリー。

＊ソレラ方式
上段ほど新しい酒を入れた樽を五～六段積み重ね、最下段の古い酒の樽からある量を出したあと同量を上段の樽から順次移して熟成させていく方法。

＊ヴォルフガング・ブラウンフェルス（一九一一—八七）　ドイツの文化史家、美術史家。修道院関係の著書に『図説　西欧の修道院建築』がある。

文化的喪失はたいへんなものであった。クリュニーは火薬で爆破され、採石場と化したが、これは他の多くの修道院の運命でもあった。シャンモルやプレモントレのように、牢獄や精神病院になったところもあった。また農場の納屋や倉庫になったところもあった。多くの修道院は、サン＝ヴィヴァンのように、修道士たちが戻って来ることを恐れて、取り壊された。数少ない稀な例だが、ムルソーのシトー会、ボーヌのウルスラ会、サン＝テミリオンのドミニコ会のそれぞれの修道院のように、セラーが本来の目的のために使われたところもあった。ロマネスク芸術やゴシック芸術の傑作である列柱や彫刻が、道路を舗装するために用いられた。ブラウンフェルスは、「貴重な写本が、ぬかるんだ道の轍を埋めるために、バイエルンやシュヴァーベンの修道院からミュンヘンやシュトゥットガルトの国立図書館へと宝物を運ぶ牛車から投げ落とされた」と書いている。

幸いなことに、少なくとも修道士たちの宝物のいくらかは残存した。ブラウンフェルスによれば、各地の美術館や図書館が抱える中世美術や中世写本の華やかなコレクションのほとんどは、修道院解体の恩恵を被っており、パリのクリュニー中世美術館やニュルンベルクのゲルマン国立博物館、ミュンヘンのバイエルン国立博物館、ケルンのヴァルラフ＝リヒャルツ美術館などの今日の収蔵品も、これらが基になっていることを強調している。トロワにある見事な市立図書館は、五万冊もの蔵書を誇っているが、これらは、かつてはクレルヴォー大修道院のシトー会士たちの財産であった。

一八一〇年までには、フランスやドイツのブドウ畑で、修道院の管理下にとどまったものはひとつもなくなっていた。シャンパーニュ地方やブルゴーニュ地方の伝説的に有名なベネディクト会やシトー会のブドウ畑は、かなり早い時期に広く競売に付された。ドイツでは、修道士がほぼ独占していたラインガウのブドウ畑などは、ほとんど一夜にして管理者が変わってしまった。教権反対者は、没収が実はワインづくりにとって利益になったともっともらしく主張している。曰く、俗人の所有者は商売っ気に溢れ、技術改良の導入に一層励み、聖餐用の白ワインよりも赤ワインをつくることに関心を向けたのだ、と。しかしすでに見たように、修道士たちもまた商売に熱心であり、技術改良の先駆者でもあった。さらに、聖餐用のワインにのみ注意を向けていたわけでもなく、食卓用の白ワインと共に赤ワインもつくっていた。したがって実際には、没収がワインづくりに及ぼした結果は悲惨なものであった。ブドウ畑はしばしば、たくさんの小地主に細切れに分配された。クロ・ド・ヴージョは、特に痛めつけられた例である。一方ではまた、貴重なワイン醸造の技術が破棄され、忘れ去られた。革命前の優れた品質を回復していないワインもいくつかある。サン＝プルサンがその一例である。

ナポレオン戦争後も、迫害は止まなかった。一八三五年、ポルトガルはすべての修道院を抑圧した。スペインは翌年同じ手段をとった。ヘレスでは、カルトゥジア会修道院が騎兵隊の兵舎となり、修道士たちの修室は厩となった。ラテン・アメリカもポルトガルやスペインの統治者をまねた。一八四一年から一八四九年の間に、

スイスでは大規模な修道院解体があった。一八六〇年代には、ピエモンテ政府が戻ってきた修道士を追放し、半島を統一しながら、イタリアの修道制の根絶にほぼ成功した。一八七四年、スイスは「新たな修道院の創設や、抑圧された修道院の復興」を禁じた。このように、修道院には容赦のない攻撃が加えられたが、それはプロテスタンティズムのゆえであり、「進歩」への欲求のゆえであったが、一方では貪欲そのもののゆえでもあった。一八六二年に解散させられたチューリヒのライナウ修道院では、修道士たちの罪のひとつは、彼らの地所が二百万フランに値したことだといわれた。そして修道士たちのワインもまた常に羨望の的であった。修道院解体は、周辺の破廉恥な人々が自分のものにしたいと願っていたブドウ畑を手に入れるのに、格好の口実を与えた。

迫害は、十九世紀の終わりまで続いた。一八七〇年代に、ドイツに戻ってきた修道士たちは、ビスマルク（一八一五—九八）の「文化闘争」の脅威にさらされた。このため、ボイロンの追放された修道士たちは一時期イングランドに定住した。新しい世紀になっても、迫害は止まなかった。フランスでは、一九〇一年にエミール・コンブ（一八三五—一九二一）は「結社法」を強行採決した。この法律によって、無認可の修道院はすべて抑圧された。「結社法」の狙いは、ひとつには、修道士たちが王党主義と関係があったこともあるが、主たる動機は、大修道院の「百万フランの資産」であった。シトー会は生き残ったが、すでに見たように、カルトゥジア会は消えていかなければならなかった。一方、ベネディクト会はソレムからも追い出された。

もう一つの無意味な破壊の波は、スペイン内乱と共に押し寄せてきた。シヘナでは、マルタ騎士修道会の修道女たちが、共和主義者にレイプされ、殺された。十三世紀の（おそらくイングランド人画家による）フレスコ画をもつ彼女たちの壮麗な女子修道院は、焼き払われた。モンセラ大修道院も再度略奪され、修道士たちは捕らえられて、二十二名が殉教した。ガリシアのサモス修道院（見事なブドウ畑をもっていた）では、修道士全員が亡くなった。バロック建築は他の建物よりもよく燃えたので、無政府主義者たちはその破壊を好んだという。

新世界も、旧世界と同じように、寛大ではなかった。二十世紀を通じて、メキシコの修道会は悲惨な目にあった。修道士たちは、戻ってくることは認められても、再び修道服を着ることは禁じられた。

言うまでもなく、ナチスは修道制を目の敵にしていた。たいていの大修道院は解散させられ、修道士たちは兵役のために招集された。ドイツ騎士修道会のような団体も共に抑圧された。ドイツ騎士修道会は、もはや騎士修道会ではなく聖職者の修道会となっていたのだが、それでも抑圧された。この修道会は、ハプスブルグ家と関連があったために、とりわけヒトラーに嫌われたのだった。ヨーロッパ中の無数の修道院は、直接の抑圧だけでなく、戦禍によっても崩壊した。また、多くの美しい修道院は修復が不可能なほどに破壊された。モンテ・カッシーノはその一例であるが、この大修道院はすべてのベネディクト会士たちにとって極めて神聖な存在であるため、戦後に壮麗な大修道院として再建された。

第二次世界大戦後、ポーランド、ハンガリー、ユーゴスラヴィア、チェコスロヴァキア、中国などでも迫害が行われ、大修道院は再び力ずくで抑圧された（美術品などの秘宝は、以前の修道院解体時よりも敬意をもって扱われたことは認めなければならないが）。修道制の一面が共産主義者の心をとらえたのかもしれない。すでに認められていたように、ルーマニアでは、極めて小規模ではあるが、大修道院は多くの場合集団農場へと化していった。

疑いもなく、修道士がいる限り、迫害や解体はなくならないであろう。しかし、集産主義やコミューン、さらにエコロジーなどにかなりの注目が集まる我々の時代において、修道士が嫌われるというのも妙な話である。ましてやワインを愛する人たちが修道士を嫌うとは心得違いも甚だしい。修道士ほどワインづくりに適した人はいないのだから。

第十五章
現代の修道士とワイン

修道士と樫の木は不朽である。
——ラコルデール

その陰に宿る人々は再び
麦のように育ち、
ぶどうのように花咲く。
彼はレバノンのぶどう酒のようにたたえられる。
——「ホセア書」（一四：八）

多くの英国の歴史家は、西欧の修道制が宗教改革のときに終焉したかのように書いている。しかし、こう聞くと驚かれるかもしれないが、フランス革命のときも、十九世紀に再発した迫害のときも、修道制は終わらなかった。しかも、わずかな例外はあるが、ほとんどすべての修道士《モンク》の修道会、托鉢修道士《フライアー》の修道会、律修聖職者《キャノン》の修道会は今日なお存続しているのである。そして、これもいささか衝撃的なことであるが、現代の英国には、宗教改革以前と同じぐらいの数の修道誓願を立てている男女がおり、他の国でも同じような修道士や修道女の復興が見られる。この驚くべき回復の一因は、十九世紀のロマン主義運動にあるかもしれない。疑いもなく、ベネディクト会士のゲランジェ（一八〇五―七五）やドミニコ会士のラコルデール（一八〇二―六一）のように、復興のために働いた人たちの着想には、ロマン主義の要素があった。しかし一方で、真の修道生活の不朽の魅力こそが一番の原因であることは疑問の余地がない。この魅力は、第二次ヴァチカン公会議の結果生じたカトリシズム内の激変をも切り抜けたようだ。

伝統的なリキュールをつくり続けている修道院はいくつかあるが、昔のブドウ畑を保持ないし取り戻している修道院はほとんどない。しかし、二十ほどの修道院は新たにブドウの木を植えている。その数が少ないのには驚きを禁じ得ないが、それでも、ワインづくりとのつながりは決してなくなってはいないのである。

一九七七年には、およそ一万二千人のベネディクト会修道士とおよそ三千人のベネディクト会修道女がいた（これら大ざっぱな数字の中には、一握りのアングリカンも含まれている）。最もよく知られているのは、バジル・ヒューム枢機卿（一九二三―九九）で、彼はウェストミンスター大司教であり、アンプルフォースの大修道院長でもあった。たいていの修道士は、伝統的な黒衣を身につけ、帯を締め、エプロン*かスカプラリ

＊エプロン
膝まで届く長上着の一種。

オ（袖無肩衣）、それに頭巾を身につけている。寒いときは、多くの共同体では頭巾付きの外衣――単なる頭巾ではなく、中世のキルトの頭巾付き外衣――を身につける。いくつかの共同体では、今でも胸に響く美しいグレゴリオ聖歌を歌っている。修道士は中期英語の「ダン」（Dan）ではなく、「ドン」（Dom＝Dominus「ドミヌス」の省略形）の称号とともに呼ばれている。修道女は、昔のように「ダム」（Dame）である。また現在、ベネディクト会に属するブドウ畑もかなりあるようだ。

残念なことに、これら現代のベネディクト会のブドウ畑の一つが、つい最近の一九六九年にやむなく放棄された。その畑は、フランスで最も古く、最も名高い修道院のひとつ、即ち、ポワティエ郊外のリグジェにあるサン・マルタン大修道院のものであった。三六三年に聖マルティヌスによって創建されたこの大修道院は、暗黒時代の間に聖ベネディクトゥスの『戒律』を採用し、フランス革命まで盛名を馳せていた。修道士たちは一八三八年に、ソレム修族のベネディクト会士として戻ってきた。ソレムといえば、歴史家や典礼学者を輩出していることで有名で、大修道院は現在『レヴュー・マビヨン』の本部となっている。これは修道院の歴史を扱うすべての雑誌の中で最も優れたものである。パリ―マドリッド間の鉄道路線が彼らの庭園を通るように故意に計画されたり、さらに長い期間追放されたりといった不愉快な出来事が続いたにもかかわらず、修族は繁栄し、カトリックの知識人の安息の場となった。かつて悪魔崇拝者であったユイスマンス（一八四八―一九〇七）も、ここに聖域を見出した。

長年、リグジェの修道士たちは濃い赤ワインをつくってきた。これは、少々グースベリーの味がするが、ごく普通の美味しいワインである。このワインはほとんど彼らの食堂で消費されているが、規則に基づき、ひとりの修道士に一日半パイントが供される。訪問客は、望めば、もっと多く飲むこともできるだろう（筆者もこれには楽しい思い出がある）。修道士たちは地元のワインの品質を改良するために大変な努力を払ってきた。近隣の農夫たちのうちで最も激しい聖職者反対論者でさえ――暗黒時代の異教徒の先祖たちがそうであったように――この改良ゆえに、今でも修道士たちに感謝している。一九六九年にリグジェが、ほんのわずかではあるが、優良なこのブドウ畑を放棄した理由は、中世イングランドにおいて修道院のブドウ栽培を崩壊させた理由とまったく同じで、労働力の不足であった。大修道院は、実際上、助修士を募集することをやめていたし、修練士*の供給も一時的に途絶えていた。しかし、修練士たちは戻って来つつある。手の労働は、ベネディクト会の修練期の不可欠な要素となっているので、ブドウ畑の回復にも望みがなくはないだろう。

オーストリアのベネディクト会は、今もなおブドウ栽培を行っている。クレムスの町とドナウ川をはさんで向かい合う格好で、バッハウ・ワイン地区のはずれに位置する巨大なバロック様式のゲットヴァイク大修道院は、ちょっと変わった白のヴィンテージをつくっている。しかし、この優れたベネディクト会士たちは、必ずし

▶ザンクト・ヒルデガルト修道院の修道女

＊修練士
修道会の一員ではあるが、修道誓願を立てておらず見習い期間にある者。

も自分たちのワインだけを飲まなければならないというわけではない。

ベネディクト会士たちは、ラインガウでも活動を再開している。リューデスハイムの北に位置するアイプリンガー近くのザンクト・ヒルデガルト大修道院は、ビンゲンの古い修道院が火事で焼け落ちた後、一九一〇年に創建された（第四章参照）。この修道院には現在、非常に多くのベネディクト会修道女がいる。彼女たちは、牛を飼い、農場や発電機をもち、完全に自給自足の生活をしている。またラインガウの一等地のいくつかにブドウ畑をもっている。大修道院に最も近いブドウ畑は、クロスターベルク、クロスターライ、それにドラッヘンシュタイン丘陵地の斜面にあり、糖尿病に適した「トロッケンディアベティカー」からトロッケンベーレンアウスレーゼにいたるまで、高品質のワインが生産されている。一九七八年の聖ニコラウスの祝日（十二月六日）、修道女たちは美味しいアイスヴァイン*をつくるためブドウ摘みに精を出していた。

一九一八年まではオーストリア領のチロルであったが、現在はイタリアとなっている地域にある大修道院に、ボルツァーノ郊外のムーリ＝グリエスがある。この修道院は、ラグレイン種のブドウで興味深い赤ワイン、即ちアルト・アディジェのサンタ・マッダレーナ（あるいは、マグダレーナー）をつくっている。このワインはおそらく、現代ヨーロッパの修道院のワインの中で最も個性的なものである。この大修道院は、古くはチロル伯の城砦で、一四〇六年にアウグスチノ修道参事会に与えられた。この修道会はその大きなロマ

＊アイスヴァイン
ブドウの収穫を遅らせ、氷結した顆粒を摘んで圧縮し醸造したワインで、非常に濃く、極甘口である。

◀ザンクト・ヒルデガルト大修道院とそのワイン畑

ネスク様式の塔を鐘塔に変え、すばらしい後期ロマネスクの聖堂を建てた。そしてこの修道会が追放された後、スイスのムーリのベネディクト会がここにきたが、彼らもまた追放された（第二章参照）。中世後期にはよくあったことだが、大修道院のブドウ畑の仕事は、一人の修道士の監督の下に俗人たちがやっていた。

スペインではガリシアのサモス修道院が息を吹き返した。そして内乱の悲劇的な出来事はずっと以前に忘れ去られている。スビアコ修族に属していた修道士たちは、手ごろな赤と白のワインをつくっており、リキュールもまたつくり続けている。

イタリアで現代のモンテ・カッシーノ修道院が自分たちのブドウ畑をもっているのは、実にふさわしいことである。第二次世界大戦中にこの偉大な修道院は爆破され瓦礫と化した。しかし、その後、修道院は、バロック様式の装飾の細部まで注意深く修復され、完全に再現された。修道院にはおよそ三十人の修道士がおり、著名な学校を運営している。彼らは、修道院の真下にある小さなブドウ畑で育ったブドウで食卓用ではなく、聖餐用の白ワインをつくっている。

目下のところ、現代の英国の唯一の修道院のワインといえば、バックファストのトニックワインである。これはもちろん、英国のものではなく良質のフランスかイタリアの赤ワインに、修道士たちが炭酸飲料、ヴァニラ、緑茶などを加えたものである。デヴォンシャーのバックファスト大修道院は、ロマンティックな歴史をもっている。一〇一八年に創建され、一五三九年に解散させられたあとは朽ち果てるにまかされていた。しかし一八八二年、ブルゴーニュのラ・ピエール＝キ＝ヴィルから追放されたフランス人のベネディクト会士たちがこの廃墟を買い取り、その敷地内の小屋に住み、修道院を再建しはじめた。そしてこれは一九三〇年代に完成をみたのである。トニックワインの製造法がフランスのものであったことはほぼ確実である。知られている最も初期の名前は、「ヴァン・ディナミク」であった。もともと、これは地域内でのみ販売の許可を得た薬としてつくられたが、一九二六年以降、健康によい薬用のワインとして市販されるようになった。このワインは、疑いもなく、オグボーン・セント・ジョージという十三世紀の鉄の香りのするワインを立派に継承したものでる。

イスラエルにおいても、黒衣の修道士たちはブドウを栽培しつづけ、タビハで白ワインをつくり続けてきた。チリのサンチャゴの近くには、近代的で壮麗なスビアコ修族の大修道院があり、カルベネ種のブドウで辛口の赤ワインをつくっている。オーストラリア西部のニュー・ノルシアの大修道院は、一八三〇年代にスペインの迫害から逃れてきたスペイン人のベネディクト会士たちによって創建された。長年、彼らはオーストラリアで最高のワインのいくつかを生産してきたが、つい最近、生産をやめてしまったようである。

現在、世界には、寛律シトー会士たちと、改革派シトー会士即ちトラピスト会士たちの両方をあわせて、四千人のシトー会士がいる。戦後、トラピスト会はアメリカで目覚しい成長を経験したが、これはおもにシトー会士の神秘主義者トマス・マートンのロマンティックな霊的著作によるものである。マートンの自伝『七重の山』によって、アメリカの何百人という若い元兵士たちが彼を信奉した。しかし、この成長は一九六〇年代にぴたっと止まってしまった。一方、最近では改革派シトー会の規則もかなり緩和された。

オーストリアのシトー会では、ハイリゲンクロイツ大修道院が十八世紀の解体から回復して久しく、今では寛律シトー会士たちがそこに居住している。ここは「ウィーンの森」の人気のある観光地で、水槽から鱒を選んで食べることのできるレストランもある。ここのシトー会士たちは、十八の教区を受け持っているだけでなく、知的障害をもつ子供たちの学校を経営しており、これらの活動のすべては、修道院のブドウ畑からの収入よって援助されている。ここのブドウ畑の口あたりのよいワインは、ウィーンでも販売されている。

シトー会士たちはスペインでも、ワイン醸造家として再び活躍しはじめている。彼らは、ナバラの（トゥデラから遠くない）カルカスティーリョ近郊のラ・オリヴァにある古い大修道院に戻ってきた。この大修道院には、十二世紀の聖堂と十五世紀の回廊がある。修道院はブドウ畑に囲まれており、数多くの教区に甘口の聖餐用白ワインを提供している。かつてアラゴンの国王たちの霊廟であったカタルーニャのポブレ大修道院は、今なおスペインの誇りのひとつである。ゴシック様式とバロック様式が混在したこの大修道院を囲む壁内には、トレーサリー模様の窓と美しい外

付けの階段のある、十四世紀のマルティン国王（アラゴン王、在位一三九六―一四一〇）の宮殿がある。あるフランス人旅行者によれば、ポブレ大修道院は、早くも一三一六年には、相当量のワインを生産していた。この大修道院は一八三五年に解散させられ、略奪されたが、一九四〇年にシトー会士たちが再びここに住みついた。この修道院の壁外にはブドウがよく実る畑があり、そこでつくられる白ワインはこの修道院に提供されるという。

北アフリカでは、アレクシス・リシーヌが一九五〇年代に『フランスワイン』の中で、ドメーヌ・デ・ラ・トラップ・デ・スタウエリをアルジェリアで最高のワインのひとつとして挙げている。しかし、このシトー会のブドウ畑は、アルジェリア独立のときに失われてしまったかもしれない。

カルトゥジア会士たちは、一九四〇年にグランド・シャルトルーズに帰ってきた。これはあの厳しい年における唯一の明るい出来事であった。カルトゥジア会は、ウィリアム征服王の治世の間に創設された。彼らはすべての修道士のうちで最も変わらなかったし、また今も変わらないが、カトリック教会における現在の刷新にも難なく適応している。今日、修道士と修道女を含め、およそ六百五十人の修道者と二十一の修道院がある。修道院のひとつに、一九六〇年代に北米のヴァーモントに設立された白花崗岩の修道院がある。フランスのムジェル修道院には、一九三五年から一九七七年にかけてカルトゥジア会士たちが再び居住したが、そのブドウ畑は現在は俗人の管理下にある。ここの修道士と助修士たちは、伝統的なカルトゥジア会のブドウ栽培技術を復活させた。エロー県のワインは、率直に言って、フランスでは無視されているワインの一つである。「ラングドックのワインは味わって飲むのではなく、がぶ飲みする」。しかし、中世でもそうだったが、ムジェルの修道士たちは、修道士の注意深い手入れと忍耐の価値を実際に示し、またワインづくりの新しい醸造技術も導入した。修道院の心地よい白壁と赤タイルの屋根を取り囲むブドウ畑は、およそ七五エーカー（三〇ヘクタール）あり、ロゼ、白、それにヴェルメイユと呼ばれる朱色のワインを含め、驚くほど大量のワインを生産している。ブドウの品種はカリニャン、サンソー、テレ種である。甘口のワイン、グルナッシュ、マカブー、ミュスカもつくられている。これらはエロー県の数少ない上質のワインで、いくつかの賞を獲得している。最近までこれらのワインは、ごくまれな特別の機会に、カルトゥジア会の他の修道院にも提供されていたが、今は出されていない。第一に、商業上の需要の増加に伴いワインが余らなくなったからである。さらに、一九七七年に修道士がいなくなったため、ムジェレ修道院は閉鎖され、その共同体は他の修道院に移ってしまったからである。だが、ワインは残り、修道士たちの存在を記憶にとどめている。

ナポレオンによってマルタ島から追放された後、マルタ騎士修道会は、本部をイタリアに移した。そして十九世紀の間に、救護や看護を目的とした修道会としての伝統を強調するようになった。数千人を擁するこの修道会は、一七八九年以前のヨーロッパの社会規範を固守し、高い地位が認められているのは貴族出身の修道士のみである。一方、大公＝総長、その他およそ五十人の修道士たちは、誓願を立て、「フラ」の称号をもって呼ばれている。日課の祈禱のときは、修道士はすべて今でも黒い修道服を身につける。西ヨーロッパのカトリック圏やアフリカ大陸、さらにアメリカ大陸などの諸国で、数百の病院や大規模な病院航空機隊と列車隊をもち、広範囲にわたって救護援助活動を展開している。その英国支部は、老齢者のためのホームやその他の慈善事業と共に、〔ロンドン郊外の〕セント・ジョンズ・ウッドのセント・ジョン病院やセント・エリザベス病院を支援し、運営している。現代のマルタ騎士修道会の国際的威信はなかなかのもので、四十か国から外交が認められ、必要に応じてパスポートも発行しているほどである。また主権国家としての地位を主張し続けており、ローマにある大公＝総長の宮殿である館を、世界で一番小さな国家だと考える人々もいるようだ（十七世紀以来、大公＝総長は、「最高位の殿下」の尊称とともに呼ばれ、カトリック教会では、枢機卿の次位にある）。

マルタ騎士修道会は、今日でもブドウ畑を所有している。オーストリアでは、ヴァインフィアテルにあるマイルベルクのコマンドリーが、一一二八年以来この騎士修道会に所属している。それは一部がゴシック様式で、一部がバロック様式の大きくて美しい建物である。マイルベルクは、マルテーザー・グリューナー・フェルトリーナーを生産しており、ヒュー・ジョンソンはこれを、オーストリアの最高のワインのひとつと考えている（グリューナー・フェルトリーナーは、オーストリア原産の古典的なブドウの品種である）。またこのコマンドリーはまったくの珍品を、つまりとても美味しいオーストリア赤ワインを生産している。ブラウエ・ツヴァイゲルト・レーベは、ドイツの赤のホックに似ているが、ずっとコクがあり、強くて（アルコール分は一一・五パーセントほど）、辛口である。これはオーストリア以外ではほとんど知られていないが、一九六九年以降、このコマンドリーのブドウ畑を管理しているレンツ・モーザー社は、現在、グリューナー・フェルトリーナーと共に、これを英国に輸出しはじめている（私の知る限り、アメリカには輸出していない）。このコマンドリーでつくっている三番目のワインはシュロス・マイルベルクで、ゼクトと呼ばれるオーストリアのシャンパンである。これは先の二つの優雅な隣人とは比較できない。キレがなく甘口である。だが、オーストリアではかなり人気があるようだ。

またこの修道会は、イタリア、トラジメーノ湖近くの丘陵地帯にある、古代のカステーロ・マジョーネにコマンドリーを持っている。このコマンドリーは、ずっと以前は、テンプル騎士修道会のものであった。ここに修道士たちはブドウ畑を持ち、キャンティと似ていなくもない赤ワインと、それに白ワインをつくっている。これらのワインは共に、「コッリ・デル・トラジメーノ（トラジメーノ丘陵）」と呼ばれるが、同名の近隣のワインと混同してはならない。赤ワインのブドウの品種は、およ

そ六〇から七〇パーセントがサンジョヴェーゼ種で、他はチリエジョーロ、ガメ、マルヴァジーア・デル・キァンティ、トレッビアーノ・トスカーノ種の混合で、アルコール含有量は一一パーセントを少し超える。白ワインのブドウの品種は、六〇から八〇パーセントがトレッビアーノ・トスカーノであるが、マルヴァジーア・デル・キァンティ、ヴェルディッキオ、ヴェルデッロ、グレケット種が混ざっている。アルコール含有量は一一パーセントである。これらのワインはとても飲み心地がよく――白ワインは上等なアペリティフとなる――ローマにある大公＝総長の館において供されている。またマルケーゼ・エットーレ・パトリッツィ社によってカプリ島でつくられている赤と白のカプリワインのラベルは、マルタ騎士修道会と何らかの関係があることを示している（ラベルには、盛式誓願を立てた騎士修道士の紋章である、八つの尖った先端をもつマルタ十字の上に、パトリッツィ社の紋章が配されている）。残念なことに、私が入手できた唯一のボトルは盛時を過ぎた赤ワインであったが、二つのワインはいずれも高い評価を得ているようだ。マルタ島のイムディーナ近くの、この修道会が島を支配していたときに所有していたブドウ畑では、つい最近まで、同修道会の英国支部長であり、ベイリフ・グランド・クロス*であるモンクトン卿のために赤ワインをつくっていた。

一九二三年、（一九一七年、カポレットの戦いでイタリア軍に対するドイツ・オーストリア軍の勝利に貢献した将軍であった）オイゲン大公（一八六三―一九五四）

*ベイリフ・グランド・クロス　マルタ騎士修道会の構成員の地位の一つ。

は、ドイツ騎士修道会総長の地位を退いた。一九二九年、ドイツ騎士修道会は、修道女たちと共に、オーストリア、バイエルン、イタリア、ユーゴスラヴィアの教区や病院に奉仕する司祭の慈善団体に再編された。しかし、伝統のいくつかは保持されており、その総長は「ホッホマイスター」と呼ばれ、また司祭＝修道士たちは、人目を引く黒い十字（鉄十字のモデル）のついた白い外套を身につけている。修道会にはまた少数の「名誉騎士」がおり、そのうちの一人に、かのコンラート・アデナウアー（一八七六―一九六七）がいる。ウィーンにある彼らの美しい聖堂とかつての宝物館は訪ねてみる価値がある。そしてワインづくりもまた、生き残ったもう一つの伝統である。ドイッチェ＝オルデンス＝シュロスケラーライ（ドイツ騎士修道会城館ワイン醸造所）は、ウィーンの森のふもとの小さな丘の古城グンポルツキルヘにいまもある（第七章参照）。七種の白ワインと三種の赤ワインがあるが、いくらかはグンポルツキルヘで、いくらかはニーダーエスタライヒで、いくらかは南東部のブルゲンラントでつくられている。最高のワインの一つはグリューナー・フェルトリーナーで、他のものと同じく、フルーティーである。もうひとつの最高の白ワインは、城の近くのブドウ畑からつくられているオリジナルのグンポルツキルヒナーである。これはコクがあり、フレッシュで飲み心地がよい。これらのヴィンテージは、かつてプロシアやバルト海諸国を支配したいかめしい十字軍戦士たちの、皮肉にも柔和で品のいい記念物となっている。

アウグスチノ修道参事会は、中世の間、比較的数は少なかったが、有名なブドウ畑を所有していたようだ。しかし、現代のクロスターノイブルクは、これを補う努力をしている。この修道院は一一〇〇年に、辺境伯レオポルト三世（一〇七三頃—一一三六）、即ち聖レオポルトによって、ウィーンの北数マイルの地に創設された。今日、彼らの聖堂は、ゴシック様式の回廊も残ってはいるものの、大部分は予想にたがわずバロック様式である。聖レオポルト礼拝堂——ここでは彼の王冠をつけた頭蓋骨をみることができるであろう——は、元々は集会室であった。その主たる宝物は「ヴェルダン祭壇」（かつては説教壇）で、そこには聖書の五十の場面が青や金のシャンルベ七宝のエメラル塗料で描かれている。そして、これは一一八九年にヴェルダンの金工師ニコラスがつくったものである。ロシア軍が占領していた間は取り外されて、岩塩坑に隠された。修道院の他の建物は十八世紀のもので、ひときわ壮大なバロック様式である。屋根には巨大な皇帝の王冠が飾られている。神聖ローマ帝国のカール四世（一三一六—七八）は、この大修道院をオーストリアのエスコリアルに変える案をあたためていたが、死によってその計画は放棄された。豪華な家具が備えつけられた皇帝の間は、屋根の上の王冠と同様、この計画の遺物である。また現在では神学校を維持し、スタッフを配置している。さらに二十六の教区も運営している。

クロスターノイブルクは、六種の白ワイン、二種の赤ワイン、二種のゼクト

を、いくつかの異なる地域のブドウ畑で栽培された様々なブドウでつくっている。白ワインで出来がよいのは、ミュラー＝トゥールガウ種のブドウでつくったカーレンベルガー・ユングヘルンやミュスカ・オットネル種のブドウでつくったヴァイトリンガー・プレディヒトシュトゥールである。この二つは、最近のオーストリア・ワインフェアで金賞を獲得しているばかりでなく、オーストリア政府の正式認可を得ている。この認可は、連邦農業省がワインの化学分析その他の検査の後にのみ授与するものである。またグリューナー・フェルトリーナー種のブドウでつくる二種の白ワインのうちのひとつに、ヒュッテンフィアテルがある。これは辛口だが美味しい（英国糖尿病協会からも認可されている）。赤ワインは、クロスターガルテンと、（ザンクト・ローレンツ種でつくる）ザンクト・ローレンツ＝アウスシュティヒである。どちらもオーストリア政府から認可を得ている。発泡性ワインの中では、クロスターゼクトが一九七七年のオーストリア・ワインフェアで金賞を獲得している。

すべての修道会のうちで最も資力のあるイエズス会は、多くのブドウ畑をもっている。そして畑では通常、ノーヴィスと呼ばれる修練士たちが働いている。一八八八年、カリフォルニアのイエズス会は、彼らの修練院をロス・ガトスに移し、ここに修練院《ノヴィシエイト》ワイン醸造所をつくり、同年九月に生産をはじめた。最初にワインをつくったのは、助修士のコンスタンティーネ・ヴァルドゥッチで、彼は故国のイタリアでもワインをつくっていた。ヴァルドゥッチの跡を継いだのは、やはり助修士のルイ・オリヴで、彼はフランスのサン・ジュリアンのブドウ農家の息子であったらしい。ロス・ガトスは、サンフランシスコ湾の南およそ二三キロのサンタ・クララ・ヴァレーの南西端にある。そこの元々のブドウ畑と近くのサンタ・クルーズ山脈にあるブドウ畑は、孤立した山の斜面でのブドウ栽培のゆえにコストが高く、放棄せねばならなかった。しかし、修練院ワイン醸造所は、今なおカリフォルニアでブドウを栽培しており、ホリスターでは辛口のワイン用ブドウを、モデストではデザートとシェリー用ブドウをつくっている。このワイン醸造所はイエズス会が所有し、ブラザーと呼ばれる助修士と司祭がそこで働いているが、俗人のアシスタントもいる。醸造所の目的は、カトリックの司祭たちのためにミサ聖祭用ワインをつくることと、残ったワインを販売することである。その収入はイエズス会の神学生の教育費にあてられ、何百人というカリフォルニアのイエズス会の会員の教育費が賄われてきた。

一八八八年以降、醸造所の生産高は千七百ガロンから七五万ガロンにまで増加した。一九三三年までは、甘口の赤と白、辛口の赤と白の四種類しかなかったが、現在では十二種のミサ聖祭用ワインと二十一種の商業用ワインを生産している。どちらにも甘口と辛口のワイン、それにシェリーがある。この醸造所の最もよく知られたミサ聖餐用ワインは、ラドミラブル（アンジェリカ）とヴァン・ドレ（スウィート・ソーテルヌ）であり、商業用ヴィンテージは、ブラック・マスカット（マスカット・ハンブルグ）、マスカット・フロンティニ

ャン、ピノ・ブラン、それにフロア・シェリー（パロミノ種のブドウでつくる）である。ラドミラブルが昔のフランシスコ会の宣教師たちのアンジェリカであることが発見できたのはうれしい限りである。これは、ミッション種とソーヴィニョン・ヴェール種の混合で、アルコール分は二〇パーセントである。醸造所が特に自慢しているのは、ブラック・マスカットとピノ・ブランである。ここはアメリカで最初にマスカット・ハンブルグ種でデザートワインをつくった醸造所でもある。またピノ・ブランは、圧倒的な数の賞を獲得してきた。当地のイエズス会士たちは、ピノ・ブランが、一九六〇年にここを訪れたグレアム・グリーンのお気に入りであったことを今でも記憶に留めている。

修練院《ノヴィシエイト》ワイン醸造所はまた、現代のカリフォルニアの最高峰、即ち、カルベネ・ソーヴィニョンも生産しているが、これは世界で真に偉大な赤ワインの一つといえよう。カルベネ種とメルロー種のブドウのブレンドであるクラレットと違い、カリフォルニアン・カルベネは一種類のブドウだけでつくる、いわばブレンドしていないワインである。その欠点は、ボトルの中で相当の期間熟成させねばならないことで、あまりにも多くのワインが若いうちに飲まれてしまっている。ノヴィシエイト・カルベネは、おそらく最も有名なカリフォルニアン・カルベネの中には入らないだろうが、それでもとても美味しいワインである。

比較的最近まで、アメリカにはもうひとつのイエズス会のワイン醸造所があった。ミズーリ州、セントルイス近郊のフロリサントで、神父たちは長年ミサ聖餐用ワインを生産してきたが、ここは一九五〇年代の間に生産を中止してしまった。

イタリアのイエズス会は、フラスカーティ近郊の農場ヴィラ・カヴァレッティで、ローマの修道院に供給するだけの量のワインを生産している。アルコール分が平均およそ一一・五パーセントのこの白のフラスカーティは、三種類のブドウ、つまり、トレッビアーノ、トスカーノ、マルヴァジーア・ビアンカとマルヴァジーア・ロッサでつくられている。年間の生産高はおよそ三〇〇キンタル（一キンタルは約一〇〇キログラム）である。これにはラベルがなく、イエズス会士たちはこれを単にカヴァレッティ・ワインと呼んでいる。さらに、フォル・ディ・パッセーレ種とチェザーネ種のブドウからほんの僅かな量の赤のカヴァレッティをつくっている。これを味わった人たちは、とても美味しいと言っている。

南オーストラリアのセヴンヒル（クレアとウォターヴィルの中間、アデレードの南約八〇マイル）にあるイエズス会のワイン醸造所は、ロス・ガトスとまったく同じやり方でワインをつくりはじめた。つまり、最初はミサ聖祭用ワインをつくり、その後商業上の需要に応じるためにつくったのである。一八四八年、二人のオーストリア人のイエズス会士が、シレジア人の移住者の一団と共に、クレア・ヴァレーにやってきた。三年後、このイエズス会士たちはセヴンヒルの谷に、教会と神学校を建てるつもりで、泥と幅広い厚板の小屋を建てた。セヴンヒル・カレッジはだいぶ前に閉校になったが、一八六六年に奉献された立派な教会は、今でもブドウ畑の真ん中に立っている。早くも一八五二年

に、イエズス会はミサ聖祭用のワインをつくるためにブドウを植えはじめた。幸い、二人のうちのひとり、ブラザー・ヨハン・シュライナーはブドウ栽培の豊富な経験をもち、ブドウの切り枝をバンガリーの醸造者から借りたようだ。ヨハンは、三二年間、セヴンヒルでワインをつくった。この間、彼はクルーシャン種のブドウ（彼はこれをクレア・リースリングと呼んだ）とトケイ種として知られるようになったミュスカデル種のブドウを導入した。当初、ブドウは脚で搾っていたが、一八六三年、新たに修道院に入ってきた大工の援助を得て、シュライナーは、一度にバケツ四杯分のブドウを搾ることができる原始的なワイン圧搾機を組み立てた。そのすばらしい機器といっしょに写っているブラザー・ヨハンと大工の趣のある写真が今も残っている。スレートで裏打ちした大樽が並んでいる固有のセラーは後年つくられた。そもそも醸造所の第一の目的は、神学校や教会の必要を満たした後、南オーストラリア中のカトリックの司祭に聖餐用のワインを供給することであった。だが、赤ワインと白ワイン、それにブランデーは、一般の人々のために生産された。最も有名なヴィンテージは一九二五年のトーニーポートであるが、優れたワインとの評価を得ており、一九七〇年代に入ってもなお飲まれているようだ。

今日、セヴンヒルは大いに拡大し、ブドウ畑は一二〇エーカーとなっている。年間のブドウの生産はほぼ二〇〇トンである。セヴンヒルは近代的な機械を惜しみなく備えている。そして、数多くの種類のブドウを導入してきた。極端な気候状況にも耐えられるシェリータイプの聖餐用ワインは、日本、インド、インドネシア、それに太平洋沿岸諸国に供給されている。こうした聖餐用のヴィンテージだけでなく、その他いくつかのワインも生産されており、二年間オーク材の樽の中で熟成させたセヴンヒル・シラーズ・カベルネ（六五パーセントのシラーズと三五パーセントのカベルネ・ソーヴィニョン）は、瓶の中でよく熟成する、強く、フルーティーで見事なワインである。同種類のブドウでつくられているが、グルナッシュ種が加わったもうひとつの赤ワインは、辛口ではあるが柔らかで、際立ってすぐれたというのではないものの、とても心地よい味である。セヴンヒルの辛口ワインには三種類あって、伝統的なクルーシャン、クルーシャンとペデロ・ヒメネスのブレンド、それにフルボディのトケイである。トケイはいくつかの白のブルゴーニュワインに似ているといわれるが、最近導入されたものである。酒精強化ワインもつくっており、ソレラ方式が強調されている。フロンティニャックとポートワインの同類というわけである。その収入はオーストラリアのイエズス会士たちを修練するためと、インドでの宣教の補助金として使われている。セヴンヒルで現在ワインをつくっているのは、ブラザー・ジョン・メイで、一八五二年から数えて七代目である。醸造所では訪問客を歓迎しており、またワインを味わう施設もある。

イエズス会士はさらに、レバノンでもこれまでにない手腕を見せている。最近の紛争まで、ザーレの彼らの共同体は赤や白ワインだけでなく、シャンパンとブランデーもつくっていた。

宣教師たちは、今なおブドウ栽培を拡大している。ニュージーランドのホーク湾では、マリスト修道会士*たちが彼らのグリーンメドーズのブドウ畑を着実に拡大し、赤や白ワインを増産している。彼らはまたリキュールもつくっている。タンザニアではドドマの聖霊修道会士*たちが、アフリカで最良のワインのいくつかをつくっている。これはリオハに匹敵する強い赤ワインである。

ラ・サール会の修道士たちは、彼ら自身司祭ではないが、清貧、貞潔、従順の修道誓願を立てている点で、マルタ騎士修道会士に似ている。この修道会は、一六八〇年、ジャン・バプティスト・デ・ラ・サールによって、教育修道会としてフランスに創設された。現在でもフランスで――ここで会士たちは、「最も尊敬すべき修《トレ・オレ・フレ》道士《ール》」の称号をもって呼ばれる古風で趣のある聖職者の特権を享受している――活発に活動しているが、その他多くの国々でも同じように活躍している。一八六八年、この修道会は、農夫、鉱夫、商人などの息子たちを教育するために、サンフランシスコにやって来て、一八七九年にはマルティネスに修練院を設立した。マルティネスで、彼らは聖餐用の、自分たちの食卓用の、そして一般の人々への販売用のワインをつくりはじめた。またカリフォルニアにおける十九世紀後半のワイン醸造の進歩の恩恵を被る一方、彼らのワインはとても優秀でたちまち売り切れ、ほどなくブドウ畑からの収入が彼らの収入の大事な一部分となった。一九三〇年、修道会はナパ・ヴァレーの奥のマヤカマス山地のブドウ畑に囲まれたワイン醸造所を買った。

＊マリスト修道会
一八一六年、ジャン・クロード・コラン（一七九〇―一八七五）らがフランスのリヨンで創設、聖母マリアの社会への献身を範として、海外宣教と教育を中心に活動を行っている。

＊聖霊修道会
一七〇三年、クロード＝フランソワ・プラール・デ・プラスによって、パリに設立され、一八二四年聖座によって認可された。修道会の目的は、教育、特に神学生の教育と、福音を知らない、あるいは十分理解していない人々に福音を述べ伝えるなどの社会事業である。一八四八年、F・リベルマン（一八〇二―五二）が創立した、主に黒人宣教を目的としていたマリアのみ心宣教会と合併し、フランス国外にも広く発展した。

◀ラ・サール会の教会とブドウ畑
ナパ・ヴァレー

マルティネスの古い地所を売って、ここに新しい修練院を建て、一九三二年に移ってきたのである。彼らは、モン・ラ・サールと呼んだ新しい敷地のブドウ畑を改善し、拡大した。今日に至るまで、彼らの魅力的な修道院の神学校は、オーク、カエデ、モミ、セコイヤに囲まれた無数のブドウの木々の中に佇んでいる。彼らは、カリフォルニア州中部のサン・ジョアキン・ヴァレーにも、上質のブランデーで名高いワイン醸造所をもっている。

　他のすべてのカリフォルニアワインと同様、ラ・サール会のワインは、ヨーロッパではあまり知られていない。クラレット、ブルゴーニュ、シャブリ、そしてもちろん、カベルネのほかに、とても美味しい白のヴィンテージをシュナン・ブラン種（ほかならぬ聖マルティヌスにその起源があるといわれる、トゥレーヌのブドウの品種）のブドウでつくっている。ラ・サール会のシュナン（ブドウの名前に因んでワインをこう呼んでいる）は、甘ったるいがコクがあり、モーゼルのある種のタイプと同様、軽くて上品な味である。彼らはまたフランシスコ会の歴史のあるアンジェリカに匹敵する逸品を生産している。それはシャトー・ラ・サールで、ミュスカ種のブドウでつくった、淡い色の、とても甘く、イチゴといっしょに飲むと申し分のないデザートワインである。ヒュー・ジョンソンは、このワインをつくった人物を評して、「ブラザー・ティモシーは、彼らの修道会のドン・ペリニョンだ」と言っている。

他にも現代の多くの修道共同体がワインをつくっているが、本章で挙げた例を見ただけでも、修道院のワインづくりの伝統が今なお生きていることはわかるだろう。

現在、ローマ・カトリック教会が経験している大きな改革により、修道士と修道女の数は減少傾向にある（もっとも、隠修士はいくらかブームを呼んでいるが）。しかし最近、観想修道会が再び入会者を引きつけている兆しも見られ、いずれ修道院ルネサンスのような現象が生じても何ら不思議はない。そうなればほぼ確実に、観想生活と産業化以前のヨーロッパの農業文化が戻ってくるであろう。そして、そうした共同体には、自分たちの理想に適った、また自分たちに生計の糧を与えてくれる仕事が必要となってくるであろう。ワインづくりは、その明確な答えとなっているように思われる。おそらく、そう遠くない将来の集産主義的、平等主義的社会においては、必ず商業用ワインの量産に力点が置かれるだろう。しかし修道士たちは、これとは対照的に、伝統的な手法を使って良質のワインをつくり、営業的にも霊的にも報われるような事業を見出すことができるであろう。モートン・シャンドは修道士たちを励ます次のような言葉を遺している。「ワインは売買に供されもするが、その一方で、聖書や詩人はこれを、人間が土壌や天候との間で繰り広げてきた、大昔からの闘いの最も高貴な報償として崇敬するよう、私たちに教えてきたものである」。

訳者あとがき

早いもので十年近く前のことになるが、在外研究で、アメリカ合衆国、ミネソタにあるベネディクト会修道院に二ヶ月ほど滞在する機会があった。本書にはじめて出会ったのは、その修道院の図書室でのことである。

もとより訳者はワインについては門外漢だが、修道会の歴史の概説が実にわかりやすいのが印象的で、そのせいかどうか、ワインのことなど右も左もわからぬままでも、たいへん興味深く通読することができた。そこで、ワインに興味のある読者にとっては、さらに面白がってもらえるのではないかと、翻訳を思い立った次第である。

聞くところによれば、著者はボルドーでワインを商う一家の出で、しかもケンブリッジ大学を出た後、マルタ騎士修道会の一員に加わり、英国支部の文書係の任にあるという。このテーマの本を書くのに、これ以上望めないような経歴の持ち主というべきであろう。「緒言」でヒュー・ジョンソン氏が語っている通り、ワインづくりに関わる人々が「修道士たちに被った恩恵の大きさを考えるとき、彼らのことを語った本がこれまでになかったのは」まことに不思議なことだが、考えてみれば、この両分野に通暁した人物などそう多くはないはずである。本書の出版後ほどなくしてフランス語版が刊行されているのも、長年の渇を癒す快著であったことの証左といえるのではあるまいか。

共訳者の横山氏とは、すでに何度もコンビを組んでいるが、早いものでこの春、勤務先を定年退職されることになったという。ちょうど節目の時期に完成に漕ぎ着けたのは嬉しい限りである。

本書が、ワイン文化と修道院研究、双方の熟成に寄与することを祈りつつ。

（朝倉記）

＊

まず著者デズモンド・スアード氏について多少とも補足しておく。氏は、一九三五年パリで、一八六〇年代以降ボルドーでワイン商を営むアングロ＝アイリッシュ系の家庭に生まれ、イギリスのベネディクト会の学校およびケンブリッジのセント・キャサリーンズ・カレッジで歴史の教育を受けた。一般向けの歴史書の書き手としては大御所の一人といってよく、一九七〇年代より、ペンギン・ブックスを中心として、三十冊以上の著書を刊行している。また特筆すべきは、長年にわたり「マルタ騎士修道会」の一員として活躍されていることで、『戦う修道士』（*Monks of*

War, 1972) や本書のように、その経歴を活かした著書も多い。『戦う修道士』は、テンプル騎士修道会、聖ヨハネ騎士修道会、ドイツ騎士修道会、マルタ騎士修道会、さらにスペインやポルトガルの騎士修道会を扱った概説書だが、類書の追随を許さぬ内容で、今なお版を重ねているようである。

翻訳に際しては多くの方々に助けていただいた。特に同僚だったフランス語教授の岩瀬広明氏にはフランスの地名や固有名詞の読み方を、また同じく同僚だったドイツ語准教授の丹治道彦氏にはドイツの地名や固有名詞の読み方を教えていただいたことを記し、感謝とお礼を申し上げたい。

最後に、この仕事の途中で、訳者（横山）が東日本大地震に見舞われ、仕事が大幅に遅延したにもかかわらず、辛抱強く待ってくださり、刊行にいたるまで、いろいろな面でお世話になった版元の八坂書房に心から感謝したい。期せずして本訳書は、訳者の定年退職を記念するものとなった。これも朝倉文市先生、ならびに編集部の八尾睦巳氏のご配慮の賜物と深く感謝している。

（横山記）

二〇一一年五月吉日

修道会・修道院名索引

人名索引

【サ】

【タ】

【マ】

【ヤ】

【ラ】

【ワ】

ワイン名索引

＊一部関連する地名等を含む

【サ】

【タ】

【ワ】

各地の主要ワインと修道会の関連一覧

以下に一覧にしたワインと修道会との関連は、地域のすべての畑の創始者である場合から、短期間その地区の一部の畑の所有者であった程度のものまで、さまざまな次元のものを含んでいる。あくまで、修道士たちのワイン文化への貢献が一目でわかるようにとの狙いで作成したにすぎず、実用に供すべく完璧を期したものではないことをお断りしておく。

＊修道会欄の「――」は、何らかの関連が予想されるが未確認であることを示す。

ブルゴーニュ

アロース＝コルトン Aloxe-Corton	ベネディクト会、シトー会
アヴァロン Avallon	ベネディクト会
ボーヌ Beaune	さまざまな修道会
ボンヌ・マール Bonnes Mares	シトー会
ブロション Brochon	カルトゥジア会、シトー会
シャブリ Chablis	シトー会
シャサーニュ＝モントラッシェ Chassagne-Montrachet	マルタ騎士修道会
クロ・ド・ベーズ Clos de Bèze	ベネディクト会
クロ・ド・タール Clos de Tart	シトー会
クロ・ド・ヴージョ Clos de Vougeot	シトー会
コルトン Corton	ベネディクト会
コート・ド・ディジョン Côte de Dijon	ベネディクト会
クシー Couchey	ベネディクト会
フィサン Fixin	ベネディクト会、シトー会
フラジェー＝エシェゾー Flagey-Echézeaux	ベネディクト会
ジュヴレ Gevrey	ベネディクト会
ジヴリ Givry	ベネディクト会
ジュリエナス Juliénas	――
マコン Mâcon	ベネディクト会
ムルソー Meursault	シトー会
モレ＝サン＝ドニ Morey-saint-Denis	シトー会
ミュジニー Musigny	シトー会
ニュイ＝サン＝ジョルジュ Nuits-Saint-Georges	――
プレモー Prémaux	――
ポマール Pommard	ベネディクト会、マルタ騎士修道会
ロマネ＝コンティ Romanée-Conti	ベネディクト会
ロマネ＝サン＝ヴィヴァン Romanée-Saint-Vivant	ベネディクト会
サントネー Santenay	ベネディクト会
サヴィニー Savigny	ベネディクト会、マルタ騎士修道会
ヴォルネー Volnay	マルタ騎士修道会
ヴォーヌ＝ロマネ Vosne-Romanée	ベネディクト会

ロワール

ブルグイユ Bourgueil	ベネディクト会
シャンピニー Champigny	テンプル騎士修道会
コトー・ド・ラ・ロワール Coteaux de la Loire	ベネディクト会
オルレアン Orléans	シトー会
ミュスカデ Muscadet	ベネディクト会
プイイ＝フュメ Pouilly-Fumé	ベネディクト会
カンシー Quincy	シトー会
サン＝プルサン Saint-Pourçain	ベネディクト会
サンセール Sancerre	シトー会
ソミュール Saumur	フォントヴロー会、カルメル会

ローヌ

シャトーヌフ＝デュ＝パープ Châteauneuf-du-Pape	カルトゥジア会
シュスクラン Chusclan	ベネディクト会
コルナス Cornas	ベネディクト会
ジゴンダス Gigondas	ベネディクト会、シトー会
エルミタージュ Hermitage	――
サン＝ペレ Saint-Péray	ベネディクト会
ヴァケラス Vacqueyras	シトー会

西南フランス

カオール Cahors　カルトゥジア会
コート・ダグリ Côte d'Agly　——
コート・ロアネ Côte Roannais　——
コート・ド・ルシヨン Côte de Roussillon　——
ガイヤック Gaillac　ベネディクト会
マスデュ Masdeu
テンプル騎士修道会、マルタ騎士修道会
モンバジヤック Monbazillac　ベネディクト会

東南フランス

バンドール Bandol　ベネディクト会
シャトー＝シャロン Château Chalon
ベネディクト会
ムジェル Mougères　カルトゥジア会

ボルドー

メドック

シャトー・ド・ラベイユ＝スキネール
Château de l'Abbaye-Skinner　——
シャトー・ラベ・ゴルス・ド・ゴルス
Château l'Abbé Gorsse de Gorsse　——
シャトー・ダルノー Château d'Arnauld　——
シャトー・ラ・コマンドリ
Château la Commanderie　——
シャトー・プージェ Château Pouget
ベネディクト会
シャトー・プリューレ＝リシーヌ
Château Prieuré-Lichine　ベネディクト会
クロ・レ・モワンヌ Clos les Moines　——

グラーヴ

シャトー・カルボニュー Château Carbonnieux
ベネディクト会
シャトー・ラ・ルヴィエール
Château la Louvière　カルトゥジア会
シャトー・ラ・ミッション＝オー＝ブリオン
Château la Mission-Haut-Brion
ヴィンセンシオの宣教会
クロ・ド・ラベイユ・ド・ラ・ラム
Clos de l'Abbaye de la Rame　——
クリュ・ド・レルミタージュ
Cru de l'Hermitage　——

ソーテルヌ

シャトー・ド・ラ・シャルトルーズ
Château de la Chartreuse　——

サン＝テミリオン

シャトー・ランジェリュス・ド・マゼラ
Château l'Angelus de Mazérat　——
シャトー・ラ・バルブ＝ブランシュ
Château la Barbe-Blanche　シトー会
シャトー・クヴァン・デ・ジャコバン
Château Couvent-des Jacobins　ドミニコ会
シャトー・ル・クヴァン
Château le Couvent　ウルスラ会
シャトー・ル・ドモワゼル
Château les Demoiselles　——
シャトー・ラ・グラス＝デュー＝ド＝プリュール
Château la Grace-Dieu-des-Prieurs　——
シャトー・レルミタージュ
Château l'Hermitage　——
シャトー・レルミタージュ・マゼラ
Château l'Hermitage Mazérat　——
シャトー・モンデスピック
Château Montdespic　テンプル騎士修道会
シャトー・ル・プリューレ
Château le Prieuré　フランシスコ会
シャトー・ド・ルリジュース
Château des Religieuses　——
シャトー・トズィナ・レルミタージュ
Château Tauzinat l'Hermitage　——
シャトー・ル・タンプリエ
Château les Templiers　テンプル騎士修道会
シャトー・ラ・トゥール＝セギュール
Château la Tour-Ségur　シトー会
クロ・ド・コルドゥリエ
Clos des Cordeliers　フランシスコ会
クロ・ド・ジャコバン

Clos des Jacobins　ドミニコ会
クロ・ド・モワンヌ
Clos des Moines　——
クロ・ド・ルリジュース
Clos des Religieuses　——
ル・プリューレ・サン=テミリオン
Le Prieuré St-Emilion　ベネディクト会

ポムロール

シャトー・ラ・コマンドリ
Château la Commanderie　マルタ騎士修道会
シャトー・ド・レグリーズ
Château de l'Eglise　テンプル騎士修道会
シャトー・ガザン
Château Gazin　テンプル騎士修道会
シャトー・ド・モワンヌ
Château des Moines　ベネディクト会
シャトー・プリューレ・ド・ラ・コマンドリ
Château Prieuré de la Commanderie　——
シャトー・タンプリエ
Château Templiers　テンプル騎士修道会
クロ・デュ・コマンデュール
Clos du Commandeur　マルタ騎士修道会
クロ・ド・タンプリエ
Clos des Templiers　テンプル騎士修道会
ドメーヌ・ド・グラン・モワンヌ
Domaine de Grand Moine　——
サブロワール・デュ・グラン・モワンヌ
Sabloire du Grand Moine　——

アントル・ドゥ・メール

クロ・ド・カプシーヌ
Clos des Capucines　フランシスコ会
レ・カルム・オ=ブリオン
Les Carmes-Haut Brion　カルメル会

プルミエール・コート・ド・ボルドー

クロ・ド・ラ・モナステル・ド・ブルセー
Clos de la Monastère de Broussey　カルメル会

ドイツ

アール

マリエンターラー・クロスターガルテン
Marienthaler-Klostergarten　アウグチノ修道参事会

ラインガウ

アスマンスハウゼン Assmannshausen　シトー会
ドム・デカナイ Dom Dechaney　——
エルトヴィラー・メンヒハナッハ
Eltviller Mönchhannach　——
ガイゼンハイマー・クラウザーベーグ
Geisenheimer Klauserweg　——
ハッテンハイマー・ヒンターハウス
Hattenheimer Hinterhaus　シトー会
ハッテンハイマー・エンゲルマンスベルク
Hattenheimer Engelmannsberg　シトー会
ハッテンハイマー・ハイリゲンベルク
Hattenheimer Heiligenberg　シトー会
ヨハニスベルク Johannisberg　ベネディクト会
ヨハニスベルガー・クラウス
Johannisberger Klaus　——
エストリヒャー・クロスターガルテン
Oestricher Klostergarten　——
ラウエンターラー・ノネンベルク
Rauenthaler Nonnenberg　——
リューデスハイマー
Rudesheimer　ベネディクト会
リューデスハイマー・ダハセンシュタイン
Rudesheimer Dachenstein　ベネディクト会
ルーデスハイマー・クロスターベルク
Rudesheimer Klosterberg　ベネディクト会
ルーデスハイマー・クロスターカイゼル
Rudesheimer Klosterkeisel
ルーデスハイマー・クロスターライ
Rudesheimer Klosterlay　ベネディクト会
ヴィンクラー・ジェスイーテンガルテン
Winkler Jesuitengarten　イエズス会

モーゼル

ベルンカステル Bernkasteler　——
アイテルスバッハー・カルトホイザーホーフベルガー　Eitelsbacher Karthäuserhofberger
カルトゥジア会
グラーハー・アプツベルク
Graacher Abtsberg　——
グラーハー・ヨーゼフスヘーファー
Graacher Josephshoefer　ベネディクト会

グラーハー・メンヒ Graacher Mönch ——
カーゼル・ドミニカーナーベルク
Kasel Dominikanerberg ドミニコ会
マクシミン・グリュンハウス
Maximin Grünhaus ベネディクト会
オックフェルナー・ボックシュタイン
Ockfener Bockstein ——
シャルツホーフベルガー
Scharzhofberger ——
トリッテンハイマー Trittenheimer ——
ヴェーレナー・クロスターベルク
Wehlener Klosterberg ——

ラインヘッセン
ボーデンハイマー・ザンクト・アルバン
Bodenheimer Sankt Alban ベネディクト会
ニールシュタイナー・ブルーダースベルク
Niersteiner Brudersberg ——
オッペンハイマー Oppenheimer ベネディクト会

ファルツ
フェルスター・ジェスイーテンガルテン
Förster Jesuitengarten イエズス会
リープフラウエンシュティフト
Liebfrauenstift ——

バーデン
アッフェンターラー・クロスターレープベルク
Affentaler Klosterrebberg シトー会
ツエラー・アプツベルク
Zeller Abtsberg ——

ヴュルテンベルク
グンデルスハイマー・ヒンメルライヒ
Gundelsheimer Himmelreich ドイツ騎士修道会
アイルフィンガーベルク
Eilfingerberg シトー会
シュトゥットガルター・メンヒスアルデ
Stuttgarter Mönchsalde ——
シュトゥットガルター・メンヒベルク
Stuttgarter Mönchberg ——

フランケン
エッヘルンドルファー・ルンプ
Echerndorfer Lump カルメル会
ホッホハイマー Hochheimer カルメル会
ヘルシュタイナー・アップツベルク
Hörsteiner Abtsberg ——
ヴュルツブルガー・ジェスイーテンガルテン
Würzburger Jesuitengarten イエズス会

オーストリア

ブラウエ・ツヴァイゲルト・レーベ
Blaue Zweigelt Rebe マルタ騎士修道会
デュルンシュタイナー・ヒンメルシュティーゲ
Dürnsteiner Himmelstiege アウグチノ修道参事会
デュルンシュタイナー・ホレリン
Dürnsteiner Hollerin アウグチノ修道参事会
デュルンシュタイナー・カッツェンシュプルング
Dürnsteiner Katzensprung アウグチノ修道参事会
ゲットヴァイク Göttweig ベネディクト会
グリューナー・ヴェルトリーナー
Grüner Veltliner ドイツ騎士修道会
グンポルツキルヒナー
Gumpoldskirchner ドイツ騎士修道会
グンポルツキルヒナー・シュピーゲル
Gumpoldskirchner Spiegel ベネディクト会
ハイリゲンクロイツ
Heiligenkreuz シトー会
ヒュッテンフィアルテル
Hüttenviertel アウグチノ修道参事会
カーレンベルガー・ユングヘルン
kahlenberger Jungherrn アウグチノ修道参事会
カーレンベルガー・ヴァイサー・ブルグンダー・アウスレーゼ kahlenberger Weisser Burgunder Auslese アウグチノ修道参事会
クロスター・アウシュティヒ
Kloster Ausstich アウグチノ修道参事会
クロスターダウン
Klosterdawn アウグチノ修道参事会
クロスターガルテン
Klostergarten アウグチノ修道参事会
コメンデ・マイルベルク・グリューナー・ヴェルトリーナー Kommende Mailberg Grüner Veltliner
マルタ騎士修道会
クレムザー・(シュタイナー)・プファッフェンベルク Kremser (Steiner) Pfaffenberg
メルク Melk ベネディクト会
ラインリースリング
Rheinriesling ドイツ騎士修道会

リッターシュポルン
Rittersporn ドイツ騎士修道会
ルーレンダー・リースリング
Ruländer Riesling ドイツ騎士修道会
ザンクト・ラウレント
St Laurent ドイツ騎士修道会
ザンクト・ラウレント=アウスシュティヒ
St Laurent-Ausstich アウグチノ修道参事会
シュロス=ケラーブラウト
Schloss-Kellerbraut ドイツ騎士修道会
シュロスロゼ Schlossrosé ドイツ騎士修道会
シュロス・マイルベルク
Schloss Mailberg マルタ騎士修道会
ウントホーフ Undhof フランシスコ会

ハンガリー

エグリ・ビカヴェール Egri Bikavér ベネディクト会
ショムロ Somló ベネディクト会

スイス

コルタイヨ Cortaillod カルトゥジア会
デザレー Dézaley シトー会
ドール・ド・シオン
Dôle de Sion ベネディクト会
ファンダン・ド・シオン
Fendant de Sion ベネディクト会
ハルブロート Halbrot ベネディクト会
カルトホイザー Karthäuser カルトゥジア会
クレーフナー Klevner マルタ騎士修道会
ヌーシャテル Neuchâtel ベネディクト会
オースターフィンガー Osterfinger ベネディクト会
ジーブリンガー Siblinger ベネディクト会
ソレイユ・ド・シエール
Soleil de Sierre カルトゥジア会
ティチーノ Ticino ベネディクト会

スペイン

ラ・オリヴァ La Oliva シトー会
ポブレ Poblet シトー会
プリオラート Priorat カルトゥジア会
リオハ Rioja ベネディクト会、シトー会
サモス Samos ベネディクト会、シトー会
シェリー Sherry カルトゥジア会、ドミニコ会

ポルトガル

アルコバサ Alcobaça シトー会
ダン Daõ ベネディクト会、シトー会
マデイラ Madeira キリスト騎士修道会
マテウス Mateus ドミニコ会
パルメーラ Palmela サンチャゴ騎士修道会
ポルト Port マルタ騎士修道会
セトゥーバル Setubal シトー会、ドミニコ会、カルメル会
ヴィーニョ・ヴェルデ Vinho Verde マルタ騎士修道会

イタリア

カプリ Capri カルトゥジア会、マルタ騎士修道会
チロ Cirò ベネディクト会
コッリ・エウガーネイ Colli Euganei ベネディクト会、カルメル会
コッリ・デル・トラジメーノ
Colli del Trasimeno マルタ騎士修道会
フラスカーティ Frascati カマルドリ会、イエズス会
フレイザ Freisa ベネディクト会
ガッティナーラ・スパンナ
Gattinara Spanna シトー会

グラニャーノ Gragnano ベネディクト会
グレーコ・ディ・ジェラーチェ Greco di Gerace ベネディクト会
グレーコ・ディ・トゥーフォ Greco di Tufo ベネディクト会
ラクリマ・クリスティ Lacrima Christi イエズス会
ロコロトンド Locorotondo テンプル騎士修道会
マントニコ mantonico ベネディクト会
サンタ・マッダレーナ Santa Maddalena ベネディクト会

ギリシア

カルキス Chalkis マルタ騎士修道会
リンドス Lindos マルタ騎士修道会
ネメア Nemea マルタ騎士修道会
パトラス Patras マルタ騎士修道会
リオン Rion マルタ騎士修道会

アメリカ合衆国

アンジェリカ Angelica フランシスコ会
カルベネ Cabernet ラ・サール会
シャトー・ラ・サール Château la Salle ラ・サール会
シュナン・ブラン Chenin Blanc ラ・サール会
ロス・ガトス Los Gatos イエズス会

イギリス

ボーリュー Beaulier シトー会
バックファスト Buckfast ベネディクト会
ピルトンPilton ベネディクト会
セント・エセルドリーダ（ウィルマートン） St Etheldreda (Wilmerton) ベネディクト会

イスラエル

ラットルンLatrun シトー会
タビハ Tabgha ベネディクト会

レバノン

ザーレ Zahle イエズス会

アルジェリア

ラ・トラップ・ド・スタウエリ La Trappe de Staouëli シトー会

東アフリカ

ドドマ Dodoma 聖霊修道会

オセアニア

オーストラリア

ニュー・ノルシア New Norcia ベネディクト会
セヴンヒル Sevenhill イエズス会

ニュージーランド

ホークス・ベイ Hawke's Bay マリスト会

参考文献

概説

H. Ambrosi, *Wo Grosse Weiner Wachsen,* Munich, 1975.

P. Anson, *The Call of the Desert,* London, 1964.

M. Aubert and S. Goubert, *Romanesque Cathedrals and Abbeys of France,* London, 1966.

F. D'Ayala Valva, *Maruggio,* Rome, 1974.

A. Boorde, *The Fyrst Boke of the Introduction of Knowledge,* London, 1870.

W. Braunfels, *Monasteries of the Western World,* London 1972.〔ブラウンフェルス『図説 西欧の修道院建築』渡辺鴻訳、八坂書房、2009年〕

C. Brooke, *The Monastic World, 1000-1300,* London, 1974.

A Carthusian, *La Grande Chartreuse par un Chartreux,* Lyon, 1896.

The Catholic Encyclopedia, New York, 1913-22.

Y. Christ, *Abbayes de France,* Paris, 1955.

K. Christoffel, *Wein-lesebuch,* Munich, 1964.

C. Cocks and E. Féret, *Bordeaux et ses Vins,* 12th ed., Bordeaux, 1969.

P. Dallas, *Italian Wines,* London, 1974.

R. Dion, *Historie de la vigne et du vin en France,* Paris, 1959.〔ディオン『フランスワイン文化史全書』福田育弘他訳、国書刊行会、2001年〕

T. Edwards, *Worlds Apart: A Tour of European Monasteries,* London, 1968.

J. A. Froude, *History of England from the Fall of Wolsey to the Defeat of the Spanish Armada,* Vol. 2, London, 1893.

M. Gattini, *I Priorati, i Baliaggi e le Commende del Sovrano Militare Ordine di S. Giovanni di Gerusalemme nelle Province Meridionali d'Italia,* Naples, 1928.

Gregory the Great, *The life of our most holy father St. Benedict, being the second book of the dialogues of Gregory the Great …, Rome,* 1895.〔グレゴリウス1世『対話』矢内義顕訳、中世思想原典集成第5巻『後期ラテン教父』所収、平凡社、1993年〕

Gutkind and Wolfskehl, *Das Buch von Wein,* Munich, 1927.

P. Helyot, *Historie des Ordres Religieux, Monastiques et Militaires,* Paris, 1714-21.

J. Jeffs, *The Wines of Europe,* London, 1971.

H. Johnson, *Wine,* London and New York, 1969.

—, *The World Atlas of Wine,* London, 1969.〔ジョンソン『地図で見る世界のワイン』山本博監修、産調出版、2002年〕

Dom D. Knowles, *Christian Monasticism,* London, 1962.〔ノウルズ『修道院』朝倉文市訳、平凡社、1972年〕

—, *The Religious Orders in Medieval England,* Cambridge, 1948-49.

A. Langenbach, *German Wines and Vines,* London, 1962.

A. Lefebvre, *St. Bruno et l'Ordre des Chartreux,* Paris, 1883.

A. Lichine, *Encyclopedia of Wines and Spirits,* London, 1967.

—, *Wines of France,* 6th ed., London, 1964.〔リシーヌ『フランスワイン』山本博訳、柴田書店、1974年〕

J. Livingstone-Learmonth and M. Master, *The Wines of the Rhône,* London, 1978.

O. Leob and T. Prittie, *Moselle,* London, 1972.
F. van der Meer, *Atlas de l'Ordre Cistercien,* Paris and Brussels, 1967.
H. Meinhard, *The Wines of Germany,* London, 1976.
T. Merton, *The Silent Life,* London, 1957.
—, *The Waters of Silence,* London, 1950.
Comte de Montalembert, *Les Moines de l'Occident,* Paris, 1860-77.
E. Penning-Rowsell, *The Wines of Bordeaux,* New York, 1970.
G. Pillement, *Cloîtres et Abbayes de France,* Paris, 1950.
R. Postgate, *Portuguese Wine,* London, 1969.
J. Read, *The Wines of Spain and Portugal,* London, 1971.
C. Rodier, *Le Vin de Bourgogne,* Dijon, 1921.
V. Rowe, *French Wines Ordinary and Extraordinary,* London, 1972.
G. Saintsbury, *Notes on a Cellar Book,* London. 1967.〔『セインツベリー教授のワイン道楽』山本博監修、紀伊國屋書店、1998年〕
F. Schoonmaker, *German Wines,* London 1957.
P. Morton Shand, *A Book of French Wines,* London 1960.
A. Simon, *An Encyclopedia of Wine,* New York, 1972.
—, A Wine Primer, London. 1970.
S. Sitwell, *Monks, Nuns and Monasteries,* London, 1965.
H. Waddell, *The Wandering Scholars,* London, 1954.
W. Younger, *Gods, Men, and Wine,* London, 1966.
H. W. Yoxall, *The Wines of Burgundy,* London, 1974.〔ヨクスオール『ワインの王様』山本博訳、早川書房、1983年〕

第１章　修道士の到来

St Benedict, *The Rule of St Benedict,* ed. Abbot J. McCann, London, 1952.〔『聖ベネディクトの戒律』古田暁訳、すえもりブックス、2000年〕
Gregory of Tours, *Historia Francorum,* trans. O. M. Dalton, Oxford, 1927.〔『フランク史—10巻の歴史』杉本正俊訳、新評論、2007年〕
Sulpicius Severus, "Vita St Martini" in *A Select Library of Nicene and Post-Nicene Fathers,* tran. A. Roberts, 2nd series, vol. XI, London, 1894.〔スルピキウス・セウェルス『聖マルティヌス伝』橋本龍幸訳、中世思想原典集成第4巻『初期ラテン教父』所収、平凡社、1999年〕
H. Waddell, *The Desert Fathers,* London, 1936.

第２章　「暗黒時代」の修道士とワイン

R. H. Bautier, *The Economic Development of Medieval Europe,* tans. H. Karolyi, London.
Cambridge Economic History, vol.1. Cambridge, 1966.
J. H. Newman, *Historical Sketches,* London, 1872.
E. I. Robson, *A Wayfarer in French Vineyards,* London, 1928.

第３章　ベネディクト会のワイン——フランス

P. Bréjoux, *Les Vins de Loire,* Paris, 1956.
W. W. Crotch, *The Complete Year Book of French Quality Wines, Spirits and Liqueurs,* Paris, n.d.

J. Girard, *La Vigne et le Vin en Franche Comte,* Besançon, 1939.
L. Jacquelin, *Les Vignes et les Vins de France,* Paris, 1960.
J. Mommessin, *Les Origines du Vignobles Français,* Mâcon, n.d.
H. Waddell, *Mediaeval Latin Lyrics,* London, 1966.

第4章 ベネディクト会のワイン――その他の国々

R. E. H. Gunyon, *The Wines of Central and South-eastern Europe,* London, 1971.
Z. Halász, *Hungarian Wines through the Ages,* Budapest, 1962.
P. Lugano, *L'Italia Benedettina,* Rome, 1929.
C. L. de Pollnitz, *The Memoirs of Charles-Louis, Baron de Pollnitz,* London, 1745.
C. Ray, *The Wines of Italy,* London, 1966.

第5章 シトー会のワイン

S. Beuton, "Nicolas de Clairvaux à la recherche du vin d'Auxerre d'après une lettre inédite du XIIe siècle" in *Annales Bourgogne,* XXXIV, 1962.
L. Bouyer, *The Cistercian Heritage,* London, 1958.
A. Archdale King, *Cîteaux and her Elder Daughters,* London, 1954.
T. Merton, *The Last of the Fathers,* London, 1954.

第6章 カルトゥジア会のワイン

J. Evans, *Monastic Architecture in France from the Renaissance to the Revolution,* Cambridge, 1964.
M. Gonzalez Gordon, *Sherry,* London, 1972.
J. Jeffs, *Sherry,* London, 1972.
Dom D. Knowles, *The Religious Orders in Medieval England,* vol. 3, Cambridge, 1959.
T. Merton, *Disputed Questions,* London, 1961.

第7章 騎士修道士のワイン

Sir G. Hill, *A History of Cyprus,* Cambridge, 1940-52.
E. Hornickel, *The Great Wines of Europe,* London, 1965.
Sir, H. Luke, *Cyprus — a Portrait and an Appreciation,* London, 1957.
J. Riley-Smith, *The Knights of St. John in Jerusalem and Cyprus 1050-1310,* London 1967.
D. Seward, *The Monks of War,* London, 1972.

第8章 その他の修道会のワイン

G. G. Coulton, *From St Francis to Dante ... the Chronicle of the Franciscan Salimbene,* London, 1908.
C. Esser, *Origins of the Franciscan Order,* London, 1970.〔エッサー『フランシスコ会の始まり』伊能哲大訳、新世社、1993年〕

第9章 イングランドの修道士とワイン

Anglo-Saxon Chronicle, ed. G. N. Garmonsway, London, 1954.
St Bede, *History of the English Church and People,* London, 1955.〔『イギリス教会史』長友栄三郎訳、創文社、1965年/『ベーダ英国民教会史』高橋博訳、講談社学術文庫、2008年〕

C. Brontë, *Shirley,* London, 1849.〔『シャーリー』上下、都留信夫訳、ブロンテ全集第3・4巻所収、みすず書房、1996年〕
Cartulary of Worcester Cathedral Priory, ed. R. R. Darlington, London, 1968.
S. Hockey, *Quarr Abbey and its lands 1132-1631,* Leicester, 1970.
E. Hyams, *Dyonisius: A Social History of the Wine Vine,* London, 1965.
—, *Vineyards in England,* London, 1953.
M. K. James, *The Mediaeval English Wine Trade,* Oxford, 1971.
Dom D. Knowles, *The Monastic Order in England,* Cambridge, 1949.
G. Ordish, *Wine-growing in England,* London, 1953.
G. Pearkes, *Growing Grapes in Britain,* London, 1961.
R.W. Saunders, *An Introduction to the Obedientary and Manor Rolls of Norwich Cathedral Priory,* Norwich, 1930.
Victoria History of the Counties of England (vols, on Berkshire, Gloucestershire, Herefordshire, Hertfordshire, Somerset, Worcestershire), London, 1904-27.
William of Malmesbury, *Gesta Regum Anglorum et Historia Novella, London,* 1887-89.
H. and B. Winkles, *Cathedral Churches of Great Britain,* London, 1835.

第10章 ドン・ペリニョンとシャンパン

P. Forbes, *Champagne,* London, 1967.
A. Simon, *The History of Champagne,* London, 1962.

第11章 カリフォルニアのミッションワイン

K. Baer, *Architecture of the California Missions,* Berkley, 1958.
H.H. Bancroft, *History of the Pacific States of North America,* vol. 13, San Francisco, 1890.
J.T. Ellis, *Documents of American Catholic History,* Milwaukee, 1962.
T. Maynard, *The Long Road of Father Serra,* California, 1956.
J. Melville, *Guide to California Wines,* California, 1968.

第12章 「生命の水」——蒸留酒

R. G. Dettori, *Italian Wines and Liqueurs,* Rome, 1953.
M. I. Fisher, *Liqueurs,* London, 1950.
The New Catholic Encyclopedia, New York, 1967.

第13章 酒好きの修道士

W. Beckford, *The Journals of William Beckford in Portugal and Spain, 1787-8,* London, 1954.
I. von Born, *Monchologia,* Vienna, 1783.
G. Barrow, *Wild Wales,* London, 1955.
J. A. Brillat-Savarin, *La Physiologie du Goût,* Paris, 1834.〔ブリア・サヴァラン『美味礼賛』関根秀雄訳、白水社、1963年〕
A. Daudet, *Lettres de mon Moulin,* Paris, 1920.〔ドーデー『風車小屋だより』桜田佐訳、岩波文庫、1932年〕
Erasumus, *In Praise of Folly,* trans. B. Radice, London, 1971.〔エラスムス『痴愚神礼讃』渡辺一夫・二宮敬訳、中公クラシックス、2006年〕

Walter Map, *The Latin Poems usually attributed to Walter Mapes,* London, 1841.
Marguerite of Navarre, *The Heptameron,* London, 1923.〔『エプタメロン―ナヴァール王妃の七日物語』平野威馬雄訳、ちくま文庫、1995年〕
C. Marot, *Oeuvres Poetiques,* Paris, 1973.
T. L. Peacock, *Maid Marian,* London, 1822.
L. Plattard, *Gargantua and Pantagruel,* trans. T. Urquhart and P. Motteux, London, 1928.
F. Rabelais, Gargantua and Pantagruel, trans. T. Urquhart and P. Motteux, London, 1928〔ラブレー『ガルガンチュワ物語』『パンタグリュエル物語』全5冊、渡辺一夫訳、岩波文庫、1973-75年〕
Sir W. Scott, *Ivanhoe,* London, 1819.〔『アイヴァンホー』上下、菊池武一訳、岩波文庫、1964年〕
Lord Tennyson, *The Works of Alfred Tennyson,* London, 1879.
F. A. de Voltaire, Candide, Paris, 1759.〔『カンディード　他五篇』植田祐次訳、岩波文庫、2005年〕

第15章 現代の修道士とワイン

T. Merton, *The Seven Storey Mountain,* London, 1977.〔マートン『七重の山』工藤貞訳、中央出版社、1966年〕
G. Pimentel, *Unknown Spain,* Paris, 1964.
A. Simon, *The Wines, Vineyards and Vignerons of Australia,* London, 1967.
A. Waugh, *Wines and Spirits of the World,* New York, 1968.

邦訳参考文献

『新カトリック大事典』研究社、1996-2009年
『キリスト教人名辞典』日本基督教団出版局、1986年
『岩波キリスト教辞典』岩波書店、2002年
小林珍雄編『キリスト教百科事典』エンデルレ書店、1960年
小林珍雄編『キリスト教用語辞典』東京堂出版、1954
J. A. ハードン編『カトリック小事典』浜寛五郎訳、エンデルレ書店、1986年
J. A. ハードン編『現代カトリック事典』浜寛五郎訳、エンデルレ書店、1982年

M.-H.ヴィケール『中世修道院の世界―使徒の模倣者たち』朝倉文市監訳、八坂書房、2004年
P. ディンツェルバッハー／J. L. ホッグ編『修道院文化史事典』朝倉文市監訳、八坂書房、2008年
K. S. フランク『修道院の歴史』戸田聡訳、教文館、2002年
L. J. レッカイ『シトー会修道院』朝倉文市／函館トラピスチヌ訳、平凡社、1989年

朝倉文市『修道院―禁欲と観想の中世』講談社現代新書、1995年
――『修道院にみるヨーロッパの心』山川出版社、1996年
――『ヨーロッパ成立期の修道院文化の形成』南窓社、2000年
阿部謹也『ドイツ中世後期の世界―ドイツ騎士修道会史の研究』未来社、1974年
今野國雄『修道院』近藤出版社、1971年
杉崎泰一郎『12世紀の修道院と社会』原書房、2005年

橋口倫介『十字軍騎士団』講談社学術文庫、1994年

H. ジョンソン／J. ロビンソン『地図で見る世界のワイン』山本博監修、産調出版、2002年
H. ジョンソン『ポケット・ワイン・ブック』辻静雄料理教育研究所訳、早川書房、2007年（第7版）／2009年（第8版）
G. ドゥビューニュ『ラルース・ワイン辞典』辻静雄監修、三洋出版貿易、1973年
山本博監修『新版ワインの事典』柴田書店、2010年

G. ガリエ『ワインの文化史』八木尚子訳、筑摩書房、2004年
J.-F. ゴーティエ『ワインの文化史』八木尚子訳、文庫クセジュ、白水社、1998年
A. シモン『栄光のワイン』石川民三訳、東京書房社、1971年
――『世界のワイン』山本博訳、柴田書店、1973年
H. ジョンソン『ワイン物語』上中下、小林章夫訳、平凡社ライブラリー、2008年
R. ディオン『ワインと風土』福田育弘訳、人文書院、1997年
M. ラシヴェール『ワインをつくる人々』幸田礼雅訳、新評論、2001年
A. リシーヌ『新フランスワイン』山本博訳、柴田書店、1985年
J. ロビンソン『ワイン用葡萄ガイド』ウォンズパブリシングリミテッド、1998年

麻井宇介『日本のワイン―誕生と揺籃時代』日本経済評論社、2003年
――『ブドウ畑と食卓のあいだに』日本経済評論社、1986年
――『比較ワイン文化考』中公新書、1981年
――『ワインづくりの思想』中公新書、2001年
出石万希子『イタリア・ワイン・ブック』新潮社、2001年
伊藤眞人『新ドイツワイン』柴田書店、1984年
井上貴子『霊峰に育まれたスイスのワイン』産調出版、2001年
古賀守『ワインの世界史』中公新書、1975年
内藤道雄『ワインという名のヨーロッパ―ぶどう酒の文化史』八坂書房、2010年
福西英三『リキュールブック』柴田書店、1997年
山本博『ワインが語るフランスの歴史』白水Uブックス、2009年
――『フランスワイン　愉しいライバル物語』文春新書、2000年
――『ワインの歴史―自然の恵みと人間の知恵の歩み』河出書房新社、2010年

[著者紹介]

デズモンド・スアード Desmond Seward

1935年パリ生まれ。イギリスの歴史家。
マルタ騎士修道会の一員として活動する傍ら、1970年代より一般向けの歴史書を精力的に執筆、騎士修道会を扱った代表作 *The Monk of War* (1972)をはじめとして、*The Hundred Years War* (1978)、*Caravaggio* (1998、邦訳『カラヴァッジョ 灼熱の生涯』石鍋真澄他訳、白水社、2000年)など、30冊近い著書が刊行されている。

[訳者紹介]

朝倉 文市(あさくら・ぶんいち)

1935年生。ノートルダム清心女子大学名誉教授。
主要著訳書：『修道院——禁欲と観想の中世』(講談社現代新書)、『修道院にみるヨーロッパの心』(山川出版社)、『ヨーロッパ成立期の修道院文化の形成』(南窓社)、ノウルズ『修道院』(世界大学選書、平凡社)、レッカイ『シトー会修道院』(共訳、平凡社)、ハスキンズ『十二世紀ルネサンス』(共訳、みすず書房)、ドウソン『現代社会とキリスト教文化』(共訳、青韜社)、ド・ハメル『聖書の歴史図鑑』(監訳、東洋書林)、ラボーア編『世界修道院文化図鑑』(監訳、東洋書林)、ディンツェルバッハー／ホッグ『修道院文化史事典』(監訳、八坂書房)、キャンター『中世の発見——偉大な歴史家たちの伝記』(共訳、法政大学出版局)ほか。

横山 竹己(よこやま・たけみ)

1943年生。上智大学文学部英文学科卒業(1966年)、同大学大学院英米文学専攻修士課程修了(1969年)。東北工業大学共通教育センター人間科学部教授(2011年3月定年退職)。
主要訳書：バーフィールド『意識の進化と言語の起源』(共訳、人智学出版社)、ドウソン『現代社会とキリスト教文化』(共訳、青踏社)、ド・ハメル『聖書の歴史図鑑』(共訳、東洋書林)、ラボーア編『世界修道院文化図鑑』(共訳、東洋書林)、キャンター『中世の発見——偉大な歴史家たちの伝記』(共訳、法政大学出版局)ほか。

ワインと修道院

2011年 5月25日　初版第1刷発行

訳　　者　朝倉文市
　　　　　横山竹己
発 行 者　八坂立人
印刷・製本　モリモト印刷(株)

発 行 所　(株)八坂書房
〒101-0064　東京都千代田区猿楽町1-4-11
TEL.03-3293-7975　FAX.03-3293-7977
URL.：http://www.yasakashobo.co.jp

ISBN 978-4-89694-974-2